*EXPOSITION DE 1823.*

---

# RAPPORT

## DU JURY CENTRAL

### SUR LES PRODUITS

### DE L'INDUSTRIE FRANÇAISE.

# RAPPORT
## SUR LES PRODUITS
# DE L'INDUSTRIE FRANÇAISE,

PRÉSENTÉ,

AU NOM DU JURY CENTRAL,

A S. E. M. LE COMTE CORBIÈRE,

MINISTRE SECRÉTAIRE D'ÉTAT DE L'INTÉRIEUR,

APPROUVÉ

PAR S. S. M. LE DUC DE DOUDEAUVILLE,

PAIR DE FRANCE, MINISTRE D'ÉTAT, DIRECTEUR GÉNÉRAL DES POSTES;

RÉDIGÉ

PAR M. LE V.te HÉRICART DE THURY,
Conseiller d'état, Membre de la Chambre des Députés, Directeur des travaux publics de Paris, Ingénieur en chef au Corps royal des mines;

ET PAR M. MIGNERON,
Ingénieur en chef au Corps royal des mines.

A PARIS,
DE L'IMPRIMERIE ROYALE.

1824.

# AVANT-PROPOS.

PAR trois arrêtés successifs de S. Exc. le Ministre secrétaire d'état de l'intérieur, en date des 10, 26 et 31 juillet 1823, le jury central a été composé ainsi qu'il suit :

*S. S.* M. *le duc* DE DOUDEAUVILLE, *chevalier des ordres du Roi, pair de France, ministre d'état, directeur général des postes ;*

*M. le vicomte* HÉRICART DE THURY, *officier de l'ordre royal de la Légion d'honneur, maître des requêtes, directeur des travaux publics de Paris, ingénieur en chef des mines ;*

*M.* LEMOINE DES MARES, *chevalier de la Légion d'honneur, membre de la chambre des députés, propriétaire de manufactures à Sedan ;*

*M.* HÉRON DE VILLEFOSSE, *officier de l'ordre royal de la Légion d'honneur, chevalier de l'ordre royal de Saint-Michel, maître des requêtes, inspecteur divisionnaire des mines, membre de l'académie des sciences ;*

*M.* GUILLARD DE SENAINVILLE, *chevalier de l'ordre royal de la Légion d'honneur, agent de la société d'encouragement pour l'industrie nationale, secrétaire du comité consultatif des arts et manufactures ;*

*M. le baron* GÉRARD, *de l'ordre royal de la Légion d'honneur, premier peintre du Roi, membre de l'académie des beaux-arts;*

*M.* CHRISTIAN, *chevalier de l'ordre royal de la Légion d'honneur, administrateur du conservatoire des arts et métiers ;*

*M.* D'ARCET, *chevalier des ordres royaux de la Légion d'honneur et de Saint-Michel, inspecteur des essais à la monnaie, membre du comité consultatif des arts et manufactures;*

*M. le baron* OBERKAMPF, *de l'ordre royal de la Légion d'honneur;*

*M.* ARAGO, *chevalier de l'ordre royal de la Légion d'honneur, membre de l'académie des sciences et du bureau des longitudes;*

*M.* MOLARD *aîné, chevalier de l'ordre royal de la Légion d'honneur, membre de l'académie des sciences et du comité consultatif des arts et manufactures ;*

*M.* de Moléon, *chevalier de l'ordre royal de la Légion d'honneur, ingénieur en chef des domaines et forêts de la couronne, l'un des rédacteurs des* Annales de l'industrie nationale et étrangère ;

*M.* Tarbé de Vauxclair, *officier de l'ordre royal de la Légion d'honneur, maître des requêtes, inspecteur divisionnaire des ponts et chaussées ;*

*M.* Fontaine, *chevalier de l'ordre royal de la Légion d'honneur, architecte du musée royal et des bâtimens civils de la couronne ;*

*M.* Breguet, *chevalier de l'ordre royal de la Légion d'honneur, membre de l'académie des sciences ;*

*M.* Brongniart, *chevalier des ordres royaux de la Légion d'honneur et de Saint-Michel, de l'académie des sciences, ingénieur en chef des mines, directeur de la manufacture de porcelaines de Sèvres ;*

*M.* Quatremère de Quincy, *chevalier de l'ordre royal de la Légion d'honneur, membre de l'académie des inscriptions et belles-lettres, secrétaire perpétuel de l'académie des beaux-arts ;*

*M.* Biot, *chevalier de l'ordre royal de la Légion d'honneur, membre de l'académie des sciences ;*

M. THÉNARD, *chevalier de l'ordre royal de la Légion d'honneur, membre de l'académie des sciences et du bureau consultatif des arts et manufactures;*

M. GAY-LUSSAC, *chevalier de l'ordre royal de la Légion d'honneur, membre de l'académie des sciences et du bureau consultatif des arts et manufactures;*

M. MIGNERON, *chevalier de l'ordre royal de la Légion d'honneur, ingénieur des mines, secrétaire.*

Dans sa première séance, le jury central choisit pour président M. le duc de Doudeauville, et pour vice-président, M. le vicomte Héricart de Thury; ensuite il forma huit commissions entre lesquelles il partagea l'examen de tous les produits exposés, et qui eurent chacune un rapporteur particulier.

Avant que l'exposition fût rendue publique, et pendant toute sa durée, les membres des diverses commissions s'occupèrent, sans relâche, de l'examen des produits dont la connaissance leur était attribuée. Ils les soumirent à des essais comparatifs, soit entre eux, soit avec des produits du même genre qui étaient réputés pour être de qualités supérieures.

M. Breguet, dont le grand âge ne ralentissait point le zèle, fut frappé presque subitement par la mort, au milieu des travaux auxquels il se livrait. La perte de cet estimable savant priva les membres du jury central d'un collaborateur précieux, et laissa sur-tout dans la commission chargée de l'horlogerie un vide qu'il était difficile de remplir.

Tous les renseignemens fournis par les jurys d'admission, tant sur l'importance de chaque établissement que sur la statistique locale, furent soigneusement consultés. Il en fut fait par le secrétaire une analyse que chaque commission eut sans cesse sous les yeux, dans son travail, et que le jury se fit toujours représenter avant de prendre aucune résolution.

Le 11 octobre, le jury chargea M. le vicomte Héricart de Thury et M. Migneron de rédiger le rapport général destiné à présenter le tableau des produits les plus remarquables de l'exposition, et à faire connaître les motifs des décisions dont ils avaient été l'objet.

Ce rapport étant achevé, les rapporteurs des diverses commissions ont pris successivement connaissance des parties du travail à l'égard desquelles ils avaient eu à exprimer une opinion, au nom de leurs commissions respectives. Le travail, dans son ensemble, a ensuite été soumis au jury, qui s'est réuni en assemblée générale pour en entendre la lecture.

Relativement aux distinctions qui ont été accordées aux fabricans, le jury a suivi la marche tracée lors des précédentes expositions. Il a ainsi admis cinq degrés de récompense, savoir :

La citation dans le rapport,
La mention honorable,
La médaille de bronze,
La médaille d'argent,
La médaille d'or.

Partant encore de ce qui avait été fait précédemment, le jury a décidé,

1.° Que les fabricans déjà pourvus d'une récompense quelconque, et dont l'industrie aurait été maintenue dans un état satisfaisant de prospérité, recevraient un diplôme, que Sa Majesté serait suppliée de vouloir bien leur remettre elle-même, et qui constaterait que cette récompense est toujours méritée ;

2.° Qu'il y aurait lieu, soit à renouveler le signe effectif de la récompense, soit à décerner une récompense d'un ordre supérieur, lorsque de nouveaux progrès auraient été faits par les fabricans.

La liste des distinctions méritées a été dressée

sur les propositions des commissions, dont les rapports ont été lus et discutés en assemblée générale. Cette liste a été de suite transmise à S. Exc. le Ministre secrétaire d'état de l'intérieur.

Le jury central a bien senti que les récompenses dont il vient d'être parlé étaient les seules qu'il fût appelé à décerner. Cependant, comme en 1819 plusieurs fabricans et artistes avaient reçu des encouragemens ou des distinctions d'une autre nature, le jury n'a pas cru sortir de la ligne de ses attributions en indiquant ceux qui, à l'exposition de 1823, lui paraissaient mériter les bontés du Roi. L'état des personnes désignées a été transmis à Son Excellence, avec prière de vouloir bien y avoir égard, lorsque les circonstances le permettraient.

Le 23 octobre, à midi et demi, le jury central eut l'honneur d'être présenté au Roi, par M. le duc de Doudeauville, son président, qui adressa le discours suivant à Sa Majesté :

SIRE,

« En 1819, une magnifique exposition des » produits de l'industrie française décorait une » partie du vaste palais du Louvre, et déjà une

» nouvelle exposition, plus magnifique encore,
» vient d'en orner toutes les salles.

« Un long intervalle paraissait autrefois » nécessaire ; quatre années ont suffi, sous le » règne glorieux autant que paternel de votre » Majesté, pour ces brillantes exhibitions, si » utiles aux arts, au commerce, à toutes les » branches de l'industrie, et qui excitent une » juste admiration, ainsi qu'une noble rivalité.

» Le commerce est la richesse des nations ; » les arts en sont la parure : ils contribuent efficacement l'un et l'autre à la gloire comme » à la prospérité des empires ; et c'est par eux, » non moins que par les victoires, que votre » auguste aïeul a donné tant de célébrité à son » règne, tant de puissance à son royaume, et » à son siècle, son nom, qui passera avec éclat » jusqu'à la postérité la plus reculée.

» Comme lui, Votre Majesté, après bien » des troubles a fait renaître le calme et la » paix dans son royaume ; comme lui, elle lui » a rendu sa splendeur et son influence ; comme » lui, pour l'avantage de son royaume, mais » après une guerre bien plus heureuse, elle a » replacé un Bourbon sur le trône d'Espagne ; » comme lui enfin, elle rétablira entre les deux » états, par cet heureux événement, des relations dont le commerce aperçoit l'utilité

» certaine et les importans résultats. Tous les » fabricans, tous les artistes qui méritent de » prendre part à un spectacle qui honore la » France et qui étonne l'Europe, se sont em- » pressés d'y faire paraître les produits de leurs » efforts et les preuves de leurs talens.

» Votre Majesté a daigné y applaudir et leur » donner le plus puissant encouragement, des » marques de sa bienveillance et des témoi- » gnages de sa satisfaction, dans une visite » prolongée qui a été vivement appréciée, » ainsi que toutes les paroles de bonté sorties » de sa bouche.

» Je suis heureux et fier, en présidant le » jury, d'avoir à présenter à Votre Majesté une » réunion de savans aussi distingués par leurs » connaissances que par leurs sentimens.

» Ils sont trop éclairés pour ne pas sentir » que le bonheur de la France est inséparable » d'un prince, d'une famille illustre qui lui » consacre toutes ses pensées, toute son exis- » tence; et ils sont trop bons Français pour ne » pas former pour son auguste personne, » comme pour la prospérité de son règne, les » vœux les plus ardens.

» Je me glorifie, je me félicite d'être le » fidèle interprète, en ce jour, de leur hom- » mage respectueux, et de pouvoir y joindre

» l'expression d'un dévouement sans autre » borne que mes forces, sans autre terme que » ma vie. »

Sa Majesté a daigné répondre à ce discours par des paroles pleines de bonté, qui ont pénétré le jury de reconnaissance et d'attendrissement. Immédiatement après, S. Exc. le ministre secrétaire d'état de l'intérieur a pris les ordres de Sa Majesté, et M. le vicomte de Castelbajac, directeur du commerce et des manufactures, a lu la liste des exposans auxquels des médailles ou des diplômes de confirmation étaient accordés. Les élus ont été introduits suivant l'ordre indiqué par le jury central; ils sont venus successivement recevoir les récompenses qu'ils avaient méritées, et auxquelles Sa Majesté a bien voulu donner un nouveau prix en daignant elle-même les distribuer.

---

# RAPPORT
# DU JURY CENTRAL
## SUR LES PRODUITS
## DE L'INDUSTRIE FRANÇAISE.

## COUP D'ŒIL GÉNÉRAL
### SUR L'EXPOSITION DE 1823.

L'EXPOSITION de 1823 fera époque dans les annales de l'industrie française; elle a surpassé toutes celles qui l'ont précédée, tant par le nombre que par l'importance des objets qu'elle a fait paraître aux regards du public.

Le rez-de-chaussée de la colonnade du Louvre, ainsi que tout le premier étage du palais, dont une partie venait seulement d'être achevée, ont été le magnifique théâtre de cette belle fête manufacturière; et quelque vaste que fût le local, il s'est trouvé tellement rempli, dès les premiers jours du mois d'août, que plusieurs fabricans dont les envois étaient en retard, ont eu beaucoup de peine à y trouver place.

Il semblait d'abord peu probable qu'une exposition succédant si promptement à une autre eût beaucoup de progrès notables à proclamer. Dans l'histoire des arts manufacturiers, quatre ans semblent ne pouvoir être comptés que pour peu de chose. Mais tous ceux qui s'occupent de l'avancement de notre industrie, étaient pleins de zèle et d'émulation; une certaine communauté de lumières s'était établie entre eux, par la comparaison qu'ils avaient réciproquement faite de leurs procédés et de leurs produits; tous voulaient paraître avec avantage au concours, et le jury central s'estime heureux de pouvoir annoncer que leurs efforts ont été souvent couronnés par le succès.

Des troupeaux susceptibles de produire les laines les plus fines ont été formés sur divers points de la France, et s'y multiplient comme autant de centres générateurs destinés à porter l'affinement dans les races de moutons indigènes.

La précieuse espèce de ver qui fournit la soie *sina* est propagée avec rapidité dans nos départemens méridionaux, et jusque sous des latitudes où l'on ne pensait même pas que le ver indigène fût susceptible de prospérer.

A côté des belles étoffes de laine, de soie et de lin qui ont porté dans le monde entier la réputation de nos manufactures, on a vu figurer à l'exposition des châles en duvet de chèvre, aussi parfaits que ceux du Cachemire. Paris, pour ces magnifiques tissus, est devenu rival de Sirinagor.

Le coton a été filé jusqu'à des degrés de finesse très-élevés; et les habiles fabricans qui le mettent en œuvre à cet état, se sont eux-mêmes surpassés dans le tissage de leurs étoffes légères. Nos mousselines fines, unies et brodées, peuvent maintenant, sans désavantage, être comparées à celles dont s'enorgueillit le plus l'industrie étrangère.

L'exploitation des minéraux utiles devient de plus en plus l'objet des spéculations de nos capitalistes. Des mines depuis long-temps délaissées sont remises en valeur ; d'autres que le hasard ou des recherches raisonnées ont fait découvrir, sont aménagées ou près de l'être. De toutes parts de riches compagnies s'organisent pour nous procurer les produits du règne minéral qui nous manquent, ou pour fabriquer plus abondamment ceux que renferme notre sol.

Une mine inépuisable de sel gemme a été découverte et presque aussitôt exploitée ; les produits en sont déjà répandus dans le commerce.

Des marbrières sont ouvertes en divers points de nos principales chaînes de montagnes ; elles fournissent des marbres blancs statuaires aussi beaux que le marbre pentélique, et des marbres de couleur comparables aux plus renommés de la Belgique et de l'Italie.

Les usines destinées au traitement et à la résolution des divers minerais ont à-la-fois augmenté de nombre et d'importance. On a vu naître et se développer, comme par enchantement, de nouvelles branches de l'industrie métallurgique. Des procédés inusités dans nos forges pour obtenir, soit la fonte de fer, soit le fer lui-même, dont l'application exigeait un grand développement de moyens et l'affectation de capitaux considérables, ont été, pour ainsi dire, importés en France de toutes pièces, tantôt à l'aide d'ouvriers étrangers, tantôt avec le seul concours des moyens fournis par les localités. Le plein succès de ces procédés justifie les espérances qu'ils avaient fait concevoir.

Les fabriques secondaires dans lesquelles les métaux reçoivent les préparations et les formes qui les rendent susceptibles d'emploi, ont été multipliées d'une manière vraiment prodigieuse ; elles fournissent à nos arts et à notre agriculture les outils essentiels que jusqu'ici nous avions tirés de l'Allemagne et de l'Angleterre.

Des machines puissantes, des mécanismes ingénieux, suppléent, dans presque tous nos ateliers, à la force bornée et trop irrégulière des hommes et des autres moteurs animés.

D'habiles artistes ont introduit toute la précision des sciences mathématiques dans la construction des instrumens propres à mesurer le cours du temps et à observer dans l'espace la marche des astres.

Les phares ont été perfectionnés par une savante combinaison des lois de l'optique et des moyens que fournissent la chimie et la physique pour augmenter l'intensité de la lumière.

Les théories chimiques ont reçu d'utiles applications dans la préparation de certains agens de teinture, dans le perfectionnement des procédés d'éclairage et de chauffage, et dans les moyens employés pour conserver long-temps les substances propres à la nourriture des hommes.

Des efforts quelquefois heureux ont été faits pour donner une sage direction aux diverses parties de l'industrie qui ont une relation immédiate avec les arts du dessin ; plusieurs objets d'agrément et de luxe ont offert l'union, jusqu'ici trop rare, de la richesse avec l'élégance et la grâce.

Soixante-treize départemens ont concouru à composer l'exposition de 1823 ; et parmi ceux qui n'y ont point pris part, il en est plusieurs qui pouvaient y paraître avec avantage. Ainsi l'industrie manufacturière n'est point en France l'apanage exclusif de quelques localités privilégiées ; on peut dire, avec vérité, qu'elle est exercée au profit de toutes nos provinces, et qu'elle a créé des établissemens sur presque tous les points du royaume.

Ce beau résultat doit être en partie attribué aux hommes célèbres dont les travaux ont accéléré les progrès des sciences et en ont rendu l'étude facile ; aux fréquentes associations qui se sont formées entre nos artisans et nos capitalistes ; aux constans efforts d'une société qui s'est vouée avec zèle à l'encouragement de nos arts, et dont la salutaire influence fait sans cesse éclore ou fructifier des germes nombreux d'industrie. Il est dû sur-tout à l'action bienfaisante d'un gouvernement qui sait protéger ce qui est utile, consolider ce qui est bon, et qui n'attache de prix à la gloire qu'autant qu'elle est basée sur la prospérité publique. Les améliorations qui font aujourd'hui la célébrité de nos manufactures et la richesse de notre commerce, ont, pour la plupart, une date récente ; elles sont autant de conséquences du grand événement qui a relevé le trône de nos rois, pour le repos du monde et pour le bonheur de la France.

---

# CHAPITRE I.er

## LAINES.

### SECTION I.re

### *Amélioration, Triage et Lavage des Laines.*

LES avantages résultant de la naturalisation en France des mérinos et de leur croisement avec nos races indigènes, ne sont plus révoqués en doute ; une heureuse expérience les a dès long-temps fait sentir au manufacturier comme à l'agriculteur : mais c'est sur-tout par l'exposition de 1823 qu'ils ont été mis dans une pleine évidence et rendus sensibles à tous les yeux.

On sait que c'est de la fin du règne de Louis XVI que date l'introduction en France des moutons mérinos. D'abord accueillis avec une sorte de froideur, mais bientôt recherchés avec empressement, ces précieux animaux se sont rapidement multipliés sur notre sol, et, dans beaucoup de localités, leur espèce, en s'acclimatant, s'est bien sensiblement améliorée.

Nos laines, autrefois dédaignées, jouissent maintenant de toute la faveur du commerce ; elles ont sur les laines d'Espagne une supériorité qui n'est plus même contestée, et désormais elles sont en possession de fournir à l'approvisionnement de nos villes manufacturières, pour toutes les sortes de draperies qui sont le plus habituellement fabriquées.

Les expositions précédentes ont marqué les progrès successifs qui nous ont conduits à cet heureux résultat; et en signalant les pas déjà faits, elles ont indiqué ceux qui restaient à faire. En 1819, on avait constaté les succès que nos laines obtenaient dans la très-grande majorité de la fabrication; mais on avait également reconnu que, pour la draperie superfine, les laines de Saxe étaient généralement préférées aux nôtres. Aujourd'hui, nous avons l'assurance de posséder le germe de cette belle nature de laine; nous savons que le climat de la France est susceptible d'en favoriser le développement: ainsi nous pouvons, dès ce moment, prévoir l'époque de l'entière libération de nos fabriques.

Les départemens de l'Ain, des Hautes-Alpes, du Calvados, du Cher, de la Drôme, de la Gironde, de la Sarthe, de la Seine-Inférieure et de Seine-et-Oise ont envoyé des laines mérinos à l'exposition de 1823. Toutes ces laines ont paru de qualités satisfaisantes; mais le jury central a particulièrement remarqué celles qui ont été présentées par l'association rurale de Naz et par M. le comte *de Polignac*.

Dans les troupeaux bien administrés, la laine, au moment de la tonte de chaque bête, est classée soigneusement sur place, par degrés de qualités. Cette opération, que l'on nomme *triage*, n'est pratiquée en France que depuis quelques années; elle a contribué beaucoup à fonder la réputation de nos principaux établissemens.

Peu de propriétaires possèdent des troupeaux assez nombreux pour en laver eux-mêmes les laines; mais il s'est établi un grand nombre de lavoirs où cette importante préparation est exécutée avec soin. Les établissemens de ce genre se sont sur-tout multipliés beaucoup dans les environs de Paris.

Médaille d'or.

TROUPEAU DE NAZ.

Le troupeau formé à Naz, dans l'arrondissement de Gex, département de l'Ain, a été fondé, il y a près de vingt-cinq ans, par M. *Girod de Lépeneux*, qui lui-même a choisi ses premiers beliers et ses premières brebis dans les troupeaux de race léonaise les mieux composés.

Les individus de cette race ne sont point distingués par la grandeur de leur taille, mais ils sont remarquables par la beauté de leur toison. La laine qu'ils fournissent a paru à l'exposition de 1823, en suint et en échantillons lavés; elle est en général courte, soyeuse, un peu frisée, et d'une rare égalité dans toutes ses parties. Elle possède à-la-fois la finesse et le nerf, la douceur et l'élasticité, qualités indispensables pour la fabrication des draps superfins, et qui jusqu'alors ne s'étaient point trouvées réunies dans les laines françaises.

Des expériences directes ont été faites, sous l'influence de la chambre consultative des arts et manufactures de Sedan, pour déterminer, d'une manière positive, le *rendement* de cette belle qualité de laine après le lavage complet, la proportion de *prime* qu'elle renferme, et son produit absolu en fabrication. Sous ces trois principaux rapports, il a été constaté qu'elle soutenait avantageusement la concurrence avec les laines électorales de Saxe. Mise en œuvre dans les ateliers de MM. *Frédéric Jourdain*, de Louviers, et *Cunin-Gridaine*, de Sedan, elle a produit les beaux draps verts, bleus et noirs que ces habiles manufacturiers ont exposés, et dont il sera parlé plus amplement ci-après, à l'article *Draperie*. De pareils essais seront renouvelés incessamment, d'après le vœu émis par le conseil général du département des Ardennes, dans les ateliers de M. *Lemoine des Mares*, à Sedan, et dans ceux de M. *Fournival*, à Rethel.

Au 25 août dernier, le troupeau de Naz était composé de 1800 têtes de race pure. Il est susceptible d'augmenter, chaque année, dans la proportion des deux tiers du nombre d'individus qui le composent; et si les extractions que comporte cet accroissement périodique sont dirigées sur des localités favorables à leur propagation, si l'on adopte à leur égard l'excellent système de croisement de race et d'éducation si heureusement mis en pratique dans la souche génératrice, il est permis d'espérer qu'un temps très-long ne s'écoulera pas avant que les bergeries françaises ne soient en état de fournir à nos fabriques la seule sorte de laine qu'elles sont forcées de tirer encore de l'étranger.

Le jury central a décerné une médaille d'or à MM. *Girod*, *Perrault*, *Fabry* et *Montanier*, propriétaires du troupeau de Naz.

## ÉTABLISSEMENT RURAL DU CALVADOS.

Médaille d'or.

M. le comte *de Polignac* est depuis long-temps placé par l'opinion publique au premier rang de ceux qui ont le plus contribué à l'accroissement des mérinos en France et à leur perfectionnement. C'est à ses longs efforts et à sa louable persévérance que l'on est redevable de la *pile* ou ensemble de troupeaux formant l'établissement rural du Calvados.

Un système d'administration qui diffère du *faisant valoir* et du cheptel légal, est suivi avec succès par M. le comte *de Polignac*. Il consiste à placer temporairement les troupeaux chez différens fermiers, à charge d'une pension fixe, calculée par tête de bétail, et à les soumettre néanmoins à un régime uniforme de surveillance. Les avantages particuliers de ce système paraissent être de rendre la possession du bétail totalement indépendante de celle des terres, et de se prêter conséquemment à l'extension la plus illimitée des troupeaux; de permettre la dissémination des piles sur de grands espaces; par-là, de rendre les épidémies plus rares et moins meurtrières; enfin, de laisser toujours le propriétaire maître du choix des pâturages, et de lui conserver sans cesse un pouvoir absolu pour diriger le croisement des races, l'éducation du croît annuel, et généralement tout ce qui concerne l'exploitation et l'amélioration de ses troupeaux.

La pile entière était, en 1823, composée de 7,000 individus; par l'accroissement naturel, il est vraisemblable qu'elle sera portée, dans le courant de 1824, à 10,000, dont 3,000 brebis portières. Cette magnifique réunion de troupeaux, à laquelle nulle autre en France ne peut être comparée pour le nombre, n'admet que des animaux choisis, de race pure, parfaitement appareillés de nature et de taille, et provenant tous d'une seule et même souche primitive.

Les laines qu'elle fournit sont remarquables par une égalité parfaite, et par une force qui n'exclut pas la finesse. Le triage rigoureux auquel on les soumet sur place, le lavage complet qu'elles supportent ensuite au chef-lieu même de l'établissement, donnent en outre à ces laines une qualité soutenue et un degré constant de blancheur : aussi jouissentelles déjà d'une grande réputation dans plusieurs de nos villes manufacturières.

Le jury central a pensé que l'établissement rural du Calvados doit, à raison de son extrême importance, être immédiatement placé à côté de celui de Naz, et il a en conséquence décerné une médaille d'or à M. le comte *de Polignac*.

---

Médailles de bronze.

M. HONDEVILLE, propriétaire à Longueil (Seine-Inférieure),

A exposé de la laine lavée à dos, et plusieurs toisons en suint provenant de très-bons métis. Son troupeau, s'il est bien soigné, paraît susceptible d'une prompte amélioration.

Le jury lui a décerné une médaille de bronze.

M. BOURGEOIS, propriétaire à Rambouillet (Seine-et-Oise),

A présenté une toison de brebis mérinos dont la laine est longue et soyeuse, mais qui paraît provenir d'un individu de trop forte stature. La pratique éclairée de cet agriculteur ne permet point de douter qu'il n'introduise dans son troupeau les améliorations dont il peut être susceptible.

Le jury, pour encourager ses efforts, lui a décerné une médaille de bronze.

MM. MORIN et compagnie, à Dieu-le-Fit (Drôme),

Ont exposé deux toisons de mérinos fort belles, mais qui paraissent provenir de la grande espèce.

MM. *Morin*, qui ont aussi exposé divers articles manufacturés, ont obtenu une médaille de bronze. Il sera parlé plus amplement de ces produits à l'article des étoffes drapées.

---

M. le duc DE LUYNES, à Sablé (Sarthe),

M. le comte DE LAMERVILLE, à Lapérisse (Cher),

Et M. BUSSON, à Villeneuve, même département,

Ont exposé des laines fines, mais en trop petite quantité pour qu'il ait été possible de prononcer sur leur mérite.

Le jury central regrette que l'exiguité des échantillons et l'absence de tout renseignement positif sur l'importance des troupeaux ne lui aient pas permis d'émettre une opinion sur ces produits.

---

Mention honorable.

M. GUÉRINEAU, à Poitiers (Vienne),

Possède un lavoir dans lequel il lave annuellement de 90 à 100,000 kilogrammes de laine; il soutient, par son industrie, la valeur des mérinos dans le département de la Vienne; et quoique la laine qu'il a présentée laisse beaucoup à desirer sous le rapport de la qualité, elle a paru triée et lavée avec soin.

Nous aurons plusieurs fois l'occasion de citer encore M. *Guérineau*, en traitant de la chamoiserie et de la pelleterie. Le jury lui a décerné une mention honorab pour ses laines lavées.

## SECTION II.

### *Laine filée et Poils filés.*

LE filage de la laine au moyen de machines continue à faire des progrès. D'importans établissemens sont entièrement consacrés à ce genre d'industrie, et les filatures dans lesquelles il est pratiqué simultanément avec le tissage des étoffes, ont d'ordinaire une surabondance de produits qui leur permet de fournir à l'approvisionnement de plusieurs autres fabriques. Parmi les produits de cette sorte qui ont été présentés à l'exposition, plusieurs avaient atteint des degrés de finesse auxquels on n'était point encore parvenu en France.

La filature au rouet n'est plus en usage que dans quelques contrées où l'industrie est restée en arrière; ceux qui s'y livrent encore se plaignent de la diminution de leur débit, sans faire attention que cet état de choses est une suite nécessaire de l'imperfection du mode de travail qu'ils persistent à conserver.

Un procédé nouveau a depuis peu été mis en pratique pour le filage du poil employé dans les lisières de draps et de casimirs. Ce procédé, qui est moins coûteux que l'ancien, et qui donne des résultats préférables sous le rapport de la qualité des produits, est dû à M. *S. J. Bauduin-Kammenne*, de Sedan : il consiste à substituer aux cardes ordinaires, qui sont d'un usage trop dispendieux pour cette sorte de filage, des pointes en fer légèrement courbées et implantées sur la surface des cylindres qui composent la *drousse* et la *carde*. Cette machine a été construite par M. *Bauduin* lui-même.

## ARTICLE I.er

### *Laine filée.*

Médaille d'or.

MM. D'AUTREMONT et DOYEN, à Villepreux (Seine-et-Oise),

Ont envoyé de la laine peignée et filée à la mécanique, d'une beauté remarquable et d'une très-grande finesse. Ils sont arrivés au n.° 60, pour la chaîne, et au n.° 100, pour la trame. Ces degrés de finesse n'avaient point encore été obtenus avant eux.

MM. *d'Autremont* et *Doyen* emploient eux-mêmes une partie de leurs laines filées à la fabrication des tissus mérinos; le reste est livré aux fabriques de Paris, de Lyon et de Reims, pour la fabrication des châles ouvrés, des barèges et de la bonneterie.

Le jury central a décerné à MM. *d'Autremont* et *Doyen* une médaille d'or; ils avaient reçu une médaille d'argent en 1819.

MM. LEMOINE DES MARES et fils, à Sedan (Ardennes),

Ont exposé de très-beaux échantillons de laine de France et de laine de Saxe filées après cardage. Ces produits, d'une finesse remarquable, sortaient de leur établissement de Remilly, près de Sedan. ( *Voir* le chapitre *Draperie.* )

Médaille d'or.

MM. J. A. POUPART DE NEUFLIZE et fils, à Sedan (Ardennes),

Ont exposé de fort beaux échantillons de laines cardées et de laines peignées, filées à la mécanique, dans leurs établissemens de Mouzon, d'Angecourt, de Lamoncelle et de Neuflize, département des Ardennes. Les produits de ces établissemens servent en partie à alimenter les fabriques de draps et autres tissus en laine que MM. *de Neuflize* possèdent dans les départemens des Ardennes, de l'Eure, de la Seine-Inférieure et de la Marne.

Le jury leur a décerné une médaille d'or pour l'ensemble de leurs produits, tant en filage qu'en tissus.

---

Les filateurs dont les noms suivent ont été mentionnés honorablement : Mentions honorables.

M. GUIBAL, à Paris, quai Morland, n.° 1,

Pour de très-belle laine peignée et filée.

M. BESSON, à la Ferté-sous-Jouarre (Seine-et-Marne),

Pour mêmes produits.

M. Dieudonné ÉVRARD, à Rethel (Ardennes),

Pour laine métis peignée et filée.

M. BOLTON, à Paris, rue de Richelieu, n° 88,

Pour laine filée presque sans tors, à l'usage de la bonneterie.

---

### ARTICLE 2.

#### *Poils filés.*

Médaille de bronze.

M. Servais-Joseph BAUDUIN-KAMMENNE, à Sedan (Ardennes),

A présenté plusieurs écheveaux de poils, pour lisières de draps et casimirs, filés par le procédé nouveau dont il est l'inventeur, et pour lequel il a pris un brevet d'invention. Ces produits sont supérieurs à ceux du même genre qui ont été obtenus jusqu'ici; les manufacturiers de draps les recherchent avec empressement.

M. *Bauduin* est aussi parvenu à donner un cardage parfait aux bouts de laine dits *corons*, et à en procurer l'emploi dans la fabrication des draps.

Le jury lui a décerné une médaille de bronze.

## SECTION III.

### *Étoffes drapées.*

Sous la dénomination générique d'*étoffes drapées* ou *lainées*, on comprend les draps unis, les draps croisés, les casimirs, les cuirs de laine, les flanelles, les molletons, et en général toutes les étoffes à trame de laine dont le tissu n'est point distinct et qui présentent l'aspect d'un duvet ou lainage plus ou moins fin.

Les draps unis et les draps proprement dits forment, à eux seuls, une classe d'étoffes qui porte le nom de *draperie;* mais comme la plupart des manufacturiers qui les produisent fabriquent aussi les draps croisés, les casimirs et les cuirs de laine, et que d'ailleurs ces divers tissus ont presque toujours été vus ensemble à l'exposition, nous les réunirons tous ici sous le même titre. Les flanelles et les molletons, qui forment, relativement au lainage, une classe d'étoffes particulière, seront ensuite examinés séparément.

## PREMIÈRE CLASSE.

### *Draperie.*

Le degré de supériorité auquel la draperie fine est depuis long-temps parvenue en France, paraissait ne plus comporter de progrès bien saillans; il semblait même que cette belle partie de notre industrie n'eût plus désormais de conquêtes à faire; et cependant elle a paru à l'exposition de 1823 plus brillante encore qu'à celle de 1819.

Les ateliers déjà célèbres ont soutenu ou étendu leur réputation; d'autres moins connus ou récemment formés les ont imités, quelquefois même égalés, et sont ainsi devenus à leur tour des modèles qui propageront les bons exemples.

En général, les fabricans apportent un soin plus soutenu dans le choix et la préparation des laines, dans l'application des couleurs, et dans l'apprêt des étoffes; presque tous perfectionnent leurs procédés en adoptant les machines, qui diminuent les frais de main-d'œuvre et régularisent les mouvemens. Les tondeuses ou machines à tondre sont adoptées dans un grand nombre d'ateliers. On a vu à l'exposition deux modèles différens de ces machines, que deux mécaniciens distingués prétendent l'un et l'autre avoir inventées. L'empressement que l'on met à les produire, est une preuve des succès qu'elles obtiennent. L'émulation n'existe point seulement de fabrique à fabrique; elle a lieu aussi d'une ville à l'autre. Chacune, sans abandonner le genre qui forme comme le cachet de son industrie, s'efforce, par une heureuse imitation des procédés suivis ailleurs, d'élever ses produits au niveau de ceux qui, dans le même genre, sont regardés comme des types de la meilleure fabrication.

Sedan et Louviers sont toujours au premier rang pour la production des draps superfins; Beaumont-le-Roger lutte avec Louviers de perfection; Elbeuf, qui, depuis long-temps, ne redoute aucune concurrence pour la solidité de ses produits, étend avec rapidité la sphère de son industrie, et fabrique maintenant des draps qui, pour la finesse et le moelleux, approchent de ceux de ces deux dernières villes. Castres, dont la renommée manufacturière ne date que de 1814, s'est placée à la tête de la fabrication pour les cuirs de laine, *tout laine*, les casimirs, et tous les draps croisés que leur légèreté fait rechercher par le commerce du Levant. Les beaux draps de Sedan sont imités avec succès à Tours et à Limoux, ceux de Louviers à Beauvais, ceux d'Elbeuf à Lodève; enfin beaucoup de villes, tant du nord que du midi, fabriquent avec avantage des draps croisés, à l'imitation des tissus de Castres.

Les villes de Tours, de Mont-Luel, de Vienne, de Châteauroux, de Carcassonne, de Buhl, de Lavelanet et autres, qui fournissent des draps moyens à notre consommation intérieure et à notre commerce d'exportation; celles de Bourges, de Clermont, de Lodève, de Bédarieux, de Limoges, de Troyes, de Vire, etc., etc., qui sont en possession de fabriquer le drap commun pour l'équipement de la troupe, ont pris part au grand mouvement imprimé à notre industrie : les ateliers y sont plus étendus et plus heureusement combinés; on y fabrique mieux et à moins de frais. Aussi remarque-t-on à-la-fois une diminution de prix et une amélioration sensible de qualité dans tous les draps du second ou du troisième ordre, qui servent au vêtement des classes intermédiaires de la société, des sous-officiers et des soldats.

La draperie, considérée dans son ensemble, est une des sources les plus puissantes de notre prospérité manufacturière; on estime à plus de 150 millions la valeur totale des produits qu'elle livre annuellement au commerce. La ville d'Elbeuf, seule, entre dans cette somme pour 36 millions.

Nous diviserons en deux parties la liste des manufacturiers appartenant à cette industrie auxquels des récompenses ont été décernées par le jury. La première comprendra ceux qui travaillent dans le genre fin ou dans le genre moyen; la seconde sera consacrée à ceux qui s'occupent exclusivement de la fabrication des draps communs.

### ARTICLE 1.[er]

### *Draperie fine et moyenne.*

## MM. LEMOINE DES MARES et fils, à Sedan (Ardennes),

**Ont exposé des draps superfins, des casimirs noirs de la meilleure confection et de la plus grande beauté.**

Le chef de cette maison, qui a fondé à Sedan de vastes et beaux établissemens, faisait partie du jury central; un juste sentiment des convenances l'a porté à se retirer du concours. Il est vraisemblable que, sans cette circonstance, le jury aurait décerné une médaille d'or à MM. *Lemoine des Mares* et fils.

Rappel de médailles d'or.

M. Frédéric JOURDAIN, à Louviers (Eure), seul chef de la maison *Ribouleau* et *Jourdain*,

A exposé des draps qui réunissent, en solidité, et en beauté, tout ce qui caractérise la draperie extrafine de Louviers. On a sur-tout remarqué parmi ces produits les pièces bleu Flore et vert dragon qui ont été faites avec des laines provenant du troupeau de Naz.

M. *Frédéric Jourdain* avait reçu, en 1819, une médaille d'or; le jury se plaît à reconnaître qu'il est de plus en plus digne de cette distinction.

MM. BACOT père et fils, à Sedan (Ardennes),

Qui obtinrent une médaille d'or en 1819,

Ont exposé des draps noirs et des casimirs d'une finesse admirable et de la plus grande beauté. Ces produits n'avaient point été préparés exprès pour l'exposition; ils sont semblables à ceux que MM. *Bacot* livrent habituellement au commerce.

La vaste manufacture des peignons, que ces habiles manufacturiers ont récemment acquise, fournit la preuve qu'ils ne se sont pas bornés à maintenir la prospérité de leur industrie, mais qu'ils en ont encore étendu et perfectionné les moyens.

Rappel de médailles d'or.

Le jury eût décerné la médaille d'or à MM. *Bacot* père et fils, s'ils ne l'eussent pas déjà obtenue.

## MM. TERNAUX et fils, à Paris, place des Victoires,

Qui possèdent plusieurs établissemens importans à Paris et dans divers départemens,

Ont envoyé à l'exposition une série de produits très-variée, et d'une exécution qui répond à la célébrité de leurs ateliers. Plusieurs de ces produits, n'ayant point subi les formalités préalables de réception près des jurys spéciaux de département, n'ont pu être admis au concours; et ce n'est que sur ceux qui provenaient des maisons de Paris et de Sedan que le jury central a dû exprimer son opinion.

Parmi ces derniers, on doit citer sur-tout, comme dignes d'éloges, des draps noirs et de diverses couleurs, des casimirs noirs et des coatings, dont la fabrication est très-soignée comparativement aux prix, et d'autres articles, tels que châles, tricots, tapis de table, moquettes veloutées et épinglées, étoffes imprimées pour meubles, tissus mérinos et flanelles.

MM. *Ternaux* ont obtenu la médaille d'or aux expositions de 1801, de 1803 et de 1806. Ils l'eussent probablement obtenue encore en 1819, si le chef de leur maison ne les eût exclus du concours, à cause de sa qualité de membre du jury central.

Le jury déclare qu'ils sont toujours très-dignes de cette récompense.

Rappel de médailles d'or.

Nous parlerons plus bas des tissus de cachemire qui faisaient aussi partie de l'exposition de MM. *Ternaux*, et pour lesquels une récompense particulière leur a été accordée.

M. GERDRET l'aîné, de Louviers (Eure),

Est un des premiers manufacturiers qui aient employé les laines mérinos françaises dans la draperie fine; il a contribué beaucoup, par son exemple, à détruire le préjugé qui pesait sur ces laines et qui les a fait longtemps exclure des ateliers.

En 1819, il a obtenu la médaille d'or; les beaux draps bleus, verts et bronze qu'il a exposés en 1823, prouvent qu'il continue à la mériter.

Médailles d'or.

M. Anne GUIBAL-VEAUTE, à Castres (Tarn),

A exposé une suite d'articles de draperie, d'une exécution parfaite et qui sont exclusivement confectionnés avec des laines mérinos de France. On a surtout remarqué parmi ces produits un drap double croisé, très-souple et très-soyeux, que M. *Guibal* appelle *drap du Thibet*, un casimir 5/4 très-bien frappé, qu'il nomme *amazone*, et un drap noir croisé, d'une légèreté admirable, auquel il donne le nom de *drap-mousseline*.

Les cuirs de laine, *tout laine*, dont M. *Guibal* est l'inventeur, lui ont valu, en 1819, la médaille d'argent Ceux qu'il a présentés cette année attestent ses progrès dans ce genre d'industrie, qu'il a porté au dernier degré de perfection.

M. *Guibal* occupe environ mille ouvriers. Les beaux ateliers qu'il a créés, ont fait prendre rang à la ville de Castres parmi les premières villes manufacturières de France, et ont donné un grand essor à l'industrie sur plusieurs points du département du Tarn. Médailles d'or.

Les laines du midi, que les fabriques du nord dédaignaient à cause de leur peu de nerf, ont acquis, par l'heureuse application qu'il en a faite aux draps croisés, une valeur qui relève le prix des troupeaux de mérinos, et qui encourage le cultivateur à les améliorer comme à les accroître. Ainsi cet intelligent manufacturier répand autour de lui l'aisance avec les moyens de travail, en même temps qu'il exerce au loin une influence utile sur l'agriculture.

Le jury a décerné une médaille d'or à M. *Guibal.*

## M. DANET, à Beaumont-le-Roger (Eure), qui s'est associé M. *Odiot*, son gendre,

A exposé de très-beaux draps bleus et verts, dont quelques-uns sont fabriqués avec de la laine de France, et qui sont, à juste titre, estimés à l'égal de ceux de Louviers.

Sa manufacture, qu'il a fondée lui-même, n'est établie que depuis dix ans : il n'en existait alors aucune de ce genre à Beaumont-le-Roger ; en sorte que c'est véritablement à M. *Danet* que cette ville doit l'accroissement subit de sa population et de son industrie.

M. *Danet* avait reçu en 1819 une médaille d'argent ; ses progrès depuis cette époque lui ont mérité la médaille d'or.

Médailles d'or.

MM. Mathieu QUESNÉ et fils, à Elbeuf (Seine-Inférieure),

Ont présenté des draps et des cuirs de laine d'une fabrication soignée, et de prix très-modérés, qui donnent une idée des immenses progrès que la ville d'Elbeuf a faits dans le perfectionnement de son industrie.

Outre l'établissement dont ils ont exposé les produits, MM. *Quesné* possèdent une filature à Pont-Authou, département de l'Eure, une teinturerie grand teint à Elbeuf, et un lavoir à laine à Meaux; ils sont de plus commanditaires de deux autres maisons, l'une à Louviers et l'autre à Elbeuf. Ils occupent environ huit cents ouvriers.

Ces habiles fabricans avaient reçu, en 1819, une médaille de bronze. Le jury leur décerne une médaille d'or.

MM. LAURENT, CUNIN, GRIDAINE et BERNARD, à Sedan (Ardennes),

Ont exposé des draps noirs d'une fabrication excellente, parmi lesquels on a sur-tout remarqué un coupon qui était entièrement confectionné avec de la laine provenant du troupeau de Naz.

Ces fabricans ont créé deux établissemens dont tous les mécanismes sont mis en mouvement par des machines à vapeur; l'importance et la perfection de leurs produits les placent au premier rang dans l'industrie de Sedan.

Le jury leur a décerné une médaille d'or.

Médailles d'or.

M. Anatole GERDRET, à Louviers (Eure), seul chef de la maison *Mathieu Racine* et *Anatole Gerdret,* qui porte le titre de *Manufacture de S. A. R. M.*[gr] *le duc de Bordeaux*,

A exposé des draps bleus de diverses nuances et des draps vert dragon qui sont d'une fabrication parfaite, d'une souplesse et d'une douceur admirables.

Le jury a décerné une médaille d'or à M. *Anatole Gerdret.*

MM. CHAYAUX frères, à Sedan (Ardennes),

Ont présenté des draps noirs de différentes qualités, mais tous d'une excellente et belle fabrication. Ceux de ces draps qu'ils ont cotés à 22 francs l'aune, sont faits avec de la laine ordinaire de France et des bouts de laine dits *corons :* ils sont néanmoins très-forts, très-doux et très-soyeux. Les bouts de laine n'étaient point autrefois employés en France; on les vendait à vil prix en Belgique. L'heureux emploi que MM. *Chayaux* ont su en faire, est un service rendu aux villes manufacturières.

MM. *Chayaux* frères avaient obtenu, en 1819, une médaille d'argent; le jury leur décerne une médaille d'or.

MM. J. A. POUPART DE NEUFLIZE et fils, à Sedan (Ardennes) et Louviers (Eure),

Dont il a été parlé à l'article *Laine filée,*

Ont exposé des draps, des casimirs, des étoffes en laine dites *zéphyrs*, et des draps dits *cachemires.* Ces produits provenaient des établissemens que MM. *Poupart de Neuflize* et fils possèdent à Sedan, Mouzon, Neuflize et Louviers. Tous ont paru d'une excellente fabrication, et l'on a sur-tout remarqué, comme dignes d'éloges, les étoffes zéphyrs et les draps cachemires.

MM. *Poupart de Neuflize* et fils ont aussi exposé des flanelles et des tissus à carreaux dits *écossais*, provenant de leur manufacture de Reims, ainsi que des draps fabriqués à Elbeuf. Ces derniers produits, n'ayant point subi les formalités d'admission près des jurys spéciaux, n'ont pu partager les avantages du concours, bien qu'ils aient paru parfaitement fabriqués.

MM. *Poupart de Neuflize* et fils, dont l'industrie, déjà très-florissante en 1819, avait été récompensée par une médaille d'argent, ont obtenu la médaille d'or en 1823, pour l'ensemble de leurs produits.

---

Rappel de médaille d'argent.

M. Pierre TURGIS, à Elbeuf (Seine-Inférieure),

Qui obtint une médaille d'argent à l'exposition de 1819,

Continue à livrer au commerce, à des prix modérés, des draps parfaitement confectionnés et d'un apprêt doux et soyeux. Les deux coupes que ce fabricant distingué a envoyées à l'exposition, prouvent qu'il est toujours digne de la récompense qu'il a obtenue.

Médaille d'argent.

M. George-Paul PETOU, à Elbeuf (Seine-Inférieure) et à Louviers (Eure),

A exposé des draps provenant de ses deux établissemens, et qui étaient remarquables par une excellente et belle fabrication. M. *Petou* n'emploie que des laines françaises ; il fait une exportation considérable à l'étranger.

Il a obtenu, en 1819, une médaille de bronze ; le jury lui décerne une médaille d'argent.

M. CLERC neveu, à Louviers (Eure), Médaille d'argent.

Fabrique avec succès des draps noirs à l'imitation de ceux de Sedan, et des draps légers dits *zéphyrs*, dont il obtient un grand débit ; il fabrique aussi des cuirs de laine, *tout laine*, à l'imitation de M. *Guibal*. Tous ses produits sont confectionnés avec des laines de France.

Le jury lui a décerné une médaille d'argent.

MM. FRIGARD-PETOU frères et fils, à Louviers (Eure), Rappel de médaille d'argent.

Fabriquent toujours avec succès des cuirs de laine de différentes nuances, dont la chaîne est en coton. On sait que cette étoffe ainsi confectionnée est de leur invention ; elle continue à soutenir la réputation de leurs ateliers.

Ces fabricans ont en outre exposé des draps d'été dont la chaîne est en soie, et qui sont remarquables par beaucoup de douceur et de légèreté.

MM. *Frigard-Petou* ont reçu, en l'an X, une médaille d'argent ; ils se montrent toujours dignes de cette récompense.

Médailles d'argent.

MM. DESFRESCHES jeune et compagnie, à Elbeuf (Seine-Inférieure),

Ont exposé des draps et des cuirs de laine, de couleurs variées, et qui ne laissent rien à desirer pour la bonne qualité, ainsi que pour la modération des prix.

Ces fabricans n'avaient point encore concouru; mais ils ont déjà une réputation bien établie dans le commerce.

Le jury leur a décerné une médaille d'argent.

MM. NOUFFLARD-BONNAVENTURE et compagnie, à Louviers (Eure),

Ont présenté huit pièces de drap de diverses sortes, dont plusieurs étaient entièrement confectionnées avec des laines de France, et qui se faisaient remarquer par une fabrication soignée.

La maison est dirigée par M. *Noufflard*, et commanditée par M. *Mathieu Quesné*, d'Elbeuf.

Le jury lui a décerné une médaille d'argent.

M. LEGRAND-DURUFFLÉ, à Elbeuf (Seine-Inférieure),

A exposé des draps convenablement fabriqués et d'un apprêt bien suivi.

Le jury lui a décerné une médaille d'argent.

Rappel de médailles d'argent.

MM. ROZE-ABRAHAM frères, à Tours (Indre-et-Loire),

Ont introduit dans le département d'Indre-et-Loire la fabrication des draps noirs, imitée de celle de Sedan. Ces draps, quoique de prix modiques, sont cependant d'une qualité satisfaisante.

Rappel de médailles d'argent.

MM. *Roze-Abraham* fabriquent aussi des cuirs de laine et des tapis : nous parlerons plus bas de ce dernier article. L'ensemble de leurs produits, dans le genre draperie, fait honneur à leurs ateliers, et prouve que ces fabricans sont toujours dignes de la médaille d'argent qu'ils ont obtenue en 1819.

MM. AYNARD et fils, à Montluel (Ain),

Ont créé un vaste établissement, dans lequel ils fabriquent avec succès des cuirs de laine. Ces produits, en général bien traités, prouvent que MM. *Aynard* et fils sont toujours dignes de la médaille d'argent qu'ils ont reçue à la dernière exposition.

M. Fulcrand CAPTIER, à Lodève (Hérault),

Qui a obtenu une médaille d'argent en 1819, continue à la mériter par le bon apprêt de ses cuirs de laine et par la solidité du tissu des draps qu'il fournit pour la troupe. On lui doit l'introduction à Lodève du genre de fabrication d'Elbeuf, qui y était inconnu avant lui.

MM. BADIN frères, de Vienne (Isère),

Et MM. MERLE frères, de la même ville,

Qui ont présenté de la draperie moyenne, en général bien fabriquée, continuent aussi à être dignes de la médaille d'argent qui leur a été accordée à la précédente exposition.

Médailles d'argent.

M. MURET DE BORT, à Châteauroux (Indre), propriétaire de la belle manufacture du Parc,

A exposé des draps et des cuirs de laine pour le commerce et pour l'habillement des officiers, sous-officiers et soldats. Ces derniers articles sur-tout sont d'une excellente fabrication.

Les succès de M. *Muret* ont dû être achetés par beaucoup d'efforts, dans un pays où l'industrie dont il s'occupe était restée fort en arrière, et dont les laines sont ingrates et rebelles aux apprêts; ils sont directement profitables à l'État, en améliorant l'équipement de la troupe.

M. *Muret* avait reçu, en 1819, une médaille de bronze. Le jury lui décerne une médaille d'argent.

M. FONSÈS, à Carcassonne (Aude),

Possède une fabrique importante de draperie moyenne, dont il fait une exportation considérable à l'étranger. La laine qu'il emploie provient de mérinos et de métis français; elle est filée dans son établissement.

Le jury lui a décerné une médaille d'argent.

MM. Martin THYS et compagnie, à Buhl (Haut-Rhin),

Qui avaient obtenu, en 1819, une médaille de bronze, ont exposé des draps et des casimirs bien fabriqués.

Le jury leur a décerné une médaille d'argent.

M. Maurice LOIGNON, à Beauvais (Oise), Médaille d'argent

A présenté des draps dignes de la fabrication de Louviers, des draps communs pour la troupe, et des flanelles.

Il a reçu, en 1819, une médaille de bronze. Le jury lui décerne une médaille d'argent pour l'ensemble de ses produits.

---

DES diplômes portant confirmation de médailles de bronze obtenues à la précédente exposition, ont été délivrés Rappel de médailles de bronze.

A M. Louis-Jacques GRANDIN, d'Elbeuf (Seine-Inférieure),

Qui a présenté des draps et des cuirs de laine bien confectionnés ;

A MM. ROQUE et ROGER, de Vire (Calvados),

Qui fabriquent des draps solides et d'une bonne teinture ;

A M. DATIS, de Lavelanet (Ariége),

Dont les draps et les casimirs sont de bonnes qualités ;

Et à M. DUMAS, de Lavelanet (Ariége),

Qui a présenté des draps d'une fabrication louable.

Médailles de bronze.

Une médaille de bronze a été décernée à chacun des fabricans dont les noms suivent :

MM. TRÉMEAU et compagnie, à Louviers (Eure).

Ils ont présenté un cuir de laine, *tout laine*, rayé, de leur invention, et des draps bien confectionnés. Ils n'emploient que des laines de France.

M. PRESTAT fils, à Louviers (Eure).

Les draps qu'il fabrique sont d'une belle et bonne qualité ; il n'emploie aussi que des laines de France.

MM. BRIDIER frères, à Sedan (Ardennes).

Ils ont exposé des draps et des casimirs de bonne qualité, faits avec des laines françaises. L'une de leurs pièces de drap a été confectionnée avec de la laine de six à sept mois de croissance, provenant du troupeau de M. *Bourgeois*, dont nous avons parlé plus haut. Le but de cet essai était de reconnaître s'il serait avantageux de tondre deux fois dans l'année, question qui n'est point encore résolue.

Ces fabricans avaient été mentionnés honorablement en 1819.

MM. CHAYAUX, LOMBARD et MONARD, à Sedan (Ardennes).

Ils fabriquent avec succès les draps et les casimirs noirs.

MM. Mathieu QUESNÉ et VAUQUELIN, à Elbeuf (Seine-Inférieure).

Leur maison, qui n'existe que depuis 1820, se fait déjà remarquer dans la fabrication des cuirs de laine.

MM. CHEFDERUE et Léon CHAULVREUX, à Elbeuf (Seine-Inférieure). Médailles de bronze.

Ils ont présenté des draps forts et des draps légers, dits *draps-mousseline* ou *japonaise*. Ces derniers articles sur-tout sont très-bien fabriqués; ils justifient la vogue que cette maison s'est acquise dans ce genre de nouveautés.

MM. Pierre HAYET et JOIN-LAMBERT, à Elbeuf (Seine-Inférieure).

Ils ont exposé de très-beaux draps pour billards, et d'autres, de bonne qualité.

MM. TOURANGIN frères, à Bourges (Cher).

Ils ont présenté des draps de diverses couleurs pour la garde royale et pour la ligne, et d'autres draps pour le commerce. Tous ces articles sont parfaitement fabriqués.

Ces manufacturiers ont aussi exposé des couvertures. En 1819, ils ont été mentionnés honorablement. Leurs ateliers, qui n'emploient que des laines du Berri, sont précieux pour cette contrée.

M. SEILLIÈRE, à Nancy (Meurthe).

Il fabrique de très-bons draps pour la troupe. En 1819, il avait été mentionné honorablement.

MM. DEGRAND frères et PRADES, à Bédarieux (Hérault).

Leur manufacture est une des plus anciennes du Languedoc; en 1762, elle fut honorée du titre de

Médailles de bronze.

*manufacture royale.* Tous les ateliers nécessaires à la fabrication des draps, depuis le lavage jusqu'à l'apprêt, y sont réunis; elle occupe quatre cent cinquante à cinq cents ouvriers. Elle exporte beaucoup à l'étranger, particulièrement dans le Levant.

La draperie moyenne de MM. *Degrand* et *Prades* est fort bien confectionnée, et principalement faite avec des laines de France.

## MM. MORIN et compagnie, à Dieu-le-Fit (Drôme),

Déjà cités à l'article de l'amélioration des laines. Ils ont exposé des draps communs et des molletons d'une très-bonne fabrication.

La médaille qui leur est accordée porte sur l'ensemble de leurs produits.

## M. GUIRAUD-FOURNIL, à Limoux (Aude).

Il a exposé des draps d'un bon apprêt, et une castorine bien fabriquée.

## MM. ROMANET et ALAFORT, à Limoges (Haute-Vienne).

Ils ont créé un établissement important dans lequel ils fabriquent des tissus de différens genres. Ceux qu'ils ont présentés consistaient particulièrement en cuirs de laine pour l'habillement des sous-officiers et soldats de la ligne; ils étaient d'une qualité très-satisfaisante.

Le jury a décidé qu'il serait fait mention honorable des fabricans dont les noms suivent: Mentions honorables.

MM. LEGARDEUR frères et DELORME, à Sedan (Ardennes).

Ils ont présenté des draps noirs et des casimirs de diverses couleurs. Ces derniers articles sur-tout sont remarquables par une bonne fabrication.

M. RARAY, à Vire (Calvados).

Il a présenté des draps de troupe et des tricots d'une fort bonne fabrication.

M. Auguste-Victor BERTINOT, à Louviers (Eure).

Il fabrique très-bien les draps de couleur.

M. TALBOT, à Louviers (Eure).

Ses draps de couleur méritent également d'être distingués.

M. GASTINE fils, à Louviers (Eure).

Sa fabrique est récente, mais déjà en réputation pour les draps.

MM. MEURVILLE père et fils, à Troyes (Aube).

Ils ont exposé des cuirs de laine et des casimirs noirs bien fabriqués et dans des prix modérés. Leur établissement, qui n'emploie que des laines de la Champagne, est d'un grand intérêt local.

Mentions honorables.

MM. FERRAND et BAUDOT, à Troyes (Aube).

Ils fabriquent principalement le drap de troupe, et n'emploient aussi que des laines du pays.

MM. VIVIÈS frères, à Chalabre (Aude).

Ils fabriquent des draps d'une fort belle apparence.

MM. BOICHIS et VESIAU, à Limoux (Aude).

Ils imitent avec succès la fabrication de Sedan pour les draps noirs, dans des prix modérés.

MM. VAILLANT et BELANGER, à Poitiers (Vienne).

Leur fabrique est établie dans l'hôpital général de Poitiers; ils ont présenté des draps croisés 5/8 de large, qui peuvent être livrés à très-bas prix.

M. BOUILLON, à Solignac (Haute-Vienne).

Il a exposé des cuirs de laine, de la flanelle et des couvertures de laine. Il sera parlé de nouveau de ces derniers produits dans les sections suivantes.

---

Citations.

Les fabricans dont les noms suivent ont mérité d'être cités avec éloge:

M. JUHEL, à Vire (Calvados).

Il fabrique de bons draps, dans des prix modérés.

MM. HUET DE GUERVILLE et fils, à Sedan (Ardennes). Citations.

Ils ont présenté des draps et des casimirs noirs d'une fabrication solide.

M. ROGER-GILMAIRE, à Sedan (Ardennes).

Draps noirs bien confectionnés, relativement aux prix.

MM. Édouard et Alphonse DELARUE, à Elbeuf (Seine-Inférieure).

Ils ont exposé un drap de couleur d'une fabrication soignée.

---

Le jury a regretté de ne pouvoir admettre aux avantages du concours plusieurs fabricans très-distingués, dont les produits ont été vus avec beaucoup d'intérêt à l'exposition, mais qui avaient négligé de les présenter en temps utile aux jurys d'admission formés dans leurs départemens respectifs.

De ce nombre étaient

MM. BRINCOURT père et fils, à Sedan (Ardennes),

Qui les premiers ont introduit à Sedan le mode de lainage des draps par le cylindre garni de chardons, et qui ont exposé de beaux produits ;

MM. RAULIN père et fils, de la même ville,

Qui sont connus dans le commerce par une belle et bonne fabrication;

M. JANSEN, Belge d'origine, établi depuis quelques années à Torcy, près Sedan,

Qui fabrique des casimirs blancs de la plus grande beauté;

Enfin, MM. AYNARD frères, à Ambérieux (Ain),

Qui fabriquent des draps d'une excellente qualité, pour l'usage de la garde royale.

ARTICLE 2.

*Draperie commune.*

Le jury a remarqué avec une grande satisfaction l'amélioration sensible que présente en général la fabrication de la draperie commune, particulièrement à l'égard des étoffes qui sont employées dans l'équipement de la troupe.

Voici les noms des manufacturiers qui se sont distingués dans ce genre, et l'indication des récompenses qui leur ont été accordées :

Médailles de bronze.

MM. Phil. Pascal ROQUEPLANE, père et fils, à Lodève (Hérault);

M. Fulcrand FOULQUIER, de la même ville;

Et MM. LENTHERIE, LATOUR et compagnie, à Lodève (Hérault).

Ces trois manufacturiers fabriquent également bien le drap d[e] troupe. Le jury a décerné à chacun d'eux une médai[l]le de bronze.

---

Les fabricans ci-après dénommés ont tous mérité pour les mêmes produits, d'être mentionnés honorablement : Mentions honorables.

M. RARAY, à Vire (Calvados).

M. François VALLAT, à Lodève (Hérault),

Déjà mentionné honorablement à l'exposition de l'an X.

MM. L. CROUSET père et fils, à Lodève (Hérault).

MM. FABREGUETTES et Frédéric MARTEL, à Lodève (Herault).

MM. VITALÈS père et fils, à Lodève (Hérault).

M. Pierre GAUFFRE, à Lodève (Hérault).

MM. Charles VALLAT père et fils, à Lodève (Hérault).

M. Auguste VALLAT, à Lodève (Hérault).

M. Fulcrand DELPONT, à Clermont (Hérault).

Mentions honorables. M. Pierre BERTRAND, à Clermont (Hérault).

M. MAZARIN, à Saint-Affrique (Aveyron).

MM. MURET et COURET, à Saint-Geniez (Aveyron).

## SECONDE CLASSE.

## *Flanelles, Molletons, Coatings.*

La fabrication des flanelles en chaîne et trame cardées, à l'imitation de celles d'Angleterre, commence à se répandre en France; on a vu à l'exposition de très-belles flanelles de cette sorte, qui est moins sujette que l'autre à se retirer et à se feutrer au lavage. Le jury s'est efforcé d'en encourager la production.

Les coatings et les molletons étaient en général d'une confection soignée.

---

Médailles d'argent. MM. HENRIOT frère, sœur et compagnie, à Reims (Marne),

Qui, en 1819, avaient obtenu une médaille de bronze,

Ont exposé des flanelles croisées en laine peignée, d'autres dont la chaîne seulement est peignée et la trame en laine cardée, et d'autres enfin en chaîne et trame cardées, à l'imitation des flanelles d'Angleterre. Ils ont aussi exposé des coatings très-beaux et d'un prix modéré, ainsi que des étoffes en coton et laine dites *circassiennes.*

Le jury leur a décerné une médaille d'argent.

M.[lle] ARMFIELD, à Château-Renaud (Indre-et-Loire), Médailles d'argent.

A exposé des flanelles très-belles, dont plusieurs sont à chaîne et trame cardées, et des coatings parfaitement fabriqués.

Le jury lui a décerné une médaille d'argent.

M. Maurice LOIGNON, à Beauvais (Oise).

Les flanelles qu'il a présentées sont de bonne qualité. Nous avons déjà fait connaître, en parlant de ses draps, que la médaille d'argent qu'il a reçue porte sur l'ensemble de sa fabrication.

---

MM. MORIN, à Dieu-le-Fit (Drôme), Médaille de bronze.

Ont exposé du molleton qui joint la blancheur à la finesse et à la légèreté.

Nous avons déjà parlé des laines et des cuirs de laine présentés par MM. *Morin*, et nous avons annoncé que le jury avait décerné une médaille de bronze à ces fabricans pour l'ensemble de leurs produits.

---

M. BOUILLON, à Solignac (Haute-Vienne), Mention honorable.

Déjà cité dans la draperie, a exposé de la flanelle toute en laine cardée, et des couvertures en laine. Ces produits sont bien fabriqués, et partagent la mention honorable accordée aux cuirs de laine.

Mentions honorables.

Le jury a décidé qu'il serait fait mention honorable de

MM. DESHAYE-FOURNIVAL et BUIRETTE, à Reims (Marne),

Pour flanelle bien préparée;

Et de MM. ASSY-GUÉRIN fils et GIVELET, à Reims (Marne),

Pour flanelle croisée très-bonne.

Ces fabricans ont aussi présenté une circassienne également bien confectionnée.

## SECTION IV.

### *Étoffes rases.*

Médaille d'or.

MM. D'AUTREMONT et DOYEN, à Villepreux (Seine-et-Oise),

Déjà cités à l'article des laines peignées, ont exposé une suite d'étoffes mérinos de diverses qualités, tant en blanc qu'en couleur. Toutes ces étoffes présentent un beau tissu, et dénotent une excellente fabrication. Une pièce blanche, dont ces habiles manufacturiers ont fait hommage à *Madame, duchesse d'Angoulême*, est un véritable chef-d'œuvre de finesse et de perfection.

MM. d'Autremont et Doyen ont fait faire à la fabrication des tissus mérinos de très-grands progrès. On leur doit la mise en teinture de ces tissus dans des couleurs variées et jusque dans les nuances les plus délicates. Avant eux, ces sortes d'étoffes n'étaient susceptibles de recevoir qu'un très-petit nombre de couleurs, qui souvent même ne réussissaient qu'imparfaitement à cause de l'inégalité des filatures.

Nous avons déjà annoncé que MM. *d'Autremont* et *Doyen* avaient reçu la médaille d'or pour l'ensemble de leurs produits.

---

M. Pierre-Benigne FOURNIVAL, à Rethel (Ardennes), Médaille d'argent.

A exposé des tissus mérinos renforcés, d'une belle fabrication et de prix modérés. M. *Fournival* ne borne pas son industrie au tissage; il fait filer à Rethel pour beaucoup de fabricans de châles: son établissement occupe un grand nombre d'ouvriers.

Le jury lui a décerné une médaille d'argent.

---

# CHAPITRE II.

## *DUVET DE CHÈVRE.*

DEPUIS que les cachemires, ou les châles indiens, ont été adoptés par la mode et sont devenus la parure de l'opulence, on a pu prévoir que nos fabricans s'appliqueraient à les imiter; mais on était loin d'espérer des succès aussi prompts et aussi éclatans que ceux qui ont été obtenus.

La matière première manquait; on n'en connaissait qu'imparfaitement la nature et l'origine : les procédés employés pour brocher les ornemens dont les fonds sont semés, ainsi que les riches bordures qui les entourent, étaient absolument inconnus : on devait à-la-fois rechercher, deviner presque la base de l'étoffe, et créer l'art de la mettre en œuvre.

On sait qu'après avoir employé successivement la laine mérinos et le poil fin du chameau, ou le chevron, nos fabricans se sont déterminés à faire usage du duvet que portent les chèvres dont les Kirghiz-nomades ont formé d'immenses troupeaux, au nord de la mer Caspienne, et qui font une des principales richesses de ces peuples pasteurs.

Cette matière, que le commerce du Levant nous fournit maintenant avec abondance, a une ressemblance heureuse avec celle dont se servent les Cachemiriens, et que les versions les plus accréditées font provenir d'une autre espèce de chèvres particulière à l'Oundès, l'une des provinces du petit Thibet.

Des tentatives, dont il est permis d'augurer un heureux succès, sont faites pour naturaliser chez nous les chèvres à duvet de cachemire. Personne n'ignore que l'on doit à M. *Ternaux* et à M. *Jaubert* l'introduction en France de la race kirghize. Le Gouvernement, qui protége cette importation et qui s'efforce d'en presser les conséquences, a formé lui-même à Perpignan un troupeau composé de chèvres de cette espèce. Leur duvet, filé et tissé par M. *Hindenlang*, a produit le beau cachemire blanc que cet habile artiste a placé à l'exposition.

Quelques chèvres d'origine thibétaine bien constatée ont aussi été acquises pour le compte de l'État; elles sont soignées dans l'établissement d'Alfort, où tout fait espérer qu'elles se multiplieront.

Un troupeau, déjà composé de quarante têtes, a été créé à Montmartre, par M. *Faciot*. Il provient de deux chèvres originaires de l'Inde, mais nées en France en 1817, qui ont été accouplées successivement avec le bouc indien de Calcutta et avec celui de la haute Égypte existans dans la ménagerie du Roi. Un tissu cachemire très-fin, fait avec le duvet récolté de ce troupeau, a été exposé par M. *Bauson*.

Il est bon de remarquer que nos chèvres indigènes portent elles-mêmes sous leurs longs poils une première fourrure, moins abondante, à la vérité, que celle des chèvres cachemire, mais qui en diffère peu pour la finesse. Plusieurs chapeaux envoyés par le département des Hautes-Alpes ont été faits avec un mélange de ce duvet et de ce poil de lapin. Les possesseurs de grands troupeaux de chèvres porteront sans doute leur attention sur ce produit, dont on ne soupçonnait pas l'existence, et qui peut devenir intéressant.

## SECTION I.re

## *Fil de cachemire.*

Le filage du duvet, soit maronné ou brut, soit soufré, est exécuté au moyen de machines, avec une grande perfection. La finesse du fil que l'on obtient n'est, pour ainsi dire, bornée que par la nécessité de lui conserver le degré de force qu'il doit présenter pour résister à la tension et au choc que la fabrication lui fait éprouver.

---

Médaille d'or.

M. HINDENLANG fils aîné, à Paris, rue des Vinaigriers, n.° 15,

Qui, en 1819, a obtenu une médaille d'argent,

Occupe depuis long-temps le premier rang dans le filage du duvet de cachemire; plusieurs filateurs distingués se sont formés dans ses ateliers et lui doivent en grande partie leurs succès. Les fils qu'il a présentés ont prouvé qu'il réussit aussi bien à mettre en œuvre le duvet maronné que le duvet soufré. Ces fils offraient tous les degrés de finesse, depuis le n.° 80, jusqu'au n.° 210; on a remarqué qu'ils étaient tous fort unis et bien épurés, élastiques et nerveux, faciles à dévider, et d'une consistance parfaite.

M. *Hindenlang* a aussi présenté des tissus de cachemire unis, dont l'un a été fait avec du duvet du troupeau royal de Perpignan.

L'exécution de ces étoffes répond à la beauté du filage.

Le jury a décerné une médaille d'or à M. *Hindenlang.*

---

M. FORSTER-STAIR, à la Chapelle-Saint-Denis, Médaille d'argent.

Est un des premiers qui se soient occupés, en France, du filage du duvet de cachemire. Son établissement est très-recommandable ; il produit tous les degrés de finesse nécessaires à la confection des plus beaux tissus.

Le jury décerne une médaille d'argent à M. *Forster-Stair.*

---

MM. POLINO frères, à Paris, rue Sainte-Apolline, n.° 9, Médaille de bronze.

Ont présenté des fils de cachemire dans tous les numéros demandés par la consommation, et des tissus d'une exécution très-soignée.

Le jury leur a décerné une médaille de bronze.

---

Les filateurs ci-après dénommés ont mérité d'être mentionnés honorablement : Mentions honorables.

MM. BIETRY et BELLEVILLE, à Paris, rue du Faubourg Saint-Denis, n.° 193,

Pour fils de cachemire bien confectionnés.

Mention honorable. MM. PETITJEAN et compagnie, à Montataire (Oise),

Déjà mentionnés honorablement à l'exposition de 1819.

Ils ont présenté des fils et des tissus de cachemire d'une très-bonne exécution.

## SECTION II.

### *Tissus unis de cachemire et Châles.*

Deux méthodes bien distinctes ont été suivies par nos fabricans pour imiter les châles de cachemire. Les uns, se contentant d'une imitation imparfaite, ont exécuté les ornemens et les bordures au *lancé*, moyen déjà usité en France pour brocher diverses étoffes : leurs châles, faciles à reconnaître, en ce qu'ils sont découpés à l'envers, portent particulièrement le nom de *cachemires français*. Les autres ont adopté le broché à l'*espoulinage*, procédé plus compliqué, plus long, et par conséquent plus coûteux que celui du *lancé*, mais d'où résulte une plus grande solidité dans la broderie. Les châles ainsi fabriqués ressemblent tellement à ceux de l'Inde, que l'œil le plus exercé ne peut en faire la distinction.

Toutes les méthodes particulières en usage dans les différens ateliers peuvent être rapportées à l'une ou à l'autre de ces deux grandes divisions du travail; elles sont comme autant de routes diverses que les fabricans se sont eux-mêmes frayées, et qui ont conduit plusieurs d'entre eux au même but.

Depuis 1819, les moyens d'exécution déjà connus ont fait des progrès remarquables; d'autres que l'on cherchait encore ont été trouvés. On a donné aux tissus plus de finesse, aux dessins plus de grâce et une réduction plus exacte. Les lisières de couleur espoulinées, qui restaient encore comme une dernière marque distinctive des châles indiens, ont été obtenues avec une perfection qui fait oublier la nouveauté de l'essai.

Considérée dans son ensemble, la fabrication des châles et des tissus unis de cachemire est maintenant une des parties les plus belles et les plus productives de notre industrie. On estime à près de 24 millions la masse d'affaires dont elle enrichit annuellement le commerce de Paris.

---

M. BAUSON, à Paris, rue de Montreuil, n.° 85, Médailles d'or.

Qui obtint une médaille d'argent à l'exposition de 1819, a poussé l'imitation du travail indien, dans les nuances rougeâtres sur-tout, jusqu'au dernier degré de vérité. Les châles sortis de ses ateliers ont souvent passé dans le commerce pour de vrais cachemires. Ceux qu'il a présentés à l'exposition étaient remarquables par une étonnante finesse, ainsi que par la richesse et le bon goût des ornemens.

Le jury a décerné à M. *Bauson* une médaille d'or.

MM. LAGORCE aîné et compagnie, à Paris, rue des Fossés-Montmartre, n.° 16,

Ont présenté une très-belle collection de châles au *lancé*, dans lesquels on remarquait une grande

Médailles d'or.

diversité de dessins et de couleurs, ainsi qu'un excellent goût. Cette maison, qui jouissait déjà d'une très-bonne réputation, s'est surpassée elle-même par le choix des matières, en chaîne et en trame, ainsi que par le fini précieux de tous les produits qu'elle a exposés.

Le jury a décerné une médaille d'or à MM. *Lagorce* aîné et compagnie.

M. BOSQUILLON, à Paris, rue Neuve-Saint-Eustache, n.° 13,

A présenté des tissus unis de cachemire, des châles imitant le travail de l'Inde, et d'autres exécutés au *lancé*. On a remarqué dans tous ces produits une bonne préparation de matières, une habile ouvraison de chaînes, et une exécution très-soignée.

Le jury a décerné à M. *Bosquillon* une médaille d'or.

M. REY, à Paris, rue Sainte-Apolline, n.° 13,

S'est particulièrement adonné à la fabrication d'une sorte de châles, soit en laine, soit en cachemire, dans lesquels les ornemens indiens sont remplacés par une imitation très-exacte des fleurs naturelles, et dont l'éclat est souvent rehaussé par un heureux emploi de broderies en or. Ce genre, à-la-fois gracieux et riche, donne lieu à une fabrication considérable et à une exportation très-étendue.

Dans le bel ensemble de châles présenté à l'exposition par M. *Rey*, on a particulièrement remarqué des lisières de couleur, tissées à part, et enlacées avec le fond par un travail absolument semblable à celui de l'Inde, et qui manquait encore à nos ateliers. Ce fabricant, aussi savant qu'habile, a publié sur l'histoire des châles un ouvrage plein d'aperçus intéressans, dans lequel il a fait preuve à-la-fois de connaissances étendues et variées, et de vues très-justes sur son art.

Le jury a décerné une médaille d'or à M. *Rey*.

---

MM. TERNAUX et fils, à Paris place des Victoires, n.° 6, Médailles d'argent.

Ont présenté des châles d'une exécution parfaite. Ces habiles fabricans maintiennent leur maison dans le rang distingué où ils l'ont placée depuis long-temps par leurs travaux dans divers genres. (*Voir Draperie* et *Tissus mérinos.*)

Le jury leur a décerné une médaille d'argent pour l'article *Châles*.

M. CHANNEBOT, à Paris, rue Neuve-Saint-Eustache, n.° 8,

Qui obtint une médaille de bronze en 1819,

A fait usage, un des premiers, de chaînes pures de cachemire dans la fabrication des châles; ainsi cette industrie lui doit une partie des progrès qu'elle a faits. Les châles, tant au lancé qu'à la manière de l'Inde, qu'il a présentés, ont prouvé qu'il avait amélioré ses procédés depuis la dernière exposition.

Le jury lui a décerné une médaille d'argent.

Médailles d'argent.

M. LEGRAND-LEMOR, à Paris, rue de Cléry, n.° 40,

Est inventeur d'un procédé de broché qui évite le découpage des châles, et satisfait l'œil en présentant l'apparence du vrai cachemire. Des châles de cette sorte, et d'autres exécutés au lancé, ont été justement admirés à l'exposition.

Le jury a décerné une médaille d'argent à M. *Legrand-Lemor.*

MM. ISOT et ECK, à Paris, rue Saint-Roch-Poissonnière, n.° 28,

Ont présenté des châles imitant avec une grande vérité le travail indien, qui étaient remarquables à-la-fois par le bon effet des couleurs et par la belle exécution des palmes et des bordures.

Le jury leur a décerné une médaille d'argent.

MM. BAYLE et compagnie, à Paris, place des Victoires, n.° 1,

Fabriquent des châles en bourre de soie et en cachemire. Leurs produits sont exécutés d'une manière très-satisfaisante, et variés avec beaucoup de goût.

Le jury leur a décerné une médaille d'argent.

M. FOURNEL, à Paris, rue Neuve-Saint-Eustache, n.° 7,

A présenté des tissus unis de cachemire, très-bien exécutés, et des châles remarquables par un très-bon goût, ainsi que par une richesse de dessins extraordinaire. Ce fabricant éclairé paraît appelé à porter très-loin la belle industrie qu'il exerce.

Le jury lui a décerné une médaille d'argent.

---

MM. DESOLME et QUÉRIAU, à Paris, rue des Fossés-Montmartre, n.° 27, Médailles de bronze.

Ont présenté des châles au lancé, fort bien exécutés. Le bon goût qui règne dans leurs ornemens, prouve qu'ils sont habiles dessinateurs et qu'ils peuvent prétendre à de grands succès.

Le jury leur a décerné une médaille de bronze.

MM. LAINNÉ et compagnie, à Paris, rue des Fossés-Montmartre, n.° 35,

Fabriquent très-bien les tissus unis de cachemire et les châles. Dans ces derniers articles, on a sur-tout remarqué des palmes de plusieurs couleurs, d'un très-bon effet.

Le jury a décerné à ces fabricans une médaille de bronze.

MM. DUFOUR frères, à Paris, rue du Mail, n.° 16,

Ont présenté des châles en cachemire et en bourre de soie, ainsi que des tissus de fantaisie en cachemire. Tous ces produits étaient exécutés avec soin, et composés avec beaucoup de goût.

Le jury a décerné une médaille de bronze à MM. *Dufour* frères.

Médailles de bronze.

MM. MAUPETIT et compagnie, à Paris, rue Neuve-d'Orléans, n.° 18,

Ont présenté des châles soie et laine, parfaitement fabriqués, dans lesquels on a sur-tout remarqué la richesse des dessins en fleurs naturelles et le brillant de leur effet.

Le jury leur a décerné une médaille de bronze.

M. DOUINET, à Paris, rue Bourbon-Villeneuve, n.° 29,

A exposé des châles soie et laine, dans le genre cachemire, qui sont recommandables par de bons dessins, par une exécution soignée, et par des prix peu élevés.

Le jury lui a décerné une médaille de bronze.

M. LIMAGE-PINSON, à Paris, rue du Faubourg-du-Temple, n.° 28,

Mentionné honorablement en 1819, est le premier qui ait fait des châles cachemire avec un fil simple; ses produits sont variés et de bonne qualité.

Le jury lui a décerné une médaille de bronze.

MM. GALON frères, à Paris, rue Coq-Héron, n.° 8,

Ont exposé des châles cachemire très-riches de dessin, et d'une fort belle exécution.

Le jury leur a décerné une médaille de bronze.

Les fabricans dont les noms suivent ont été mentionnés honorablement. Mentions honorables.

M. SAINT-ÉTIENNE, à Paris, rue Neuve-Saint-Eustache, n.° 32,

Pour châles cachemire d'un genre courant, et pour châles soie et laine exécutés par un travail mécanique.

M. DELON fils, à Paris, rue Neuve-Saint-Eustache, n.° 34,

Pour châles de laine et de cachemire d'une bonne exécution.

M. FOUQUET, à Paris, enclos de la foire Saint-Laurent,

Pour châles cachemire bien fabriqués.

M. GATINE, à Paris, rue des Bourguignons, n.° 18,

Déjà mentionné honorablement en 1819,

Pour châles de cachemire exécutés par un procédé particulier dont il est l'inventeur.

# CHAPITRE III.

## SOIES.

### SECTION I.re

### *Soie grége et Soie ouvrée.*

DEPUIS quelques années, une amélioration sensible a été introduite dans l'éducation du ver à soie. Des courans d'air dont l'effet peut être réglé d'après la température et l'état de l'atmosphère, ont été ménagés dans les *magnoneries :* le séjour de ces bâtimens, où tant de millions d'êtres naissent et meurent dans l'espace de quelques semaines, est ainsi devenu plus sain ; la mortalité du ver y est moins grande, à chacune des époques de sa courte existence, et l'on n'y redoute plus autant l'influence meurtrière des épidémies. Le tirage des cocons, ou le filage de la soie, est maintenant exécuté presque par-tout à l'aide de bassines dont l'eau est chauffée par la vapeur. Ce procédé, dont l'invention est due à M. *Gensoul,* de Lyon, diminue la consommation du combustible, régularise le travail des fileuses, permet de porter en peu de temps l'eau des bassines à la température voulue, et, par un renouvellement continuel, la tient sans cesse dans un état de propreté qui rend la soie plus pure et donne au filage plus de netteté.

Dans le bel établissement de M. *Bonnard*, à Lyon, le travail des tourneuses a été remplacé par un mécanisme ingénieux que fait mouvoir un seul moteur. Ce changement, depuis long-temps desiré, diminue les frais de main-d'œuvre, et permet de placer les filatures dans des locaux moins étendus.

La soie blanche naturelle, ou la soie *sina*, était, à l'exposition, dans une proportion plus forte que la soie jaune; on a ainsi la certitude que la race de ver qui la produit est non-seulement bien acclimatée en France, mais qu'elle tend encore à s'y multiplier de plus en plus. Le ver de sina, mieux étudié, et par conséquent mieux connu, a triomphé des préventions dont il était l'objet. Nos cultivateurs sont maintenant bien convaincus, 1.° qu'il n'est pas plus sujet à mortalité que le ver à cocons jaunes, qu'il est même plus robuste et file plus nerveux; 2.° qu'il monte plus vîte à la bruyère, qu'il peut conséquemment échapper à l'influence des vents brûlans du sud, qui soufflent, dans le bassin du Rhône et sur les bords de la Méditerranée, à l'époque où l'autre ver se dispose à faire sa coque; 3.° enfin, qu'il fournit une soie dont le blanc est inaltérable, et sur laquelle on obtient des couleurs plus vives.

La culture de la soie continue à prospérer dans les départemens du Gard, de l'Ardèche, de la Drôme, de la Loire, de l'Hérault, de la Haute-Garonne et des Bouches-du-Rhône; elle se relève et prend un nouvel essor dans les Pyrénées-Orientales, où, pendant la révolution, elle était restée en souffrance; introduite depuis quelques années dans les environs de Lyon, elle ajoute aux ressources manufacturières de cette ville célèbre; enfin, et tout récemment, elle a été transportée dans le département de l'Ain, où déjà elle fournit des produits remarquables par une belle nature de matière et par une excellente ouvraison.

Ce dernier exemple sera sans doute d'un bon effet; il prouve que la culture du mûrier ainsi que l'éducation du ver à soie peuvent être étendues au-delà de la zone qui seule en France paraissait y être propre, et que plusieurs de nos départemens du centre et du nord sont susceptibles, autant que ceux du midi, de participer aux avantages de cette industrie.

L'exposition de 1823 n'a fait connaître qu'une partie de nos richesses en soie grége et ouvrée : plusieurs filateurs et moulineurs habiles se sont abstenus d'y prendre part. On doit espérer qu'à l'avenir ils répondront mieux à l'appel du Gouvernement, et qu'ils feront d'heureux efforts pour paraître avec avantage au prochain concours.

---

Médailles d'or.

M. ROCHEBLAVE, à Alais (Gard),

Est un des conservateurs de la soie sina en France, ainsi qu'un des plus ardens propagateurs du ver précieux qui la produit.

Il a présenté à l'exposition de très-belle soie en flottes, filée à 3 et à 5 cocons, dans des bassines chauffées à la vapeur, par l'appareil de M. *Gensoul.* Son fil est soigné, nerveux, et d'une telle pureté, qu'il n'éprouve au dévidage qu'un déchet très-faible.

Le jury a décerné une médaille d'or à M. *Rocheblave.* Médailles d'or.

M. POIDEBARD, à Lyon (Rhône),

Qui, en 1819, obtint une médaille d'argent, a introduit dans le département du Rhône l'éducation du ver à soie blanche. L'établissement qu'il a formé à Saint-Alban, près Lyon, date de 1812; mais ce n'est que depuis 1818 que ses plantations de mûriers ont permis qu'il donnât à cet établissement toute l'importance dont il était susceptible. Aujourd'hui M. *Poidebard* possède une magnonerie assez étendue pour permettre le développement de 55 onces de graine; il y a joint de vastes ateliers qui peuvent servir de modèles pour tous les bâtimens destinés au filage et à l'ouvraison.

La soie de Saint-Alban a figuré à l'exposition en cocons, en flottes tirées à 4 cocons, et en mateaux. Dans ces divers états, elle était d'une blancheur admirable et d'une qualité supérieure. On a remarqué avec satisfaction une pièce de satin blanc fabriqué avec cette soie, dans laquelle il est entré 14,400 fils de chaîne dans 20 pouces de largeur.

Le jury a décerné une médaille d'or à M. *Poidebard.*

---

MM. CHARTRON, à Saint-Vallier (Drôme), Médailles d'argent.

Obtinrent en 1806 une médaille d'argent de seconde classe, équivalente à une médaille de bronze, qui leur a été continuée en 1819.

Ils ont exposé de la soie blanche et de la soie jaune en flottes parfaitement filées, et en mateaux, pour crêpes, d'une ouvraison qui ne laisse rien à desirer. Ces fabricans ont introduit dans le département de la Drôme le filage à la vapeur. Nous parlerons plus bas du crêpe qu'ils ont exposé, et qu'ils fabriquent dans leur établissement.

Le jury leur a décerné une médaille d'argent.

Médailles d'argent.

MM. SÉNÉCLAUSE père et fils, à Bourg-Argental (Loire),

Ont exposé des soies très-blanches filées à 5 et 6 cocons, et ouvrées pour trame. Leur filage est distingué par sa netteté ainsi que par sa finesse.

Le ver à soie sina est naturalisé à Bourg-Argental depuis long-temps. MM. *Sénéclause* ont mis beaucoup de zèle à en conserver et à en multiplier la race.

Le jury leur a décerné une médaille d'argent.

M. BODIN, à Saint-Donat (Drôme),

Qui, en 1819, obtint une médaille de bronze,

A exposé des organsins blancs et des organsins jaunes, au titre de 20 deniers. Ces produits annonçaient une bonne méthode de filage et une ouvraison très-soignée.

Le jury a décerné à M. *Bodin* une médaille d'argent.

M. TEISSIER-DUCROS, à Valleraugue (Gard),

A exposé des soies blanches tirées à 3, 4, 5 et 6 cocons, des soies jaunes tirées à 3 cocons, et des soies blanches ouvrées, pour la fabrication du tulle. Ces soies étaient toutes de qualités supérieures et d'un dévidage facile. Médailles d'argent.

Le jury a décerné à M. *Teissier-Ducros* une médaille d'argent.

M. CHAMBON, à Alais (Gard), mentionné honorablement en 1819,

A présenté des soies blanches tirées à 2 cocons et des soies jaunes tirées à 4 et à 5 cocons. Ces produits étaient tous fort bien conditionnés. M. *Chambon* est le premier qui ait fait usage de l'appareil *Gensoul* dans le département du Gard.

Le jury lui a décerné une médaille d'argent.

---

Une médaille de bronze a été décernée à chacun des fabricans dont les noms suivent : Médailles de bronze.

M. PLANTIER, à Alais (Gard),

Pour soies jaunes tirées à 4 cocons avec beaucoup de netteté.

M. TASTEVIN, à Alais (Gard),

Pour soies tirées à 2, 3, 4 et 5 cocons, d'un filage nerveux et d'un dévidage facile.

M. DELACOUR, à Tain (Drôme),

Pour soies tirées à 3 et 4 cocons.

M. *Delacour* avait été mentionné honorablement en 1819.

Médailles de bronze.

M. BREST fils, à Roquevaire (Bouches-du-Rhône),

Pour soies blanches, très-belles, tirées à 3 cocons, avec beaucoup de finesse.

M. *Brest* a contribué beaucoup à répandre dans les environs de Roquevaire la belle qualité de soie que produit cette ville.

MM. SAMBUC et NOYER, à Dieu-le-Fit (Drôme),

Pour soies jaunes, très-nerveuses, tirées à 4 et 5 cocons.

M. Pierre BEROUD, à Nantua (Ain),

Pour soies blanches ouvrées en grenadines, à divers degrés de finesse, destinées à la fabrication de la dentelle et des châles.

On a remarqué avec d'autant plus d'intérêt les soies envoyées par M. *Beroud,* que jusqu'ici ce genre de produit n'était point compté parmi les richesses du département de l'Ain.

---

Mention honorable.

Le jury a décidé qu'il serait fait mention honorable des fabricans ci-apèrs dénommés :

MM. PUGENS cadet et sœur, à Perpignan, (Pyrénées-Orientales).

Soie grége bien filée. C'est par le zèle de ces filateurs que l'éducation du ver à soie, négligée pendant la révolution dans le département des Pyrénées-Orientales, s'est relevée depuis quelques années.

M. Frédéric BONNEFOI, à Dieu-le-Fit (Drôme). Mentions honorables.

Soie grége pour trame, d'une ouvraison excellente.

M. BOSSAT, à Saint-Vallier (Drôme),

Soie jaune organsinée, de bonne qualité.

M. LAURENS jeune, à Toulouse (Haute-Garonne),

Soie *tramette*, tirée à 8 cocons, avec beaucoup de netteté.

## SECTION II.

### *Fil de bourre de soie.*

Le filage de la bourre de soie n'est pratiqué en France que depuis peu d'années ; et l'on sait que c'est en grande partie à l'impulsion donnée par la société d'encouragement que les premiers succès en sont dus. A l'exposition de 1819, cette industrie, quoique bien connue, et déjà en possession des machines qui lui sont propres, ne fournissait encore que peu de produits. Depuis cette époque, plusieurs établissemens ont été créés pour le filage de la bourre de soie, pure ou mélangée ; et l'on a lieu de penser que si la production de cet article n'est point encore tout-à-fait au niveau des besoins de nos fabriques, elle ne tardera certainement point à y être portée.

---

M. Pascal EYMIEU, à Saillans (Drôme), Médaille d'argent.

Qui obtint une médaille d'argent en 1819, a présenté des fils de bourre de soie très-bien confectionnés.

Ce fabricant est en outre inventeur d'un peigne mécanique destiné à rendre le coton susceptible d'être filé dans les numéros les plus élevés; il continue à mériter la distinction qui lui a été accordée.

---

Médailles de bronze.

Une médaille de bronze a été décernée à chacun des fabricans dont les noms suivent:

MM. DIDELOT et compagnie, à Paris, rue Picpus, n.° 35.

Ils ont présenté divers écheveaux de fil de bourre de soie, dit *fantaisie*, de très-bonne qualité, dans les n.os 40 à 60.

M. D'ECHTHÉGOIN, à Paris, rue Grange-aux-Belles, n.° 19.

Il a présenté divers écheveaux de fil de bourre de soie, dit *fantaisie*, brillant et nerveux, dans les n.os 80 à 120.

---

Mentions honorables.

Les fabricans dont les noms suivent ont été mentionnés honorablement:

M. POUFILLIER, à Paris, rue Saint-Denis, n.° 189,

Pour fils de bourre de soie, de cachemire et de laine, de très-bonnes qualités.

MM. BONNET et RONCHAUD, à Tenay (Ain),

Pour beaux échantillons de fil provenant du mélange de la bourre de soie avec la laine et avec le duvet de cachemire.

## SECTION III.

### *Étoffes de soie.*

Aucune ville manufacturière n'est supérieure à celle de Lyon pour l'étendue et la renommée de son industrie : richesse des matières premières, beauté du tissage, magnificence et bon goût dans les dessins, éclat et vivacité dans les couleurs, telles sont les précieuses qualités qui distinguent les étoffes de cette ville célèbre, et qui les font rechercher dans toutes les parties du monde.

Depuis 1819, de nouveaux succès ont encore augmenté la prospérité de la fabrication lyonnaise.

On a donné à la soie non décreusée des couleurs presque aussi belles qu'à la soie parfaitement cuite ; la cochenille a été employée avec succès pour ajouter à la vigueur et à la solidité de certaines couleurs ; on est parvenu à remplacer la fleur du safranum par une matière qui produit d'aussi belles nuances et qui peut être obtenue à bien meilleur prix.

La vapeur a été utilement appliquée à la préparation des chaînes de soie pour les étoffes de goût; des résultats que l'on ne pouvait obtenir par le procédé de la *chine*, ordinaire, sont résultés de chaînes convenablement impressionnées ; et ces deux moyens, qui, séparément, présentaient de grandes difficultés, ont été souvent combinés d'une manière avantageuse.

De nouveaux apprêts donnés à l'or en lame, et de nouvelles combinaisons de cette lame avec la soie, ont donné naissance à des produits remarquables par un effet neuf et fort avantageux.

Le régulateur de M. *Dutilleu* a reçu de nouvelles applications. Aujourd'hui, les étoffes pour tentures, les crêpes lisses et les mousselines de Tarare sont fabriqués au moyen de cet ingénieux mécanisme; on lui doit sur-tout l'extrême régularité que l'on remarque dans le crêpe ordinaire, qualité dont le crêpe de Chine est presque toujours dépourvu.

Diverses espèces de gazes, notamment la gaze lisse, ont été inventées par M. *Banse*, et composent maintenant un genre de fabrication qui occupe à lui seul plus de 2,500 métiers. Le crêpe, que cet habile manufacturier s'est aussi attaché à perfectionner, égale et surpasse même celui d'Italie.

Des étoffes de soie transparentes, appelées *étoffes diaphanes*, ont été présentées par M. *Révillod*, qui a eu l'heureuse idée de les appliquer aux stores et aux rideaux de croisée.

Enfin, les plumes et le duvet des animaux ont été employés, par un ingénieux procédé, à composer des ornemens qui présentent une imitation très-satisfaisante de la nature.

Tours soutient son ancienne réputation pour les étoffes de tenture en soie. Les ateliers de cette ville intéressante continuent à fournir, concurremment avec ceux de Lyon, les riches étoffes qui sont nécessaires à l'ameublement des palais royaux. Les ornemens d'église y sont en outre fabriqués maintenant avec beaucoup de succès.

Nîmes, si bien favorisée par le voisinage des filatures de soie et par le génie actif de sa population, étend chaque jour la sphère de son industrie, en imitant les articles de Lyon et de Paris qui conviennent à ses moyens de fabrication. Les châles en bourre de soie façon de cachemire, les étoffes résultant des diverses combinaisons de la soie avec la laine et le coton, les tricots, les baréges, les gazes ouvragées, les tulles, y sont devenus des produits courans, qu'une grande perfection et des prix peu élevés font rechercher avec empressement par toutes les classes de consommateurs.

---

M. DUTILLEU, à Lyon (Rhône), Médaille d'or.

Est l'inventeur du régulateur dont nous avons parlé plus haut; on lui doit aussi l'application de la *chine* par la trame, et une multitude de procédés ingénieux dont se sont emparées toutes les fabriques de Lyon.

Il a exposé des veloutés, des étoffes figurées, d'une exécution et d'un goût parfaits; des satins gaufrés, des velours bouclés et des velours pour gilets, de dessins très-recherchés. Tous ces produits, qui sont d'une exécution parfaite et d'un goût pur, annoncent un très-habile fabricant.

M. *Dutilleu* avait reçu, en 1806, une médaille d'argent; le jury lui a décerné une médaille d'or.

MM. GRAND frères, à Lyon (Rhône), Rappel de médailles d'or.

Qui obtinrent, en 1819, une médaille d'or,

Ont exposé des étoffes pour meubles, parmi lesquelles on a particulièrement remarqué l'échantillon de la belle tenture à panneaux qui décore la salle du trône au palais des Tuileries. Ils ont exposé aussi des damas, des velours lisérés or, dont les liages sont parfaitement entendus; des lampas, des satins brochés en

Rappel de médailles d'or.

soie nuancée; enfin, des satins de deux couleurs, d'une facture de dessin particulière. Toutes ces étoffes sont d'une exécution soignée; les nuances en sont vives et bien entendues.

Le jury déclare que MM. *Grand* continuent à mériter la médaille d'or qu'ils ont reçue à la dernière exposition.

MM. DÉPOUILLY-SCHIRMER et compagnie, à Paris, rue de Paradis-Poissonnière, n.° 38,

Qui, sous la raison *Dépouilly* et compagnie, obtinrent une médaille d'or en 1819,

Ont exposé des étoffes à chaîne et trame de laine, avec dessin liseré, dont la fabrication est parfaite, quoique difficile; des châles à chaîne et trame de cachemire, dont les dessins damassés sont d'un fort bel effet; des écharpes chinées et brochées; des mouchoirs fond gaze cachemire, à dessins brochés en or; des baréges à chaîne et trame de laine, rayés en nuances vives; enfin une grande quantité d'objets de fantaisie, qui prouvent que MM. *Dépouilly-Schirmer* possèdent à un degré très-élevé les connaissances et le goût qui sont nécessaires à leur profession.

Le jury se plaît à reconnaître que ces intéressans manufacturiers méritent de plus en plus la médaille d'or qui leur a été accordée en 1819.

MM. CHUARD et compagnie, à Lyon (Rhône),

Qui, en 1819, obtinrent une médaille d'or,

Ont envoyé des étoffes de soie or et argent sur lesquelles le jury regrette de ne pouvoir émettre une opinion, ces étoffes n'ayant point été examinées par le jury spécial du Rhône.

Le jury exprime le même regret à l'égard de

MM. SÉGUIN et YEMENIS, de Lyon (Rhône),

Qui obtinrent aussi une médaille d'or en 1819, et dont les produits n'ont point non plus été soumis aux formalités préalables de réception.

MM. BANSE et compagnie, à Lyon (Rhône), Médailles d'or.

Qui, en 1819, obtinrent une médaille d'argent,

Ont exposé des crêpes d'une fabrication supérieure, et des gazes de diverses sortes. Nous avons déjà dit que ces deux sortes de produits devaient beaucoup aux travaux de M. *Banse*. Le procédé par lequel il fabrique le crêpe, et pour lequel il a pris un brevet d'invention, a l'avantage de fixer, d'une manière invariable, le grain de l'étoffe, qui, jusqu'ici, n'était déterminé qu'au hasard. Les gazes lisses présentées par cet habile fabricant étaient faites avec des matières parfaitement unies; leur réduction était fort égale, et elles présentaient des nuances vives et très-éclatantes.

Le jury décerne une médaille d'or à MM. *Banse* et compagnie.

M. AJAC, à Lyon (Rhône),

Qui, en 1819, obtint une médaille d'argent,

A présenté une grande variété de châles longs et carrés, en bourre de soie, imitant le cachemire. On

Médailles d'or.

a particulièrement remarqué un châle ponceau, grande galerie et palmes variées; un châle noir, bordure riche, et un autre fond blanc, dessin de Perse. Tous ces produits sont d'une exécution parfaite : la vérité d'imitation que l'on y remarque fait le plus grand honneur à M. *Ajac*, dont les travaux ont enrichi le commerce français de cette industrie.

Le jury lui a décerné une médaille d'or.

## M. Philippe MAILLÉ, à Lyon (Rhône), fils et successeur de M. *Joseph Maillé*,

Qui obtint une médaille d'or à l'exposition de 1819,

A présenté un velours ponceau, d'une fort belle réduction, d'une nuance parfaite et d'un tissage très-soigné; un satin uni dont l'exécution ne laisse rien à désirer; enfin un satin sans envers, rose d'un côté et blanc de l'autre, dont les deux nuances restent dans toute leur pureré. Ces produits font beaucoup d'honneur à M. *Maillé*, et déterminent le jury à lui décerner une médaille d'or.

## M. SAINT-OLIVE le jeune, à Lyon (Rhône),

A exposé des robes fond gaze damassée, avec bordures tissées en lames d'or; des fichus même fond avec bordure très-riche, des velours et des veloutés pour gilets; des satins et des robes pour la consommation du nord, avec une multitude d'autres articles de mode. La fabrication soignée de tous ces produits, le fini de leurs dessins, le bon marché de plusieurs d'entre eux, prouvent que M. *Saint-Olive* a su vaincre de grandes difficultés, et qu'il est doué d'une intelligence manufacturière peu commune. Médailles d'or.

Le jury lui a décerné une médaille d'or.

## MM. Charles REVILLIOD et compagnie, à Lyon (Rhône),

Ont exposé des étoffes transparentes ou diaphanes pour rideaux de croisées et pour stores, d'un effet admirable et grandiose; ils ont aussi exposé une sorte de gaze qu'ils nomment *onduline*, sur laquelle la lumière, en raison de ses diverses incidences, produit des effets analogues à ceux de la moire. Tous les produits de ces intéressans manufacturiers décèlent une connaissance parfaite du tissage, et une grande fécondité d'imagination.

Le jury leur a décerné une médaille d'or.

## M. Charles PILLET, à Tours (Indre-et-Loire),

Qui obtint une médaille de bronze en 1819,

A exposé des damas et des gros de Tours brochés en or, en argent et en soie, pour ornemens d'église, genre que M. *Charles Pillet* a introduit à Tours, et dont il a perfectionné les procédés en liant le broché au moyen d'une chaîne étrangère au fond. Il a aussi exposé des étoffes pour tentures et pour meubles, parmi lesquelles on a sur-tout distingué un lampas à double fond, ainsi qu'une tenture et un meuble sur velours à la reine, à deux liserés. Ce dernier produit est d'une fabrication nouvelle et d'un très-bel effet.

Le jury a décerné une médaille d'or à M. *Charles Pillet.*

Médaille d'or.

M. SABRAN, à Nîmes (Gard),

A exposé des châles en bourre de soie imitant le cachemire, d'une fort belle exécution et de prix très-modiques; des crêpes mignons, fond uni; d'autres de genre écossais, et beaucoup d'autres articles bien traités. Tous ces produits font honneur à M. *Sabran*, et prouvent qu'il est un des manufacturiers les plus distingués du département du Gard.

Le jury lui a décerné une médaille d'or.

---

Médailles d'argent.

M.[me] veuve BOUVARD et compagnie, à Lyon (Rhône),

Dont la fabrique fut mentionnée honorablement en 1819,

A exposé des ornemens d'église, d'une excellente exécution et d'un très-bon goût. On a remarqué principalement un brocard fond argent, broché en or; une chasuble fond grisé argent, brodée en or relevé en bosse; un damas cramoisi broché en or; un tissu d'or de 80 centimètres de largeur; une pièce de moire violette, fabriquée à l'imitation de celle de Vicence, et qui peut être vendue à meilleur marché; enfin une pièce d'étoffe tramée, en poil de chèvre, pour meubles.

Le jury a décerné une médaille d'argent à M.[me] veuve *Bouvard* et compagnie.

MM. VILLENEUVE et MATHIEU, à Lyon (Rhône),

Ont présenté une suite d'étoffes en dorures pour ornemens d'église et pour meubles. Les ornemens, d'un caractère neuf, sont brochés sans mélange de broderie. On a sur-tout admiré une chasuble en brocart fond argent broché d'or, dont les relevés sont liés d'une manière aussi ingénieuse que solide; la composition de ce bel ornement est telle qu'il peut être monté sans aucune perte d'étoffe, et sans qu'il en résulte aucune altération dans la pureté des compartimens. Médailles d'argent.

Le jury a décerné une médaille d'argent à MM. *Villeneuve* et *Mathieu.*

## MM. REYRE frères, à Lyon (Rhône),

Ont exposé une suite d'étoffes de soie façonnées, parmi lesquelles on a remarqué des satins liserés, d'une belle réduction, offrant, par la délicatesse et le fini des couleurs, l'imitation de la gravure; des veloutés, des velours pour gilets et des gazes rayées damassées, d'un très-bon goût. On doit citer aussi comme dignes d'éloges plusieurs pièces d'étoffes pour siéges et tentures destinées au garde-meuble de la couronne.

Le jury a décerné à MM. *Reyre* une médaille d'argent.

## MM. CORDERIER et LEMIRE, à Lyon (Rhône),

Ont exposé des brocarts en or et en argent, pour ornemens d'église, d'autres pour tapis turcs, pour tentures et pour l'habillement des Orientaux. On a remarqué principalement, parmi ces produits, des lampas d'une fabrication parfaite, d'un dessin correct et bien entendu.

Médailles d'argent.

Le jury a décerné à MM. *Corderier* et *Lemire* une médaille d'argent.

MM. DÉPOUILLY et PINET, à Lyon (Rhône),

Ont exposé des châles en crêpe de Chine damassé, d'une régularité parfaite, dont les dessins sont bien choisis et qui présentent des nuances vives et saillantes; d'autres en crêpe brodé, qui peuvent rivaliser avec ce que le commerce du Levant fournit de plus parfait en ce genre. Ils ont aussi exposé d'autres étoffes de soie façonnées, qui sont toutes de bon goût et dont les dessins sont habilement variés.

Le jury a décerné une médaille d'argent à MM. *Dépouilly* et *Pinet*.

MM. PAUL REVERCHON frères, à Lyon (Rhône),

Ont exposé des châles longs et carrés, en bourre de soie, imitant parfaitement le cachemire. Les couleurs y sont harmonisées avec beaucoup d'art, et leur fabrication ne laisse rien à desirer.

Les produits de ce genre sont connus sous le nom de *cachemires de Lyon*; ils occupent cent trente à cent cinquante métiers.

Le jury a décerné à MM. *Paul Reverchon* frères une médaille d'argent.

Rappel de médaille d'argent.

M. COUCHONNAT, à Lyon (Rhône),

Qui, en 1819, obtint une médaille d'argent,

A exposé un châle long et un châle carré, en bourre de soie, imitation cachemire, dont la fabrication est bonne et dont les apprêts sont fort bien entendus ; des mouchoirs en crêpe de Chine damassés, et un manteau à bordures imitant la fourrure. L'exécution de tous ces produits prouve une grande intelligence, et place M. *Couchonnat* parmi les fabricans les plus distinqués du genre auquel il s'est adonné.

Le jury reconnaît qu'il est toujours très-digne de la récompense qu'il a reçue à la précédente exposition.

### M. Frédéric PILLET, à Tours (Indre-et-Loire),

Médailles d'argent.

A exposé des étoffes pour siéges et pour tentures, d'une exécution très-soignée, parmi lesquelles on a sur-tout remarqué une étoffe à compartiment, d'une très-belle fabrication.

Le jury a décerné une médaille d'argent à M. *Frédéric Pillet.*

### M. ROUX-CARBONNEL, à Nîmes (Gard),

A exposé des châles en bourre de soie, imitant le cachemire, d'une belle fabrication, et divers autres articles également bien confectionnés.

On doit à ce fabricant l'introduction à Nîmes du métier à la *Jacquard*, pour le travail de la bourre de soie.

Le jury lui décerne une médaille d'argent.

### MM. CARCASSONNE frères, à Nîmes (Gard),

Ont aussi exposé de très-beaux châles en bourre de soie, imitant le cachemire.

Le jury leur a décerné une médaille d'argent.

Médaille d'argent.

M. CABANE père, à Nîmes (Gard),

A exposé des écharpes chinées en tricots de soie, d'une exécution parfaite; des mouchoirs et des robes à bordures, dont le fond est travaillé d'une manière ingénieuse.

Le jury lui a décerné une médaille d'argent.

---

Médailles de bronze.

Une médaille de bronze a été décernée à chacun des fabricans dont les noms suivent :

MM. MOURFOUILLET et compagnie, à Lyon (Rhône).

Ils ont exposé des châles longs et des mouchoirs carrés en bourre de soie, imitation cachemire, d'une exécution soignée. L'heureux choix de couleurs que l'on remarque dans ces produits annonce une longue étude des nuances et des effets du vrai cachemire.

MM. MAURIER et SOULARY, à Lyon (Rhône).

Ils ont exposé des velours unis, en nuances très-pures, et des satins unis, d'une grande réduction.

M. VIOLET-LETORT, à Tours (Indre-et-Loire).

Il a exposé des étoffes pour meubles, et des taffetas, grande largeur, d'une très-belle fabrication.

MM. CARTIER cousin et compagnie, à Tours (Indre-et-Loire).

Ils ont exposé des étoffes pour siéges et pour tenture, d'une très-bonne fabrication.

M.[me] ARMAND, à Paris, rue du Petit-Lion, n.° 19. Médailles de bronze.

Elle a exposé une grande variété d'objets de fantaisie, entre autres des baréges en laine, des écharpes chinées, brochées, des gazes damassées et brochées, et une suite variée d'étoffes en soie et en laine. Tous ces produits sont de bon goût et d'une bonne fabrication.

MM. MARTIN frères, à Nîmes (Gard).

Ils ont exposé divers articles pour robes, d'une bonne fabrication, et des châles en coton imitant le cachemire, d'une exécution soignée.

MM. MONTEUX et VIDAL, à Nîmes (Gard).

Ils ont exposé des châles en bourre de soie, des étoffes écossaises et autres produits de bonne fabrication.

M. CRUVILLIER, à Nîmes (Gard).

Il a exposé des mouchoirs et des écharpes en tulle chiné, et d'autres produits d'une exécution soignée.

MM. GRÉGOIRE frères, à Nîmes (Gard).

Ils ont exposé des écharpes en tulle chiné, des robes et quantité d'autres articles. La parfaite exécution de tous ces produits prouve que MM. *Grégoire* possèdent bien toutes les connaissances nécessaires à leur profession.

Médailles de bronze.

MM. PUGET et BOUSQUET, à Nîmes (Gard).

Ils ont exposé des fichus en barége, des gazes, et des florences renforcés. Tous ces produits sont d'une bonne fabrication.

MM. VEAUTE et compagnie, à Nîmes (Gard).

Ils ont exposé des étoffes écossaises et des étoffes *cote-pali* bien fabriquées.

---

Mentions honorables.

Le jury a décidé qu'il serait fait mention honorable des fabricans ci-après dénommés :

M. BENOÎT-ALAIS, à Lyon (Rhône).

Pour tulles de dessins variés, brochés par un procédé dont il est l'inventeur.

M. CAREING, à Nîmes (Gard).

Pour taffetas bien fabriqué.

M. Étienne GRILL, à Nîmes (Gard).

Pour mouchoirs de soie, d'une bonne exécution.

M. JULIAN-GRIOLET, à Nîmes (Gard).

Pour châles et fichus, en gaze barége, avec bordure cachemire, d'une très-bonne exécution.

## SECTION IV.

### *Rubans et Passementerie.*

La fabrication des rubans est d'une importance majeure dans notre commerce; elle donne lieu à un mouvement considérable de capitaux et à l'emploi d'un grand nombre de bras. On évalue à plus de 30 millions la valeur totale des rubans qui sont annuellement fabriqués dans les seules ville de Saint-Étienne et de Saint-Chamond.

Les mécanismes propres à ce genre de produits ont été modifiés récemment par une heureuse application du métier à la *Jacquard*, qui paraît destiné à changer la face de tous les atteliers de tissage en soie.

La passementerie en soie, or et argent, est toujours fabriquée à Lyon et à Paris avec une grande supériorité. Tours, où cette industrie n'était point connue il y a quelques années, commence à s'en occuper avec succès.

---

MM. DUGAS-VIALIS, ESNAULT jeune et compagnie, à Saint-Chamont (Loire), Médaille d'or.

Mentionnés honorablement en 1806,

Ont exposé des rubans de soie de différentes sortes, qui ne laissent rien à desirer. Cette maison est une des plus importantes, sous le rapport de l'étendue de sa fabrication, du nombre d'ouvriers qu'elle occupe, et de l'intelligence de ceux qui la dirigent.

Le jury lui a décerné une médaille d'or.

---

MM. PAILLOT frères et RIOCREUX, à Saint-Étienne (Loire), Médaille d'argent.

Ont présenté des rubans de soie de diverses espèces, parfaitement fabriqués. Les pièces satin uni et gros grains ombrés étaient sur-tout remarquables par leur bel effet.

Le jury décerne une médaille d'argent à MM. *Paillot* frères et *Riocreux*.

---

Médailles de bronze.

MM. BRACHET et compagnie, à Lyon (Rhône),

Ont exposé des rubans fabriqués à la *Jacquard*. Ces rubans, tissés ensemble, sur une grande largeur, sont ensuite découpés au moyen d'une machine ingénieuse qui les divise en dessinant un feston sur les bords, à l'imitation de la frange que produit le métier ordinaire à rubans. La nouvelle application donnée par MM. *Brachet* au métier à la *Jacquard*, prouve l'intelligence de ces fabricans.

Le jury leur a décerné une médaille de bronze.

M. GOBERT, à Paris,

A présenté des galons de livrée, des galons d'or et autres objets de passementerie, d'une très-belle exécution.

Le jury lui a décerné une médaille de bronze.

---

Mentions honorables.

Les fabricans dont les noms suivent ont été mentionnés honorablement :

M. Philippe HEDDE, à Saint-Étienne (Loire),

Pour rubans brochés, soie et argent, exécutés au métier à la *Jacquard*.

M. CREMIÈRE-JEUFFRAIN, à Tours (Indre-et-Loire),

Pour passementerie en soie, très-bien exécutée.

C'est M. *Cremière* qui a établi à Tours la première fabrique de ce genre. Mentions honorables.

MM. MICHAULT et DUTROU jeune, à Paris, rue Saint-Denis, n.° 345.

Ils ont présenté des rubans moirés, bien fabriqués, pour décorations d'ordres.

M. LEROY, à Paris, rue Saint-Antoine, n.° 64.

Il a exposé différens produits de passementerie, très-soignés.

---

MM. DESVIGNES père et fils, à Lyon (Rhône),

Ont envoyé à l'exposition une grande variété d'objets de passementerie en or, en argent et en cannetille, dont ils font un commerce considérable dans le Levant, en Espagne et sur les côtes d'Afrique. Tous ces produits étaient remarquables par leur fini, et une grande richesse de fabrication; mais ils n'ont pu être admis au concours, parce qu'ils n'avaient point été soumis à l'examen préalable du jury spécial du Rhône.

---

# CHAPITRE IV.

## *TISSUS DE CRIN.*

DANS l'espace de quelques années, la fabrication des tissus de crin a été portée en France à un degré remarquable de perfection, par les travaux successifs de plusieurs manufacturiers distingués. Nous ne craignons plus aucune concurrence pour ces sortes d'étoffes, depuis, sur-tout que MM. *Guibert* et *Jolliet* y ont introduit les grands dessins damassés, à bouquets, dont avant eux elles ne paraissaient pas susceptibles.

Le jury a reconnu, avec satisfaction, que cette partie de notre industrie se soutient bien au rang où elle s'est placée à l'exposition de 1819; il a sur-tout distingué, comme dignes d'être mentionnés honorablement, les produits présentés par les fabricans dont les noms suivent :

Mentions honorables.

M. JOLLIET, à Paris, rue du faubourg Saint-Antoine, n.° 9,

Pour tissus de crin bien fabriqués.

M. ÉLAUD, à Paris, rue du Faubourg du Temple, n.° 77,

Pour tissus en crin à rosaces, d'une bonne réduction.

# CHAPITRE V.

## LIN ET CHANVRE.

### SECTION I.re

### *Filage.*

Le filage du lin par un procédé mécanique est un des plus importans perfectionnemens qui puissent être maintenant introduits dans nos arts manufacturiers. Les habiles artistes qui s'en occupent depuis long-temps, sont bien parvenus à produire des fils dans les degrés de finesse inférieurs; mais le problème reste encore à résoudre pour les numéros élevés, propres à la fabrication des dentelles et des batistes.

MM. Breidt et compagnie, à Paris, rue de la Paix, n.° 1, Médaille de bronze.

Ont présenté des fils de lin simples et retors, en écru, en blanc et en demi-blanc. Ces fils, qui sont de bonne qualité, ont été fabriqués à la mécanique.

Le jury a décerné une médaille de bronze à MM. *Breidt* et compagnie, pour les encourager dans leurs efforts.

### SECTION II.

### *Batiste.*

La batiste est fabriquée dans le nord de la France depuis un temps qu'on peut dire immémorial : aussi

6..

nos fabricans ont-ils porté le tissage de cette étoffe à un degré de perfection qu'il est difficile, presque impossible même de dépasser.

Chaque exposition constate l'état très-satisfaisant, mais toujours stationnaire, de cette belle partie de notre industrie : aucune variation sensible n'y est observée, soit dans la matière employée, soit dans sa mise en œuvre, soit enfin dans les prix. Si quelque amélioration peut être espérée, on est généralement convaincu qu'elle ne doit résulter que d'une diminution dans la valeur du fil : ainsi les producteurs de la batiste sont directement intéressés au filage du lin par des procédés mécaniques.

Les étoffes de cette sorte qui ont figuré à l'exposition, étaient toutes d'une grande beauté ; cependant le jury a particulièrement remarqué les magnifiques pièces envoyées par

Médailles de bronze.

MM. MESTIVIER et HAMOIR, de Valenciennes (Nord),

Et par M. HAZARD, de la même ville.

Ces deux maisons sont, depuis long-temps, à la tête de la fabrication et du commerce de la batiste. Le jury a décerné une médaille de bronze à chacune d'elles.

Rappel de médaille de bronze.

M.^me veuve DELLOYE et fils, à Cambrai (Nord),

Qui obtinrent une médaille de bronze en 1819,

Ont exposé une grande variété de mouchoirs de batiste en couleur, imitant les madras. Cette fabrique intéressante continue à mériter la distinction qui lui a été accordée.

MM. BARNOVILLE et BAJOLLE, à Saint-Quentin (Aisne), Médaille de bronze.

Ont présenté des pièces de linon-batiste broché en coton de couleur, d'une bonne exécution. Ces fabricans ont le mérite d'avoir soutenu, et, en quelque sorte, renouvelé le genre d'industrie auquel ils s'appliquent.

Le jury leur a décerné une médaille de bronze.

## SECTION III.

### *Toiles de lin et de chanvre.*

Les toiles envoyées à l'exposition par plusieurs de nos départemens ont prouvé que ce genre de produits continuait à être fabriqué en France avec beaucoup de succès. Les améliorations dont il est susceptible dépendent aussi du changement de mode de filage; mais, dans l'état actuel des choses, il est à peu près tout ce que l'on peut desirer qu'il soit.

---

M. CARON-LANGLOIS, à Beauvais (Oise), Rappel de médaille d'argent.

Qui obtint, en 1819, une médaille d'argent,

A exposé des échantillons de toile, façon de Hollande, qui ne laissent rien à desirer pour la finesse et la régularité du tissu.

La fabrique de M. *Caron-Langlois* est considérable; elle comprend le filage, le tissage et le blanchîment. Dans ses divers parties, cette fabrique est toujours également recommandable, et elle se montre digne de plus en plus, par son ensemble, de la distinction qui lui a été accordée précédemment. (Voyez *Blanchîment.*)

Médaille d'argent.

MM. BÉRARD frères et VÉTILLARD, à Pont-Lieue, près le Mans (Sarthe),

Ont présenté des toiles de très-bonnes qualités, qui ont été fabriquées avec le lin de Riga, dont ces messieurs ont introduit la culture dans le département de la Sarthe. Leur établissement mérite d'être compté au nombre des plus importans de ce genre. Il comprend une blanchisserie, dont nous aurons ailleurs occasion de parler plus particulièrement.

MM. *Bérard* et *Vétillard* ont soutenu et vivifié le commerce des toiles dans le département de la Sarthe, et l'ont entièrement créé dans la ville de Fresnay. Le jury leur décerne une médaille d'argent pour l'ensemble de leurs produits.

---

Mentions honorables.

Les fabricans dont les noms suivent ont mérité d'être mentionnés honorablement :

M. PALLAIS, à Fécamp (Seine-Inférieure).

Il a présenté de la toile écrue d'une belle fabrication.

M. BÉNARD, à Lisieux (Calvados).

Il a présenté de la toile de cretonne d'une très-bonne exécution.

M. NOGUES, à Rohan (Morbihan), *Mention honorable.*

Déjà cité en 1819.

Il a présenté de la toile écrue fine, d'une bonne exécution.

---

Les fabricans ci-après dénommés ont mérité d'être cités pour le soin qu'ils apportent dans leur fabrication : *Citations.*

M. GALAIS, à Fougères (Ille-et-Vilaine).

Il a présenté des toiles pour chemises et pour draps, d'une fabrication soignée.

M. Joseph GAUTHEUR, à Château-Gonthier (Mayenne).

Il a présenté des toiles écrues et blanches d'une bonne qualité.

## SECTION IV.

### *Toiles à voiles.*

M. LEBOUCHER-VILLEGAUDIN, à Rennes (Ille-et-Vilaine), *Rappel de médaille d'argent.*

Qui obtint une médaille d'argent à l'exposition de 1819,

A présenté plusieurs pièces de toiles à voiles, demi-blanches, à fil simple, pour chaîne. Le jury a vu, avec satisfaction, que ce fabricant soutient la bonté et la régularité de ses produits, et qu'il continue à mériter la distinction qu'il a précédemment obtenue.

---

Médaille d'argent.

MM. JOUBERT, BONNAIRE et GIRAUD, propriétaires de la manufacture royale de toiles à voiles, à Angers (Maine-et-Loire),

Qui furent mentionnés honorablement aux expositions de 1806 et 1819,

Ont présenté une suite d'échantillons de toiles à voiles, écrues et blanches, de diverses espèces. Ces toiles sont parfaitement confectionnées, et annoncent une grande habileté dans les fabricans.

Le jury a décerné une médaille d'argent à MM. *Joubert, Bonnaire* et *Giraud*.

---

Médaille de bronze.

M.^me veuve SAINT-MARC, MM. PORTEU et TELIOT, propriétaires de la manufacture royale de la Piletière, à Rennes (Ille-et-Vilaine),

Qui furent mentionnés honorablement en 1819,

Ont présenté des toiles à voiles, écrues et mi-blanches, d'une bonne fabrication et d'un bon fil.

Le jury leur a décerné une médaille de bronze.

---

Les fabricans dont les noms suivent ont été mentionnés honorablement :

Mention honorable.

MM. GAU frères, à Strasbourg (Bas-Rhin),

Pour toiles à voiles, bien fabriquées.

MM. MORIN-DULEVAIN, père et fils, à Rennes (Ille-et-Vilaine), Mention honorable.

Pour toiles à voiles, bien fabriquées.

---

Les fabricans ci-après dénommés ont mérité d'être cités avec éloge : Citations.

MM. CALVET et DEGOER, à Paris, Vieille rue du Temple, n.° 30.

Ils ont présenté des sacs et tuyaux de chanvre, dits *sans coutures*, qui sont susceptibles d'être adaptés avantageusement aux pompes à incendie et aux pompes d'arrosement.

M. RIVIÈRE, à Magny-la-Campagne (Calvados).

Il a présenté des canevas écrus et blancs, de diverses sortes, qui sont tous de bonne qualité.

M. MONJARET-KERJÉGU, à Moncontour (Côtes-du-Nord).

Il a présenté de la toile à moulin, de la toile écrue et des étoffes dites *berlinges*. Tous ces produits sont d'une fabrication louable.

## SECTION V.

### *Coutils et Mouchoirs en fil.*

Médailles de bronze.

M. CHAMARET-TIROUFFLET, à Laval (Mayenne),

A présenté diverses étoffes et mouchoirs de poche, en fil, d'une excellente confection. Cette maison est une des premières du pays pour la qualité de ses produits.

Le jury lui a décerné une médaille de bronze.

MM. POIRIER-TIROUFFLET et compagnie, à Laval (Mayenne),

Ont présenté des coutils et autres étoffes, d'une confection soignée. C'est à eux que la ville de Laval doit la fabrication des coutils en fil, dont elle fait actuellement un grand commerce.

Le jury leur a décerné une médaille de bronze.

---

Mentions honorables.

Les fabricans dont les noms suivent sont mentionnés honorablement :

M. VILLOTEAU, à Laval (Mayenne),

Pour croisés rayés, en fil, bien fabriqués.

MM. THIROUIN-GAUTHIER fils et frères, à Évreux (Eure),

Déjà mentionnés honorablement en l'an 6.

Ils ont présenté des coutils en fil, bien fabriqués.

M. BIGOT-FRIGARD, à Évreux (Eure).

Coutils de diverses sortes, bien confectionnés.

---

# CHAPITRE VI.

## *COTON.*

### SECTION I.^re

### *Cotons filés.*

Le degré de finesse le plus élevé que nos filatures de coton étaient parvenues à obtenir, en 1819, ne surpassait pas le n.° 200. En 1823, on est allé jusqu'au n.° 291. Cette ténuité n'a été atteinte, il est vrai, que par un seul des établissemens qui ont pris part à l'exposition ; mais elle y forme des produits de fabrication courante, qui sont très-recherchés par le commerce.

En général, on observe dans toutes nos filatures une tendance très-marquée à produire les filés fins, et tout fait espérer que bientôt elles pourront suffire à l'approvisionnement des fabriques de mousselines de Saint-Quentin, de Tarare et d'Alençon.

---

MM. Samuel Joly et fils, à Saint-Quentin (Aisne), Médailles d'or.

Ont exposé des cotons filés, de la plus belle exécution, dans les n.^os 213 à 291. Le filage en fin est chez eux une fabrication établie et très-étendue. Sur

Médailles d'or.

quarante mille broches que renferme leur établissement, il en est vingt-deux mille qui ne travaillent que dans les numéros élevés.

MM. *Samuel Joly* et fils ont aussi exposé des percales, des jaconats et autres tissus de coton d'une grande finesse et d'une très-belle exécution.

Le jury leur a décerné une médaille d'or pour l'ensemble de leurs produits.

## M.^me^ veuve DEFRENNES fils, à Roubaix (Nord),

A exposé des cotons filés, dans les n.^os^ 170 à 225. Le jury a été très-satisfait de l'égalité, de la netteté, du nerf, enfin de la grande beauté de ces fils, qui sont, de plus, d'un dévidage très-facile et très-prompt. Il a décerné une médaille d'or à M.^me^ veuve *Defrennes.*

## MM. FRÉMEAUX frères, à Lille (Nord),

Ont exposé des fils de coton dans les n.^os^ 110 à 200, qui annoncent une grande habileté de fabrication. MM. *Frémeaux* sont depuis long-temps connus comme d'excellens filateurs : les produits qu'ils ont présentés justifient cette réputation.

Le jury leur a décerné une médaille d'or.

Rappel de médaille d'or.

## M. Auguste MILLE, à Lille (Nord),

Qui obtint une médaille d'or en 1819,

A exposé des échantillons de coton filé dans les n.^os^ 170 à 258. La finesse et la belle qualité de ces produits prouvent que M. *Mille* est de plus en plus digne de la récompense qu'il a reçue à la dernière exposition.

---

MM. SCHLUMBERGER et HERZOG, à Logelbach (Haut-Rhin), Rappel de médaille d'argent.

Qui obtinrent une médaille d'argent en 1819,

Ont exposé des cotons filés dans les n.os 130 à 150. Leur filature, qui est toujours très-bien conduite, continue à mériter la distinction qu'elle a précédemment obtenue.

MM. Charles FIÉVET et fils, à Lille (Nord), Médailles d'argent.

Ont présenté des cotons filés pour chaîne, au n.° 168. Leur établissement est composé de vingt-sept métiers, dont vingt-quatre travaillent en fin. Les fils qu'ils fabriquent sont particulièrement recherchés pour la bonneterie, à laquelle ils donnent un beau reflet et une grande élasticité.

Le jury a décerné une médaille d'argent à MM. *Fiévet.*

MM. Augustin PÉRIER et compagnie, à Vizille (Isère),

Ont présenté des cotons filés dans les n.os 68 à 69, et 100 à 120. Ces fils sont tous d'une excellente qualité. Les premiers sont employés avec succès à Lyon et à Nîmes, dans la confection des étoffes de soie et coton ; les autres sont estimés des fabricans de Tarare, pour la mousseline fine.

MM. *Périer* ont aussi exposé des toiles peintes, dont il sera parlé plus bas ; ils occupent quinze cents ouvriers.

Le jury leur a décerné une médaille d'argent pour l'ensemble de leurs produits.

Médaille d'argent.

MM. VAUTRIN et compagnie, à Senonnes (Vosges),

Fabriquent des cotons filés dans les n.os 100 à 150, qui sont d'un très-bon emploi et d'une égalité remarquable. Cette maison est importante : outre la filature, elle renferme une blanchisserie qui jouit d'une excellente réputation.

Le jury décerne une médaille d'argent à MM. *Vautrin* et compagnie.

Rappel de médaille d'argent.

MM. FONTENILLAT, au Vast, près Valogne (Manche),

Qui obtinrent une médaille d'argent en 1819,

Ont présenté des cotons filés de très-bonne qualité. Cette maison, qui est considérable par l'étendue de ses affaires, a aussi exposé des calicots écrus, d'une bonne et solide fabrication. Elle continue à mériter la médaille d'argent.

Médailles d'argent.

MM. FLAMENT frères, à Lille (Nord),

Ont exposé du coton filé pour chaîne, au n.° 126. Leur fil est égal et fort.

Le jury leur a décerné une médaille d'argent.

M. Julien-Timothée LEBLANC, à Lille (Nord), Médailles d'argent.

A exposé du coton filé, d'une qualité parfaite, dans les n.os 80 à 104.

Le jury lui a décerné une médaille d'argent.

---

Une médaille de bronze a été décernée à chacun des fabricans dont les noms suivent :

MM. CELLARIER et compagnie, à Paris, rue des Ursulines, n.° 5, faubourg Saint-Jacques, Médailles de bronze.

Pour coton filé, de bonne qualité. Cette maison a aussi exposé des tissus en coton.

M. CARDON, à Langlée, près Montargis (Loiret),

Pour coton bien filé, dans les n.os 106 à 122.

---

Le jury a décidé qu'il serait fait mention honorable des fabricans dont les noms suivent : Mentions honorables.

MM. WATEL, COURSIER et FLORIN-SCHEPPERS, à Roubaix (Nord).

Coton filé avec beaucoup de soin, dans le n.° 137.

Mentions honorables.

MM. TESSIER et ZETTER, à Saint-Dié (Vosges).

Cotons bien filés, et tissus de coton d'une bonne qualité. Ces fabricans ont aussi présenté des cotons teints, dont il sera parlé plus bas.

M. Auguste DEFRENNE, à Roubaix (Nord).

Coton filé pour trame, au n.° 243.

MM. MEIFREDY et compagnie, à Seillans (Var).

Coton filé, de bonne qualité. Cette fabrique, nouvellement établie, est fort utile au pays.

## SECTION II.

### *Tulle de coton.*

En 1819, le tulle de coton manquait dans la série de nos produits industriels; ce n'est que depuis bien peu de temps que cette lacune a été remplie. Quatre établissemens, munis de mécanismes importés d'Angleterre, ont été fondés à Rouen (Seine-Inférieure), à Douay (Nord), et à Beuvron (Calvados). Leurs produits imitent fort bien les tulles anglais : ils ont beaucoup de régularité dans la maille, de finesse et de clarté dans le tissu, et les prix en sont très-modérés.

Le jury témoigne sa satisfaction aux importateurs, en décernant à chacun d'eux une mention honorable.

M. CHAUVEL-JOUA, à Grand-Couronne, près Rouen (Seine-Inférieure). Mentions honorables.

Il a présenté une pièce de tulle en écru et une en blanc, de 6/4 de large; il a aussi exposé des broderies de fort bon goût. Son établissement occupe en tout trois cents ouvriers.

MM. SÉNÉCHAL et compagnie, à Grand-Couronne, près Rouen (Seine-Inférieure).

Ils ont présenté une pièce de tulle très-fin, en 4/4, et une autre pièce en 6/4. Les prix varient de 20 à 40 francs l'aune. L'établissement renferme trois métiers.

MM. CORBITT-BAILEY et compagnie, à Douay (Nord).

Ils ont exposé des coupons de tulle de deux aunes, d'une aune et de trois quarts de largeur.

M. MIGNOT, à Beuvron (Calvados).

Il a exposé une pièce de tulle en 4/4.

Cet établissement possède déjà cinq mécaniques en activité : il fabrique par mois cent à cent vingt pièces de tulle, au prix de 18 francs l'aune. Dans le principe, M. *Migiot* a fait venir tous ses ouvriers d'Angleterre; mais il n'a point tardé à les remplacer par des ouvriers du pays. Aujourd'hui, son contremaître seul est Anglais.

## SECTION III.

### *Mousseline.*

La fabrication des tissus de coton ne remonte, en France, qu'aux premières années du siècle actuel; mais les progrès en ont été très-rapides. En 1819, cette industrie était déjà tellement avancée, qu'elle mérita des distinctions du premier ordre. Depuis, on l'a beaucoup étendue et perfectionnée; en sorte que dès ce moment elle doit être considérée comme un art complet, susceptible d'être placé, dans le système général de notre industrie, sur la même ligne que les arts le plus anciennement pratiqués dans notre pays.

Les mousselines de Tarare peuvent être comparées, pour la finesse, à tout ce qui se fait de mieux en ce genre dans l'étranger. Cette ville, dont l'importance manufacturière va toujours en croissant, livre maintenant au commerce des produits dont on estime la valeur à près de 20 millions. La population y augmente aussi dans une progression très-grande; mais elle est encore au-dessous des besoins de la fabrication, et l'on est obligé de lui donner pour auxiliaire une partie des habitans des campagnes voisines.

Depuis quelque temps on fabrique des mousselines brodées à Alençon, département de l'Orne. Ces mousselines ont, comme celles de la Suisse, le tissu moelleux, nourri en coton, et elles peuvent fort bien se passer du secours de l'apprêt.

MM. CHATONEY, LEUTNER et compagnie, à Tarare (Rhône), Rappel de médaille d'or.

Qui obtinrent une médaille d'or en 1819,

Ont présenté des mousselines unies et brodées, des gazes de coton et autres articles remarquables par une grande perfection d'exécution et par un excellent goût. Cette fabrique soutient la haute réputation qu'elle s'est acquise, et mérite de plus en plus la distinction qu'elle a précédemment obtenue.

MM. GLAIZE et compagnie, à Tarare (Rhône), Médaille d'or.

Ont présenté des mousselines unies, brodées et brochées; des organdis, des gazes, des broderies pour meubles et autres articles. La belle exécution de tous ces produits fait le plus grand honneur à MM. *Glaize* et compagnie.

Le jury leur décerne une médaille d'or.

---

MM. CLÉREMBAULT et LECOQ-GUIBÉ, à Alençon (Orne), Rappel de médaille d'argent.

Qui obtinrent une médaille d'argent en 1819,

Ont exposé des mousselines unies, brochées et brodées, d'une très-belle exécution. Cette fabrique intéressante continue à mériter la distinction qu'elle a obtenue précédemment.

Médailles d'argent.

M. le baron MERCIER, à Alençon (Orne),

A exposé des mousselines brodées à l'instar de celles de Suisse, et des mouchoirs brodés dont il obtient un grand débit dans les pays méridionaux. Les efforts que fait ce fabricant pour naturaliser en France une industrie dont les produits sont recherchés, méritent des éloges et des encouragemens. Le jury lui a décerné une médaille d'argent.

M. le baron *Mercier* a aussi exposé des dentelles dont nous parlerons dans la section suivante.

M. D'OCAGNE, à Paris, rue Neuve-des-Bons-Enfans, n.° 25,

A présenté de très-belles broderies sur mousseline, imitées des mousselines suisses. Le jury lui a décerné une médaille d'argent.

M. DANDRÉ, à Paris, rue Bertin-Poirée, n.° 13,

A présenté des mousselines brodées, imitées de la Suisse, et du linge de table en coton, très-bien fabriqué. Ce fabricant intelligent doit être rangé sur la même ligne que ceux dont il est question dans les deux précédens articles.

Le jury lui a décerné une médaille d'argent.

---

Mentions honorables.

Il est fait mention honorable des fabricans ci-après dénommés :

MM. DUBOIS et BERTON-PIRON, à Saint-Quentin (Aisne),

Pour mousselines en couleur dites *zéphyrines*, guingams et autres étoffes de bon goût et de dessins variés.

M. RAYNARD-PRAMOUDON, à Nantua (Ain).

Il a présenté des mousselines unies et brochées, et des cravates de jaconat parfaitement fabriquées.

M. MARTIN, à Saint-Symphorien (Loire).

Il a présenté une très-belle pièce de mousseline.

M. SCHELLEMBERG, à Tarare (Rhône).

Il a présenté de très-belles pièces de gaze de coton.

---

## SECTION IV.

### *Perkales, Jaconats et Calicots.*

M.me veuve FERDINAND-LADRIÈRE, à Saint-Quentin (Aisne), Médaille d'or.

Qui sous la raison *Ferdinand Ladrière*, obtint une médaille d'argent en 1819,

A exposé des perkales en blanc et en écru, chaîne 140 et trame 195; des jaconats 5/4 de la même finesse, des calicots en blanc et en écru, et d'autres tissus de coton d'une grande beauté. Les filés sont produits dans l'établissement, qui est composé de plusieurs usines distinctes, occupant en tout quinze cents ouvriers.

M.[me] *Ferdinand-Ladrière* a fait, dans son industrie, des progrès remarquables depuis 1819. Le jury lui décerne une médaille d'or.

---

Rappel de médaille d'argent.

MM. LEHOULT et compagnie, à Saint-Quentin (Aisne),

Qui obtinrent une médaille d'argent en 1819,

Ont présenté des perkales, des mousselines et d'autres tissus de coton d'une excellente fabrication. Toutes ces étoffes sont exécutées avec des cotons filés dans l'établissement. MM. *Lehoult* et compagnie ont aussi exposé des produits de leur filature. Le jury se plaît à reconnaître que, sous tous les rapports, ces fabricans continuent à être dignes de la récompense qu'ils ont obtenue à la précédente exposition.

Médaille d'argent.

MM. CESBRON fils et frères, à Chemillé (Maine-et-Loire),

Qui obtinrent une mention honorable en 1819,

Ont exposé différentes étoffes en coton, d'un usage courant, mais d'une excellente fabrication.

MM. *Cesbron* occupent près de deux mille ouvriers; ils réunissent dans leurs établissemens le filage, le tissage, le blanchissage et la teinture.

Le jury leur a décerné une médaille d'argent.

---

MM. COIFFIER et compagnie, à Saint-Denis (Seine), Médailles de bronze.

Ont présenté des calicots tissés à la mécanique, d'une qualité très-belle et d'une régularité remarquable. Le jury a vu avec une grande satisfaction cette fabrication nouvelle, qui promet des résultats de la plus haute importance. Il a décerné une médaille de bronze à MM. *Coiffier* et compagnie.

M. DESURMONT, à Melun (Seine-et-Marne),

Qui fut mentionné honorablement en 1819,

A présenté des calicots écrus et blancs et du linge de table ouvré en coton, d'une fabrication distinguée.

Le jury lui a décerné une médaille de bronze.

---

Les fabricans dont les noms suivent sont mentionnés honorablement, à raison de la bonne confection de leurs produits : Mentions honorables.

M. MELLIER-REBEAUCOURT, à Abbeville (Somme),

Déjà mentionné honorablement en 1819.

Il a exposé du calicot 8/4 très-bien exécuté.

MM. MARTIN-ZIEGLER, à Mulhausen (Haut-Rhin).

Ils ont exposé des calicots écrus et blancs, d'une fabrication très-recommandable.

---

Citations. Le jury a décidé que les manufacturiers ci-après dénommés seraient cités dans le rapport, pour le soin qu'ils apportent à leur fabrication :

M. LEBŒUFFLE (Louis), à Cives-les-Mello (Oise).

Calicots et linge ouvré.

M. METZDORFF, à Paris rue du Sentier, n.° 18.

Perkales.

MM. SINGER et DUFRESNE, à Caen (Calvados).

Calicots écrus.

## SECTION V.

### *Coutils et Satins de coton, Piqués, Basins et Velventines.*

Rappel de médaille d'argent. M. DUPONT-BOILLETOT, à Troyes (Aube),

Qui obtint une médaille d'argent en 1819,

A présenté une suite d'étoffes en coton, telles que coutils, molletons croisés, communs et superfins, velventines et perkales. Cette maison est une des premières qui aient fabriqué le coutil de coton ; tous ses produits sont très-bien conditionnés. Le jury estime qu'elle est toujours digne de la récompense qui lui a été précédemment accordée.

M. GRÉAU aîné, à Troyes (Aube), Médaille de bronze.

A présenté des coutils russes et des coutils français, des satins de coton et des molletons de coton. Cette fabrique est nouvelle et réalise bien les espérances que, dès l'origine, elle avait fait concevoir. Le jury lui a décerné une médaille de bronze.

---

Les fabricans dont les noms suivent sont mentionnés honorablement : Mentions honorables.

M. Pierre LEROY, à Paris, rue Bertin-Poirée, n.° 9.

Il a exposé des coutils de coton et des piqués en écru et en blanc, d'une fabrication très-bonne et très-régulière.

M. GUILLEMET aîné, à Nantes (Loire-Inférieure),

Cité en 1819.

Il a exposé du coutil bleu et de la flanelle de coton, bien fabriqués.

MM. MALEZIEUX frères et ROBERT, à Saint-Quentin (Aisne).

Ils ont exposé des piqués, des jaconats et autres étoffes de coton, dont l'exécution annonce des fabricans distingués.

M. Jules DAVID, à Saint-Quentin (Aisne).

Il a exposé des basins cablés et des perkales d'une bonne fabrication.

Mentions honorables.

M. TOUSTAIN aîné, à Bray (Eure).

Il a exposé des basins cannelés coton et fil, des toiles de même nature et des finettes. Ces produits sont tous bien fabriqués.

M. DESVAUX (Guillaume), à Gouvieux (Oise.)

Basins bien confectionnés.

---

SECTION VI.

*Étoffes mélangées de coton, Mouchoirs façon Madras, Calicots en couleur.*

Médaille d'argent.

M. David VERDIER, à Montpellier (Hérault),

Qui obtint une médaille de bronze en 1819,

A présenté des étoffes dites *cote-pali*, en tissus, pour robes et mouchoirs. Cette étoffe, dont la chaîne est en coton, à un seul brin, et la trame en soie, teinte écrue, est de l'invention de M. *Verdier;* elle ne ressemble à aucune de celles qui sont fabriquées avec les mêmes matières. Le jury a vu avec intérêt cette production, qui donne lieu à une exploitation nouvelle, assez considérable; il a décerné une médaille d'argent à M. *Verdier*.

---

Rappel de médaille de bronze.

MM. FAREL et fils, à Montpellier (Hérault),

Qui obtinrent une médaille de bronze en 1819,

Ont présenté des mouchoirs façon des Indes, qui soutiennent l'excellente réputation dont leur maison jouit depuis long-temps.

Les cotons employés par MM. *Farel* sont filés dans leur filature; ils présentent cette particularité remarquable, qu'ils proviennent de graines de Naples, semées et récoltées à Montpellier.

Ces intelligens manufacturiers ont aussi présenté des cotons teints, dont il sera fait mention dans une des sections suivantes. Le jury déclare qu'ils sont toujours très-dignes de la récompense qu'ils ont précédemment obtenue.

---

Les fabricans dont les noms suivent sont mentionnés honorablement : Mentions honorables.

M. TALLON, à Rouen (Seine-Inférieure).

Il a exposé des mouchoirs façon des Indes, et des guingams, d'une très-bonne fabrication.

M. DECAENS jeune, à Rouen (Seine-Inférieure).

Guingams façon batiste, d'une bonne exécution.

M. GAMBON-DELARUE, à Rouen (Seine-Inférieure).

Toiles de coton rouges, bien fabriquées.

M. PRUDHOMME-DUCHEMIN, à Rouen (Seine-Inférieure).

Calicots noirs, de bonne qualité.

Mentions honorables.

M. GUILLEMIN, à Commercy (Meuse).

Perkalines et léopoldines, d'une fabrication soignée.

M. CUVRU DE SURMONT, à Roubaix (Nord).

Tissus de coton mélangés, d'une bonne qualité.

M. YVART-PAVIE, à Darnetal (Seine-Inférieure).

Tissus de coton et laine, bien exécutés.

M. THAREAUX-LABROSSE, à Chollet (Maine-et-Loire).

Mouchoirs fil et coton, d'une fabrication régulière.

M.me veuve DULAURENT et fils, à Laval (Mayenne).

Calicots en couleur pour doublures.

---

Citations.

Les fabricans ci-après dénommés ont mérité d'être cités avec éloge :

MM. BOYER et compagnie, à Limoges (Haute-Vienne).

Étoffes en couleur dites *droguets*, bien confectionnées.

M. Abel-Loup DUMAS, à Vabre (Tarn).

Étoffes dites *cotonilles*.

M. DAMBRUN DE VANDELLES, à Saint-Quentin (Aisne). Citations.

Guingams et zéphyrines.

M. LEMOINE, à Condé-sur-Noireau (Calvados).

Reps retors et cotons filés.

M. MORDANT, à Rouen (Seine-Inférieure).

Casimir de coton.

---

# CHAPITRE VII.

## *LINGE DE TABLE OUVRÉ DAMASSÉ.*

Le linge ouvré damassé est fabriqué en France avec beaucoup de perfection, depuis que nos manufacturiers ont adopté des métiers construits sur le modèle de ceux dont on fait usage en Silésie. Exécuté en lin ou en coton, il peut être comparé, sans désavantage, avec ce que les fabriques étrangères produisent en ce genre de plus beau; ainsi, sous ce rapport, notre industrie n'aura bientôt plus à redouter aucune supériorité.

Médaille d'or.

M. Henri Pelletier, à Saint-Quentin (Aisne),

Qui obtint une médaille d'argent en 1819,

A présenté du linge de table ouvré et damassé en lin pur, en lin et coton, et en coton pur. Tous ces produits étaient remarquables par une fabrication très-régulière et très-belle, par une grande réduction dans les dessins, et par des prix en général modérés. On a sur-tout distingué des nappes de grandes dimensions, à médaillons parfaitement exécutés.

M. *Pelletier* est un des premiers qui aient introduit ce genre de fabrication en France.

Le jury lui décerne une médaille d'or.

M. DOLLÉ, à Saint-Quentin (Aisne), Médailles d'argent.

Qui fut mentionné honorablement en 1819,

A présenté du linge de table ouvré et damassé, en lin. Ses tissus sont remarquables par beaucoup de finesse, une extrême régularité de fabrication, des dessins très-beaux, et qui sont bien en relief sur le fond.

Le jury a décerné une médaille d'argent à M. *Dollé*.

M. FERAY, à Essone (Seine-et-Oise),

A présenté du linge de table ouvré et damassé, à rosaces, en coton pur. Le jury a remarqué, avec une grande satisfaction, l'excellente qualité de ces tissus, leur bon marché, le goût exquis des dessins, et l'habileté de la fabrication. Il a décerné une médaille d'argent à M. *Feray*.

---

MM. JOLY frères et PERRIN, à Voinon (Isère), Mentions honorables.

Ont présenté des toiles et des serviettes ouvrées et damassées, à bas prix, qui méritent d'être mentionnées honorablement.

La même distinction a été accordée à

MM. BRUNEEL et CALLEMIEN, à Lille (Nord),

Pour du linge ouvré d'une très-bonne fabrication.

---

M. BLEUZE, à Épehy (Somme), Citation.

A présenté du linge ouvré, en coton, qui mérite d'être cité à raison de sa bonne exécution.

---

# CHAPITRE VIII.

## *DENTELLES, BLONDES, BRODERIES DIVERSES.*

LES blondes et les dentelles de France ont une ancienne et brillante réputation ; elles donnent lieu, soit dans l'intérieur, soit au dehors du royaume, à un commerce considérable, dont les profits répandent l'aisance dans plusieurs contrées populeuses.

Sur quelques points, ce commerce est en souffrance par l'usage du tulle brodé, que la modicité de son prix met à la portée des plus petites fortunes; mais les centres principaux de fabrication sont restés dans une activité soutenue. Le département du Calvados compte à lui seul soixante à soixante-dix mille individus qui prennent part à la production des dentelles et des blondes. Cette industrie est aussi très-répandue dans les départemens de l'Orne, du Nord, de la Seine, de la Haute-Loire et du Puy-de-Dôme.

Un genre depuis long-temps négligé, celui des dessins en soie de couleur, en or et en argent, a été relevé avec succès, et obtient beaucoup de vogue dans l'étranger. En général, les fabricans des sortes de dentelles les plus estimées ont rivalisé de zèle pour paraître avec avantage à l'exposition de 1823, et plusieurs d'entre eux ont véritablement produit des chefs-d'œuvre de bon goût et d'habileté.

La broderie n'a pas été moins heureuse dans ses

résultats ; appliquée à la batiste, elle a sur-tout produit de charmans effets. Cet art gracieux quintuple la valeur des tissus unis sur lesquels il s'exerce, et, comme la dentelle, il est principalement le partage des femmes. Dans les environs de Nancy, seulement, il en occupe douze à treize mille.

---

## SECTION I.re

### *Dentelles et Blondes.*

MM. MOREAU frères, à Chantilly (Oise), — Médaille d'or.

Qui, sous la raison *Moreau* et fils, obtinrent une médaille d'or en 1819,

Ont exposé des blondes blanches et de couleur, et un couvre-pieds en blonde noire, à réseaux. L'exécution de tous ces objets est parfaite, et les dessins en sont remarquables par beaucoup d'élégance, de goût et de pureté.

Le jury a décerné une médaille d'or à MM. *Moreau.*

---

MM. BONNAIRE et compagnie, à Caen (Calvados), — Rappel de médaille d'argent.

Qui obtinrent une médaille d'argent en 1819,

Ont présenté des blondes blanches et des dentelles, remarquables par le fini de l'exécution. On doit à cette maison une partie des perfectionnemens qui ont été introduits dans la fabrication des blondes de soie et des dentelles de fil. Elle a fait reparaître avec beaucoup de goût, sur ces légers tissus, la soie de couleur, l'or et l'argent, que, depuis long-temps, on avait cessé d'employer.

Les produits de MM. *Bonnaire* et compagnie sont très-recherchés à l'étranger. Le jury a vu avec satisfaction que ces fabricans industrieux continuaient à mériter la distinction qui leur a été accordée précédemment.

Médailles d'argent.

MM. LECOINTE et ROUSSELLE, à Caen (Calvados),

Ont présenté des blondes blanches, des blondes en couleur et des blondes nuancées. La belle exécution de tous ces produits atteste que MM. *Lecointe* et *Rousselle* sont de très-habiles fabricans.

Le jury leur a décerné une médaille d'argent.

M.lle GARD-LETERTRE, à Paris, rue Sainte-Anne, n.° 59,

A exposé une robe et un fichu en blonde blanche, et un châle carré en dentelle noire. Le jury a été très-satisfait de la belle exécution de ces produits; il a décerné une médaille d'argent à M.lle *Gard-Letertre.*

Rappel de médaille d'argent.

M. le baron MERCIER, à Alençon (Orne),

Qui obtint une médaille d'argent à l'exposition de 1819, et que nous avons déjà cité à l'article *Mousselines brochées*,

A présenté une écharpe en dentelle, point d'Alencon. La beauté de ce produit prouve que M le baron *Mercier* est toujours digne de la distinction qu'il a obtenue précédemment.

M. D'OCAGNE, à Paris, rue Neuve-des-Bons-Enfans, n.° 25, Rappel de médaille d'argent.

Qui obtint une médaille d'argent à l'exposition de 1819, et qui est déjà cité avantageusement pour ses mousselines brochées,

A présenté des voiles, des fichus, des robes et autres objets en dentelle brodée. Il continue, par le soin qu'il apporte dans sa fabrication, à être digne de la récompense qu'il a reçue à la dernière exposition.

M. CLÉREMBAULT, à Alençon (Orne), Médailles d'argent.

Déjà cité pour ses mousselines brochées,

A présenté un voile de dentelle, d'une exécution parfaite et d'un très-bon goût.

Le jury lui a décerné une médaille d'argent.

M.me CARPENTIER, à Bayeux (Calvados),

A présenté un grand voile, des écharpes, des fichus, des robes à bordure, en dentelle, et plusieurs sortes de dentelles à l'aune. Tous ces objets sont d'une exécution parfaite. Madame *Carpentier* a des relations commerciales fort étendues; elle contribue à soutenir dans l'étranger la vogue des dentelles françaises, et on lui doit plusieurs perfectionnemens très-utiles dans ce genre de fabrication.

Le jury lui a décerné une médaille d'argent.

---

Médaille de bronze.

MM. LARMINAT et HULOT, à Paris, rue Mauconseil, n.° 3.

Ont présenté une robe et un voile en tulle de coton brodé, dont l'exécution et les dessins sont également remarquables.

Le jury leur a décerné une médaille de bronze.

---

Citations.

Les fabricans ci-après désignés ont mérité d'être cités avec éloge, pour dentelles bien fabriquées :

M. ROBERT-LAURENSON, au Puy (Haute-Loire).

M. CHAUVE, à Viverols (Puy-de-Dôme).

M. ROBERT-FAURE, au Puy (Haute-Loire).

M. RÉGIS-ROBERT, au Puy (Haute-Loire).

## SECTION II.

### *Broderies diverses.*

Médaille de bronze.

M. CHENUT jeune, à Nancy (Meurthe),

Mentionné honorablement en 1819,

A exposé divers produits de broderies, d'un excellent goût de dessin et d'une parfaite exécution, parmi lesquels on a sur-tout remarqué des broderies sur batiste. Ce fabricant occupe à lui-seul deux mille ouvriers et ouvrières ; il a contribué beaucoup à l'extension qui a été donnée au travail de la broderie dans le département de la Meurthe.

Le jury lui décerne une médaille de bronze.

M. BALBÂTRE fils aîné, à Nancy (Meurthe), Médailles de bronze.

Mentionné honorablement en 1819,

A présenté des broderies sur tulle, mousseline, perkale et batiste. Tous ces produits sont d'un très-bon goût de dessin, et d'un travail achevé. M. *Balbâtre* fournit aussi, comme M. *Chenut*, des moyens de travail à un grand nombre d'individus des deux sexes.

Le jury lui a décerné une médaille de bronze.

M.me LESCRIMIER, à Paris et à Lunéville (Meurthe),

A présenté des châles en tulle brodé, façon anglaise, et d'autres objets de ce genre, parfaitement exécutés. Cette dame est une des premières qui ait brodé sur tulle au crochet.

Le jury lui a décerné une médaille de bronze.

---

Les fabricans dont les noms suivent ont été mentionnés honorablement : Mentions honorables.

M.me ARMAND, à Paris, rue du Petit-Lion, n.° 19.

Elle a présenté des broderies sur mousseline, sur tulle et sur batiste, d'une très-belle exécution.

M.me veuve BRUN, à Paris, rue Saint-Denis, n.° 256.

Elle a présenté des robes à volant en tulle de coton brodé, des voiles et des corbeilles. Tous ces objets sont d'un travail soigné.

Mentions honorables.

M. TIXIER-DURAND, à Ambert (Puy-de-Dôme).

Il a présenté des dentelles et des blondes d'une très-bonne qualité.

M. DURAND-FRÉTIÈRE, à Arlanc (Puy-de-Dôme).

Il a présenté des dentelles et des blondes parfaitement soignées.

---

# CHAPITRE IX.

## *FLEURS ARTIFICIELLES.*

L'ART de fabriquer les fleurs artificielles est composé de deux parties bien distinctes. L'une, purement manufacturière, comprend la teinture des étoffes, le découpage des feuilles et des pétales, la préparation des pistils, des étamines et des calices. L'autre consiste à former avec ces divers élémens des boutures, des boutons et des fleurs, puis des bouquets, des guirlandes ou des arbrisseaux : elle exige beaucoup d'adresse et de goût, une étude suivie des effets que l'on peut reproduire et de ceux que l'on doit éviter, le talent difficile de copier avec grâce et d'imiter avec discernement.

Une découverte dont on est redevable à M. *de Bernardière*, vient d'augmenter les ressources déja très-étendues de cet art, qui, depuis long-temps, est exercé à Paris avec une admirable perfection. Les résultats commerciaux auxquels il donne lieu, sont immenses, et d'autant plus dignes d'intérêt, qu'on les doit aux travaux d'une multitude de femmes et d'enfans.

M. Achille DE BERNARDIÈRE, à Paris, boulevart Saint-Martin, n.° 8, Médaille d'argent.

Est parvenu, par une suite de procédés ingénieux, à dédoubler le fanon de baleine en feuilles légères comme celles des fleurs, à le décolorer complètement, de manière à l'amener au blanc mât très-pur, et à le teindre en couleurs brillantes. Les fleurs qu'il fabrique avec cette matière, ont toute la légèreté, la fraîcheur et l'éclat des fleurs naturelles; elles ne s'altèrent pas aussi promptement que celles qui sont faites en batiste et en taffetas, et elles ne coûtent pas beaucoup plus cher que ces dernières.

Les jolis ouvrages de M. *Achille de Bernardière* sont exécutés par des femmes détenues, dont il est parvenu à former d'excellentes ouvrières, et qu'il ramène par le travail à l'amour de l'ordre et des bonnes mœurs. M. Achille de Bernardière a aussi exposé des chapeaux et des schakos en baleine dont nous parlerons plus bas. Une médaille d'argent lui a été décernée pour l'ensemble de ses produits.

---

Mention honorable. M.[lles] DIDIER, à Paris, rue Saint-Denis, n.° 338,

Ont exposé des fleurs en batiste qui étaient d'une grande perfection. Ces dames possèdent une fabrique renommée, dont les nombreux et beaux produits sont en grande partie exportés à l'étranger.

Le jury leur a décerné une mention honorable.

---

Citation. M.[me] veuve DIDOT, à Paris, rue de Vaugirard, n.° 21,

A mérité d'être citée pour les fleurs en cire qu'elle a présentées. L'imitation de la nature est poussée dans ces ouvrages à un point surprenant, quand on considère la difficulté que doit présenter aux apprêts la matière ingrate qu'on y emploie.

---

# CHAPITRE X.

## *COUVERTURES EN LAINE ET EN COTON.*

TOUTES les fabriques de couvertures sont conduites, à peu de chose près, suivant les mêmes procédés ; elles ne se distinguent entre elles que par le soin apporté dans le choix des matières qu'elles emploient, et dans quelques dispositions de détail.

Cette partie de notre industrie paraît être parvenue au point où elle pouvait être portée avec nos moyens actuels de fabrication.

---

### MM. BACOT et compagnie, à Paris, rue Saint-Victor, n.° 76,

Médailles d'argent.

Ont présenté des couvertures en laine mérinos, en bourre de soie et en coton. Ces tissus sont tout-à-la-fois, légers et bien fournis, moelleux et serrés.

Le jury décerne une médaille d'argent à MM. *Bacot* et compagnie.

### MM. JACQUET, DEMAY et compagnie, à Orléans (Loiret).

Cette maison, quoique nouvelle, sera bientôt au premier rang dans son genre. Les couvertures de laine mérinos et de coton qu'elle a exposées, sont d'une fabrication qui ne laisse rien à desirer.

Le jury lui a décerné une médaille d'argent.

---

Rappel de médaille de bronze.

M. Watier, à Lizieux (Calvados),

Qui a obtenu une médaille de bronze, en 1819, pour des couvertures de chevaux en poil de bœuf blanc et de couleur, continue à mériter cette distinction pour la bonne confection et le bas prix de ses produits.

---

Mentions honorables.

Les fabricans dont les noms suivent ont été mentionnés honorablement :

M. Barthélemy, à Paris, rue Saint-Victor, n.° 116,

Pour des couvertures de laine fine et des couvertures de coton très-bien fabriquées.

MM. Accary frères, à Tournus (Saone-et-Loire),

Pour des couvertures de coton, chaînes croisées et chaines lisses, et pour des couvertures de coton grises, bien fabriquées.

M. Berthet-Bassecourt, à Tournus (Saone-et-Loire),

Pour couvertures de coton bien confectionnées.

Ce fabricant a déjà été mentionné honorablement en 1819.

M. Chatoney, à Toûrnus (Saone-et-Loire),

Pour couvertures de coton bien confectionnées.

M. *Chatoney* a déjà été mentionné honorablement en 1819.

M. BASSECOURT fils, à Tournus (Saone-et-Loire), — Mentions honorables.

Mentionné honorablement en 1819.

Il a exposé des couvertures de coton, d'une fabrication louable.

M. MASSET, à Paris, rue du Petit-Pont, n.° 22,

Mentionné honorablement en 1806, pour des couvertures de laine et des couvertures de coton, qu'il continue à bien fabriquer.

---

Citations.

Enfin, le jury cite comme dignes d'éloges les fabricans ci-après dénommés:

M. JUVANON, à Tournus (Saone-et-Loire),

Pour couvertures en coton.

MM. CARNAL et NÉBON, à Saint-Firmin (Hautes-Alpes),

Pour couvertures en laine.

M. GRANIER fils, à Montpellier (Hérault),

Pour couvertures en laine. Il a contribué beaucoup à relever ce genre de fabrication dans la ville de Montpellier.

MM. TOURANGIN frères, à Bourges (Cher).

Couvertures en laine.

Ces fabricans sont déjà cités pour leurs articles de draperie, qui leur ont valu la médaille de bronze.

Citations. MM. LENOIR et MAUGER, à Seignelay (Yonne).

Couvertures en laine.

MM. DESCHAMPS, HATEY, PETIT, VIVIEU, GATAY, HAVARD (Mathieu), DEMENEGART père, et HAVARD (Joseph), à Laons (Eure-et-Loir),

Qui fabriquent tous très-bien les couvertures en laine.

---

# CHAPITRE XI.

## BONNETERIE.

### SECTION I.re

### *Bonneterie ordinaire.*

Les progrès de la bonneterie sont dépendans de ceux du filage : aussi remarque-t-on depuis quelques années une diminution sensible dans les prix de plusieurs des articles qu'elle produit. Cette fabrication a été poussée à la perfection, relativement aux procédés qui lui sont propres : ce n'est guère que par le choix des matières premières et par un soin plus ou moins grand d'exécution que les divers ateliers de bonneterie se distinguent entre eux.

---

M. Detrey père, à Besançon (Doubs), — Rappel de médaille d'argent.

A présenté divers articles de bonneterie de fil et de soie qui soutiennent bien la réputation de sa fabrique. M. *Detrey* obtint, en 1819, une médaille d'argent, et il est toujours très-digne de cette récompense.

---

Le jury a décidé que les fabricans dont les noms suivent seraient mentionnés honorablement : — Mentions honorables.

M. Oudouart-Detrey, à Paris, rue du Petit-Bourbon,

Pour bas de fil et bas de coton d'une grande finesse.

Mentions honorables.

M.^me^ veuve DARCHE, née PANNIER, à Paris, rue du Bac, n.° 13,

Pour bas de fil très-fins, et bas de cachemire bien confectionnés.

M. ROUX, à Paris, rue Neuve-des-Petits-Champs, au coin de celle de Richelieu,

Pour bas en cachemire, en fil, en soie et en coton, d'une grande finesse et d'une exécution parfaite.

MM. FABRE frères, à Nîmes (Gard),

Pour bas de coton brodés, d'une grande finesse et d'une bonne exécution.

M. NEVEUX-GODART, à Chesnois-ès-Rivière (Ardennes),

Pour bas de coton et bas de laine de bonne qualité.

---

Citations.

Les fabricans dont les noms suivent ont mérité d'être cités, à raison de la bonne exécution de leurs produits :

M. FIRMIN-CARON, à Harbonnières (Somme).

MM. SALLES frères, au Vigan (Gard).

M. MIGNOT, à Caen (Calvados).

M. GUILLOIS, à Tours (Indre-et-Loire).

M. TALLARD, à Moulins (Allier). Citations.

M. Martin LIÉVIN-BOULANGER, à Harbonnières (Somme).

M. JACOBY-LESOURD, à Tours (Indre-et-Loire).

M. GODEFROY, à Caen (Calvados).

M. BERCY-SERAULT, à Arcis-sur-Aube (Aube).

M. OGER-OVIAT, à Arcis-sur-Aube (Aube).

M. Jean-Baptiste CHANTEREL, à Hangest (Somme).

M. MAUREL, à Laroque (Ariége).

M. DAUTREVILLE, à Châlons (Marne).

## SECTION II.

### *Bonneterie orientale.*

La bonneterie *orientale*, ainsi nommée parce qu'elle est uniquement à l'usage des Orientaux, est fabriquée en France depuis l'année 1758; les produits qui en résultent rivalisent avec ceux des bonneteries de Tunis, dans les marchés du Levant, et sont même souvent préférés à ceux-ci. Le commerce d'exportation auquel donne lieu ce genre d'industrie, s'élève, pour deux maisons seulement, à un million chaque année.

Le jury a remarqué avec satisfaction que les fabricans avaient fait des progrès sensibles depuis la dernière exposition, principalement sous le rapport de la couleur.

---

Rappel de médaille d'argent.

MM. BENOIST-MÉRAT et DESFRANCS, à Orléans (Loiret),

Qui obtinrent une médaille d'argent en 1819,

Ont présenté un assortiment d'articles de bonneterie orientale, dits *casquets de Tunis.* Ces produits sont tous très-bien fabriqués, et sont particulièrement remarquables par la beauté des apprêts et de la couleur.

Le jury estime que MM. *Benoist-Mérat* et *Desfrancs* sont de plus en plus dignes de la distinction qui leur a été accordée précédemment.

Médaille d'argent.

MM. DELOYNES, BENOIST, HALLIER, DUJONCQUOI et compagnie, à Orléans (Loiret),

Qui obtinrent une médaille de bronze en 1819,

Ont aussi exposé une suite d'articles de bonneterie orientale, d'une très-belle exécution. Les progrès de cette maison, soit dans les articles en blanc, soit dans ceux de couleur, ont été très-grands depuis la dernière exposition. Le jury lui a décerné une médaille d'argent.

---

M. TROTRY-LATOUCHE, à Paris, rue Sainte-Croix de la Bretonnerie, n.° 44, — Médaille de bronze.

A présenté divers articles de bonneterie orientale, très-soignés.

Le jury lui a décerné une médaille de bronze.

---

MM. ROSTAND, VIDAL et compagnie (Bouches-du-Rhône), — Mention honorable.

Ont présenté des casquets de Tunis, dans les qualités communes, mais de bonne fabrication. Le jury a décidé qu'il serait fait mention honorable de ces produits.

---

# CHAPITRE XII.

## *CHAPELLERIE.*

### SECTION I.^re

### *Chapeaux en feutre.*

LA chapellerie française, quoique supérieure à celle de plusieurs autres pays, a long-temps été sous le joug de l'habitude et de la routine. On n'y employait que les poils d'un petit nombre d'animaux, et l'on faisait peu d'essais pour rechercher si d'autres n'y étaient pas également propres. Le feutrage n'avait pas été suffisamment étudié ; on n'en connaissait qu'imparfaitement les effets, et l'on ignorait presque la manière d'agir des divers agens avec lesquels on le produit.

Depuis quelque temps, un praticien éclairé a indiqué de nouvelles natures de poils à mettre en œuvre, une meilleure préparation mécanique de ces substances, et enfin une théorie plus certaine du *secrétage* et de la *foule*. Ses procédés sont imités de ceux des Italiens, dont la chapellerie jouit en ce moment d'une grande réputation.

Le duvet de nos chèvres indigènes, mélangé convenablement avec le poil de lapin, a produit des résultats très-satisfaisans. L'emploi de cette matière dans la chapellerie tournerait au profit des pays montagneux, où les chèvres sont fort multipliées ; et l'on doit desirer qu'elle soit un jour récoltée avec assez d'abondance pour donner lieu à une fabrication suivie.

---

M. GUICHARDIÈRE, à Paris, rue Porte-Saint-Jacques, n.° 178, Médaille de bronze.

Mentionné honorablement en 1819,

A exposé des chapeaux de trois qualités, en poil de lièvre, qui réunissent, à une grande consistance un bel éclat et beaucoup d'élasticité.

C'est à M. *Guichardière* que l'on doit les expériences intéressantes dont nous venons de parler. Il a fait connaître que le poil arraché de la peau était supérieur au poil coupé, en ce qu'il est privé de jarre, et que la racine qu'il conserve donne au feutre plus de force et d'élasticité; il a rendu le secrétage plus actif, en ajoutant à la dissolution nitrique de mercure, dont on se sert communément, une décoction de plantes astringentes et mucilagineuses; il a donné une action plus énergique au bain de lie de vin dans lequel on opère le feutrage, en y mêlant une lessive d'écorce de chêne; enfin, il a trouvé le moyen de remplacer, pour la chapellerie fine, le poil de castor par celui de la loutre marine ou de la loutre indigène.

M. *Guichardière* ne fait point un secret de ses procédés; il les communique avec désintéressement à tous ses confrères, qu'il se plaît à aider de ses conseils et de son exemple.

Cet estimable manufacturier est sur la voie de grandes améliorations; il connaît bien la théorie de son art, et l'on peut attendre beaucoup du zèle avec lequel il s'applique à le perfectionner.

Le jury lui a décerné une médaille de bronze.

---

Mentions honorables.

M. BASSIGNOL, à Baume (Doubs),

A présenté des chapeaux de diverses sortes : les uns sont à base de laine ordinaire, et *dorés*, ou recouverts à la surface, en poil de lièvre ; d'autres sont à base de laine de Hambourg et dorés en poil de chameau ; d'autres enfin sont entièrement en laine. Tous ces produits sont d'une bonne fabrication et de prix peu élevés. Le jury les a vus avec satisfaction, et a décidé qu'ils seraient mentionnés honorablement.

M. CHABRE, à Embrun (Hautes-Alpes),

Et M. LAMORTE, à Gap, même département,

Ont exécuté des chapeaux en poil de lapin mêlé de duvet de chèvres indigènes. Le jury a décidé qu'il serait fait mention honorable de ces deux manufacturiers distingués. Leurs chapeaux étaient très-bien fabriqués ; ils ont été envoyés à l'exposition par M. *Serre*, sous-préfet d'Embrun.

---

Citations.

Les fabricans dont les noms suivent ont mérité d'être cités avec éloge :

M. ROGER, à Paris, rue Saint-Bon, n.° 4, près Saint-Méry,

Pour chapeaux et autres objets vernis, bien conditionnés.

MM. DRULHON-MIERGUE et compagnie, à Anduze (Gard), Citations.

Pour chapeaux à fond de feutre dit *imperméable.*

M. CASSENEUVE, à Paris,

Pour chapeaux dits *imperméables.*

## SECTION II.

## *Chapeaux en paille.*

L'Italie est depuis long-temps en possession de nous fournir des chapeaux de paille, et ce n'est que depuis 1815 que l'on paraît avoir tenté d'introduire en France ce genre de fabrication.

Divers ateliers de travail ont été fondés à cet effet dans les départemens du Calvados, de l'Ardèche, de le Haute-Garonne et de l'Ain. S'ils ne sont point tous parvenus jusqu'ici à produire des chapeaux fins, ils ont au moins réussi très-bien dans les qualités secondaires. La persévérance et les lumières de ceux qui s'occupent de cette industrie, sont de justes motifs pour en espérer des succès.

---

Le jury, voulant témoigner sa satisfaction aux fabricans dont les noms suivent, a décerné à chacun d'eux une mention honorable : Mentions honorables

MM. FLORENTIN, COYÈRE et compagnie, à Paris, rue du Caire, n.° 9,

Pour chapeaux de paille façon d'Italie, d'une très-bonne exécution. Cette maison confectionne annuellement pour une valeur de 40,000 francs de chapeaux dans les prix de 8 à 30 francs.

Mentions honorables.

M. ODOLANT-DESNOS, à Alençon (Orne),

Pour chapeaux de paille façon d'Italie, très-bien fabriqués.

L'établissement occupe deux cents ouvriers et produit trois à quatre mille chapeaux, dans les prix de 8 à 30 francs, dont une partie est livrée à l'exportation. M. *Odolant* annonce qu'à finesse égale, il peut livrer ses chapeaux à un quart meilleur marché que ceux d'Italie. Les matières premières qu'il emploie sont la petite épeautre barbue et le seigle ordinaire.

M. DUPRÉ, à Lagneu (Ain),

Pour chapeaux de paille façon d'Italie, très-bien confectionnés. Ce fabricant paraît réussir dans tous les degrés de finesse ; les prix de ses chapeaux varient de 200 à 400 francs.

## SECTION III.

### *Chapeaux tressés en soie.*

Médaille d'argent.

M.elle MANCEAU, à Paris, rue Saint-Avoye, n.° 57, et à Épernay (Marne),

Qui obtint une médaille de bronze en 1819,

A présenté des chapeaux en tresses de soie, dits *chapeaux francais*, et des gilets, des bourses, des sacs &c. faits avec de semblables tresses. Cette fabrication s'est améliorée sensiblement depuis 1819; les tresses ont acquis plus de régularité, plus de finesse, et l'on en a fait de nouvelles applications.

M.elle *Manceau* occupe beaucoup d'ouvrières; ses produits peuvent suppléer aux chapeaux de paille d'Italie, et ils sont infiniment moins chers.

Le jury lui décerne une médaille d'argent.

---

M. Milcent-Scherckenbick, à Paris, rue de Montmorency, n.° 7, — Mention honorable.

A exposé des chapeaux tressés en lin, soie et coton. Ces produits sont d'une fabrication louable; le jury a décidé qu'il seraient mentionnés honorablement.

## SECTION IV.

### *Chapeaux et Schakos en osier-baleine.*

M. Achille de Bernardière, à Paris, boulevart Saint-Martin, n.° 8, — Médaille d'argent.

Déjà cité pour ses fleurs en baleine,

A exposé des chapeaux et des schakos fabriqués en osier-baleine, par un procédé dont il est l'inventeur. Les chapeaux de ce genre tiennent le milieu, pour les prix, entre les chapeaux de paille et ceux de soie: leur légèreté est au moins égale à celle des premiers; ils sont plus solides, plus élastiques, et garantissent mieux de la pluie. Leur tissu, dans les numéros élevés, est très-fin et très-beau; tout porte à croire qu'ils auront un succès durable.

Les schakos de même matière paraissent susceptibles d'être adoptés avec avantage pour l'infanterie légère.

Nous avons déjà fait connaître qu'une médaille d'argent avait été décernée à M. *Achille de Bernardière*, pour l'ensemble de ses produits.

---

# CHAPITRE XIII.

## *TAPIS, TAPISSERIES ET TENTURES.*

### SECTION I.re

### *Tapis et Moquettes.*

L'EXPOSITION de 1823 a été riche en tapis de diverses espèces. Dans quelques-uns on remarquait l'emploi de moyens nouveaux de travail; d'autres se distinguaient par la modicité des prix; presque tous annonçaient une fabrication florissante et perfectionnée.

Les manufactures de la Savonnerie et de Beauvais ne sont point appelées à prendre part au concours; si elles se présentent dans la lice, ce n'est que pour offrir des termes extrêmes de comparaison, des modèles de ce que l'art peut produire quand il fait usage de toutes ses ressources, et dont les fabriques particulières se trouvent heureuses d'approcher. Ces considérations nous interdisent d'énoncer aucune opinion sur les magnifiques tapis que ces établissemens royaux ont exposés.

---

MM. ROGIER et SALLANDROUZE, à Paris, rue des Vieilles-Audriettes, n.° 3, au Marais, Rappel de médaille d'argent.

Qui, sous la raison *Sallandrouze*, obtinrent une médaille d'argent en 1802, et le rappel de cette médaille en 1819,

Ont présenté des tapis veloutés et autres, d'une exécution parfaite, et d'un éclat de couleurs vraiment admirable.

Le jury pense que cette fabrique mérite de plus en plus la distinction qu'elle a obtenue aux expositions précédentes.

Rappel de médaille d'argent.

M. SANDRIN, à Paris, rue Grange-aux-Belles, n.° 3,

Qui obtint en 1819 une médaille d'argent,

A présenté des tapis pour meubles, d'un fort bel effet, brochés en point de tapisserie par un procédé dont il est l'inventeur. Ce procédé, qui imite le travail des Gobelins, dispense de la mise en carte et de la lecture du dessin, et diminue conséquemment beaucoup les frais de fabrication.

Le jury déclare que M. *Sandrin* est toujours très-digne de la distinction qu'il a obtenue précédemment.

---

Rappel de médaille de bronze.

MM. VAYSON frères, à Paris, rue d'Anjou Saint-Honoré, n.° 5,

Qui, sous la raison *Bellanger* et *Vayson*, obtinrent une médaille de bronze en 1819,

Ont présenté des tapis imitant le travail de la Savonnerie, et d'autres dans le genre d'Aubusson. Ces manufacturiers maintiennent bien la réputation de leurs ateliers, et sont toujours très-dignes de la récompense qui leur a été accordée.

Médaille de bronze.

MM. ROZE-ABRAHAM frères, à Tours (Indre-et-Loire),

Déjà cités à l'article *Draperie*, ont exposé des tapis ras et veloutés, d'un fort bel effet et d'une excellente confection. Ils ont, des premiers, introduit en France la fabrication des tapis haute-laine, à l'instar de l'Angleterre; leur établissement est considérable, et jouit d'un grand crédit. Médailles de bronze.

Le jury leur a décerné une médaille de bronze.

M.me Veuve BOURGEOIS, à Beauvais (Oise),

A présenté des tapis veloutés à l'instar de la Savonnerie, et d'autres en point de Hongrie, très-bien fabriqués et à des prix modérés. M.me *Bourgeois* a conservé par ses efforts ce genre d'industrie à la ville de Beauvais.

Le jury lui décerne une médaille d'argent.

M. DIET-PHILIPPEAUX, à Amboise, (Indre-et-Loire),

A présenté des tapis veloutés et autres, de diverses grandeurs, bien fabriqués et d'un effet avantageux.

Le jury lui décerne une médaille de bronze.

M. HOCQUET D'ORVAL, à Abbeville (Somme), Rappel de médaille de bronze.

Qui obtint une médaille de bronze aux précédentes expositions,

A présenté des tapis et des moquettes d'une très-bonne exécution, et qui prouvent que ce fabricant est toujours digne de la distinction qui lui a été accordée depuis long-temps.

---

M. Henri LAURENT, à Amiens (Somme), Médaille de bronze.

A présenté des moquettes à verges rondes, très-bien fabriquées. Il a aussi exposé des velours d'Utrecht.

Le jury lui décerne une médaille de bronze.

Médailles de bronze.

M. PETIT-JEAN, à Aubusson (Creuse),

A exposé des tapis ras, d'une belle exécution et d'un bon goût de dessin. .

Le jury lui a décerné une médaille de bronze.

MM. TERNAUX et fils, à Paris, Place des Victoires, n.° 6,

Ont présenté des moquettes veloutées et épinglées, à broches rondes et en relief, des tapis de foyer, et des draps imprimés en relief pour meubles. Tous ces articles sont exécutés avec beaucoup de soin, d'adresse et de goût.

Le jury décerne à MM. *Ternaux* une médaille de bronze.

M. ARMONVILLE, à Paris, rue de Sèvres, n.° 11,

A présenté des tapis *économiques*, de diverses dimensions. Ces tapis sont fabriqués avec des déchets de châles; ils sont à très-bas prix et d'un fort bon usage. M. *Armonville* est l'inventeur de cet article.

Le jury lui décerne une médaille de bronze.

---

Mentions honorables.

Les fabricans ci-après dénommés sont mentionnés honorablement :

MM. CHENAVARD, à Paris, boulevart Saint-Antoine, n.° 65,

Pour des tapis-moquettes, à médaillons et autres, d'une très-bonne exécution. Ces fabricans ont aussi exposé des tapis et tentures en feutre verni, dont nous parlerons plus bas, et qui leur ont particulièrement mérité la médaille d'or. Mentions honorables.

MM. JEANNIN, BRUNET et CHAUVEAU, à Autun (Saone-et-Loire),

Pour tapis en poil de bœuf, à dessins agréables et d'un bon effet.

MM. GRELLET père et fils, à Paris, rue du Bac, n.° 32,

Pour tapis ras et veloutés, en matières communes, et d'une bonne exécution.

M. CHAMBELLAN-PETIT, à Amboise (Indre-et-Loire),

Pour tapis de pied d'une fabrication louable.

## SECTION II.

### *Ouvrages en Tapisserie.*

Par les motifs énoncés plus haut, il ne sera pas question ici des tapisseries exposées par la manufacture royale des Gobelins.

---

M. MEZIA, professeur de théorie à l'école spéciale de Lyon pour la fabrication des étoffes, Médaille de bronze.

A exposé un portrait du Roi, broché en laine, d'une grande réduction. Toutes les nuances de ce bel ouvrage sont liées entre elles comme celles du cachemire: le travail en est précieux; il démontre que M. *Mezia* est un habile artiste, et qu'il possède bien toutes les connaissances théoriques nécessaires à sa profession.

Le jury lui a décerné une médaille de bronze.

---

Mentions honorables.

M.[me] DUBUQUOI-LALOUETTE, à Paris, rue Saint-Honoré, n.° 337,

A exposé divers ouvrages en tapisserie, d'une fort belle exécution et de dessins riches et variés. Cette maison est avantageusement connue depuis long-temps; elle occupe beaucoup d'ouvriers, tant à Paris qu'en province.

Le jury lui a décerné une mention honorable.

M.[lle] GÉRARD, à Paris, rue du Marché Saint-Honoré, n.° 2,

A exposé plusieurs articles en tapisserie fort agréablement nuancés et d'un très-bon goût.

Le jury lui a décerné une mention honorable.

### SECTION III.

### *Velours imitant la peinture.*

Rappel de médaille d'argent.

MM. GRÉGOIRE frères, à Paris, hôtel Vaucanson, rue de Charonne,

Sont les inventeurs du velours imitant la peinture. Leur procédé est peu connu; on sait seulement qu'il est fort ingénieux et qu'il suppose des connaissances approfondies en peinture, en teinture et en tissage.

Ces fabricans ont exposé une pièce représentant une corbeille de fleurs, d'après un tableau du Musée. Ce bel ouvrage ne peut qu'ajouter à la réputation qu'ils se sont acquise.

MM. *Grégoire* frères obtinrent, en 1806, une médaille d'argent qui leur fut continuée en 1819. Le jury se plaît à reconnaître qu'ils sont de plus en plus dignes de cette distinction.

## SECTION IV.

### *Velours peints.*

M. et M.[lle] VAUCHELET, à Paris, rue Charlot, n.° 19, Médaille d'argent.

Ont exposé un tableau de fleurs peint sur velours, dont l'effet est agréable et les couleurs bien mariées.

Feu M. *Vauchelet* leur père est le premier qui ait employé le velours peint en étoffes pour meubles et comme objet de décoration. La solidité des couleurs dont il se servait est constatée par l'état de conservation où se trouvent encore quelques-uns des produits sortis de sa fabrique depuis quinze à seize ans.

Le jury a décerné une médaille d'argent à M. et à M.[lle] *Vauchelet.*

---

M.[me] GOBERT, à Paris, rue Saint-Jacques, n.° 13, Citation.

A présenté des velours peints à l'aide de couleurs à l'eau. Ses ouvrages sont remarquables par une grande fraîcheur de coloris, mais ils pèchent un peu par la solidité.

Le jury a décidé que cette dame serait citée dans le rapport.

## SECTION V.

### *Tapis et Tentures en feutre verni.*

Médaille d'or. MM. CHENAVARD, à Paris, rue du Harlay, n.° 2,

Déjà cités relativement aux tapis-moquettes,

Se sont occupés avec beaucoup de succès, depuis quelques années, de la fabrication des tapis économiques, à l'imitation de ceux que l'on fabrique en Angleterre.

Ils ont présenté à l'exposition :

1.° Des tentures et tapisseries en feutre, avec ornemens en soie, en laine, &c. imitant les plus riches broderies. Plusieurs établissemens publics sont décorés avec ces tentures ; la solidité en est bien constatée ; elles coûtent 15 francs la toise carrée.

2.° Des tapisseries et tapis en feutre verni, rendu imperméable à l'humidité par le moyen du bitume. Ces étoffes sont susceptibles de recevoir les ornemens les plus élégans; on les emploie avec succès dans les salles à manger et dans les salles de bain.

3.° Des tapis vernis sur toile, imités de ceux d'Angleterre, et d'un prix inférieur à celui de ces derniers. Ils ont valu à l'auteur, en 1820, le prix qui avait été proposé par la société d'encouragement.

4.° Des tapis de table du même genre que les précédens, mais dont le vernis est plus souple, les dessins plus précieux et les impressions plus soignées. Ces tapis sont d'un prix extrêmement modique; ils ne se gercent pas par le froissement; on peut les laver avec une éponge, et ils résistent bien aux acides.

5.° Des tapis en velours très-serrés, très-épais, et d'un joli goût.

6.° Des tapis en poil de vache, au prix de 35 à 60 centimes le pied carré.

7.° Des impressions sur soie propres à remplacer les bordures d'étoffes pour robes, draperies, rideaux &c., dans les prix de 50 centimes à 2 francs l'aune. L'Académie royale de musique les a adoptées pour ses costumes et décors.

Cette variété de produits, la grande consommation qui en est faite et qui ne peut que s'accroître, leur qualité, leur bas prix, placent MM. *Chenavard* au rang des fabricans les plus distingués et les plus utiles.

Le jury leur a décerné une médaille d'or.

---

M. BONJOUR, à Paris, rue des Fossés-du-Temple, n.° 77, Mention honorable.

A présenté un dessus de table en toile vernie, d'un très-bel effet.

Le jury lui a décerné une mention honorable.

## SECTION VI.

### *Papiers peints.*

L'art de fabriquer les papiers de tentures est dans une très-bonne direction. Les artistes paraissent s'attacher de préférence à l'imitation des étoffes, genre qui convient particulièrement aux moyens dont ils font usage, et dans lequel ils réussissent à produire une illusion complète.

Les sujets pittoresques ont offert plusieurs compositions d'un bon style, un coloris vrai, et d'heureux effets de perspective aérienne.

Cet art donne lieu, à Paris, à une fabrication étendue; les produits en sont recherchés dans les deux mondes.

---

Rappel de médailles d'argent.

Lors des précédentes expositions, les fabricans ci-après dénommés obtinrent chacun une médaille d'argent : le jury a reconnu qu'ils continuaient à en être dignes.

M. JACQUEMART, successeur de *Révillon*, à Paris, rue de la Paix, n.° 1,

Imite avec beaucoup de vérité le coloris des fleurs. Il fabrique aussi très-bien les papiers veloutés et dorés. On lui doit la composition d'un nouveau vert, qui remplace avantageusement celui d'Allemagne.

M. L. J. GOHIN, à Paris, rue Neuve Saint-Jean, n.° 9, Rappel de médailles d'argent.

S'est particulièrement attaché à reproduire les effets des tentures drapées et ceux des décors d'architecture. Il y réussit avec beaucoup de bonheur.

Nous parlerons de nouveau de M. *Gohin* en traitant des couleurs.

M. SIMON, à Paris, pavillon d'Hanovre, boulevart des Italiens,

A porté au plus haut point de perfection la fabrication des papiers imitant les étoffes et les ornemens d'architecture. Il produit des panneaux d'une seule pièce dans les dimensions les plus étendues.

# CHAPITRE XIV.

## TEINTURE, APPRÊT ET BLANCHIMENT.

La teinture, cet art qui ajoute à la beauté des tissus et à leur solidité, est, en général, fort avancée en France; elle s'est enrichie des découvertes de la chimie moderne, dont nos savans professeurs ont rendu l'étude facile et propagé les applications.

Plusieurs améliorations très-remarquables ont été faites depuis 1819 dans cette partie de notre industrie; elles se manifestent sur le coton comme sur la laine et sur la soie. Le coton, dans ses deux états de filature et de tissage, a offert des rouges vifs et une série de nuances délicates qu'il n'avait pas présentées jusqu'ici, ou qui, du moins, n'avaient été obtenues qu'aux dépens de la solidité des étoffes. La laine a offert des résultats encore plus inattendus, quoiqu'ils ne fussent pas regardés comme impossibles : on a vu paraître, pour la première fois, des draps teints en bleu solide avec le prussiate de fer, qui, jusqu'à présent, n'avait reçu d'application en grand que sur la soie. L'opération dont nous parlons a été faite en fabrique, et les produits en ont été versés dans le commerce.

### SECTION I.re

### *Teinture sur laine.*

La difficulté que l'on éprouvait à se procurer l'indigo, à l'époque désastreuse du blocus continental, suggéra l'idée de le remplacer par le bleu de Prusse. Un prix de 25,000 francs fut proposé à ce sujet pour celui *qui ferait connaître un moyen sûr et facile de teindre la laine et la soie avec le bleu de Prusse, de manière à obtenir une couleur unie, brillante et inaltérable par le frottement et le lavage à l'eau.*

Une partie du problème fut résolue par M. *Raymond* père, savoir, celle qui était relative à la teinture sur soie. L'autre présentait plus de difficultés, les tissus de laine ayant à supporter, dans les différens usages auxquels on les emploie, des épreuves bien plus rigoureuses que les tissus de soie.

M. *Roard,* alors chargé de la direction des teintures aux Gobelins, fut un des premiers qui s'appliquèrent à cette recherche, et il obtint des résultats qui auraient pu satisfaire un artiste moins exigeant que lui. Son procédé, dont il fit part à plusieurs chefs de manufactures, est employé depuis ce temps avec succès dans les fabriques de papiers peints, pour teindre les papiers; mais on n'en avait point encore fait l'application en grand sur les tissus de laine.

Cet honneur était réservé à M. *Raymond* fils, et c'était, pour ainsi dire, un droit de famille. Dès le mois d'avril 1822, ce jeune chimiste avait envoyé à la société d'encouragement de beaux échantillons de draps fins, teints par son procédé.

Quoique l'état des choses ait changé depuis 1814, le perfectionnement que nous annonçons n'en est pas moins, pour notre pays, un objet d'une très-haute importance, puisqu'il tend à nous dispenser d'acheter au dehors une substance fort chère dans tous les temps, que des circonstances particulières ont déjà plusieurs fois rendue très-rare et portée à des prix exorbitans.

---

Médaille d'argent.

## M. RAYMOND fils, à Saint-Vallier (Drôme),

A présenté à l'exposition plusieurs coupes de drap commun, teintes en pièces par le prussiate de fer, les unes en bleu clair, les autres en bleu foncé. La couleur tranche bien ; elle résiste aux acides, au savon et à l'urine ; les alcalis la détruisent, mais on peut la faire reparaître. Quant à l'épreuve de l'air, de la lumière et du frottement, on a lieu de croire qu'elle ne la soutient pas moins bien, à en juger par une partie de vêtement usé que M. *Raymond* a présenté comme preuve de la solidité de sa teinture.

Les échantillons exposés sont le résultat d'expériences faites en fabrique ; on a la certitude que vingt à vingt-cinq pièces de drap ont été teintes par le procédé dont il s'agit, et qu'elles ont été livrées à la consommation.

D'autres services ont encore été rendus à l'art de la teinture par M. *Raymond* fils : il est parvenu à extraire des fleurs du safranum une matière rouge, plus pure et plus riche que celle qu'on en obtenait avant lui ; et il a ainsi augmenté, dans la proportion de quinze à vingt-cinq, l'effet utile de cette substance exotique. Il a porté à la perfection le procédé de préparation de la cochenille ; il a substitué au jus de citron un acide qui est un des produits de notre sol ; enfin il peut livrer le persulfate de fer, marquant 36 degrés à l'aréomètre, au prix de 50 francs les cent kilogrammes, et il en fait une exportation considérable.

Le jury a décerné une médaille d'argent à M. *Raymond;* il eût accordé la récompense supérieure, si les procédés de cet intelligent artiste avaient déjà pu subir l'épreuve définitive du commerce, et eussent reçu la sanction de l'expérience.

---

M. SOUCHON, pharmacien, à Lyon (Rhône); Médaille de bronze.

A présenté plusieurs échantillons de draps teints au bleu de Prusse. La couleur a bien pénétré au travers du tissu; mais sous le rapport de l'éclat, elle laisse quelque chose à desirer.

M. *Souchon* a aussi présenté des échantillons de prussiate de potasse, dont nous parlerons en traitant des produits chimiques. Le jury lui a décerné une médaille de bronze pour l'ensemble de ses produits.

---

M. MICHAUX, naturaliste, à Paris, Mention honorable.

A présenté des tissus mérinos teints avec l'écorce du quercitron indigène, dans les ateliers de M. *Beauvisage*, l'un des plus habiles teinturiers de Paris.

La couleur obtenue est aussi parfaite que celle qui provient du quercitron d'Amérique. On doit d'autant plus applaudir aux essais dont il s'agit, que les semis de quercitron faits en 1818, au bois de Boulogne, par les soins de M. l'intendant des domaines de la couronne, ont réussi parfaitement, et qu'ainsi l'on a la certitude que cette plante utile, dont les premières graines ont été apportées en France par

M. *Michaux*, est bien susceptible de s'acclimater sur notre sol.

Le jury décerne une mention honorable à M. *Michaux*.

Mentions honorables.

M. BRULLEY, à Paris, rue Louis-le-Grand, n.° 16,

A exposé un échantillon de drap teint avec la cochenille qu'il a anciennement cultivée et récoltée à Saint-Domingue.

Le jury lui a décerné une mention honorable.

M. GONIN, à Biancourt, près Sèvres (Seine-et-Oise),

A mérité la même distinction pour des tissus de laine et de coton teints en couleurs très-vives.

---

Citations.

M. WERDET, à Paris, boulevart Saint-Antoine, n.° 17,

A présenté un échantillon de drap teint en écarlate par la garance. La substitution de cette substance à la cochenille fait l'objet d'un problème qui, depuis long-temps, occupe les chimistes, et qui n'est point encore entièrement résolu. M. *Werdet* s'en occupe avec persévérance, et a déjà obtenu des résultats satisfaisans. Le jury, voulant récompenser son zèle, a décidé qu'il serait cité au rapport.

M. DUHIL, à Fougères (Ille-et-Vilaine),

A mérité la même distinction pour des laines bien teintes en couleurs vives, dans des nuances variées.

## SECTION II.

### *Teinture sur soie.*

M. le comte DE LA BOULAYE-MARILLAC, directeur des teintures aux Gobelins, à Paris,

Mentions honorables.

A présenté une série d'échantillons de laine et de soie teints par des procédés de son invention. Toutes ses couleurs sont parfaitement belles; la solidité en est attestée par un grand nombre de certificats de fabricans, et de rapports faits à l'autorité supérieure : cependant il ne paraît pas, jusqu'ici, qu'elles aient été employées d'une manière suivie dans aucun atelier.

Le jury a décidé qu'il serait fait mention honorable des produits exposés par M. le comte *de la Boulaye*, en regrettant que le défaut d'application en grand de ses savantes recherches n'ait pas permis de lui décerner une récompense mieux proportionnée à ses talens.

M. BRUNEL, à Avignon (Vaucluse),

Mentionné honorablement en 1819,

A exposé de la soie parfaitement teinte en noir. Le jury, qui a vu ce produit avec beaucoup d'intérêt, maintient M. *Brunel* dans la distinction qui lui a été accordée.

M. VAUCELLE, à Tours (Indre-et-Loire),

A présenté de la soie teinte en noir, d'un aspect très-brillant. Le jury lui décerne une mention honorable.

## SECTION III.

## *Teinture sur coton.*

### ARTICLE 1.er

### *Teinture sur fil de coton.*

La teinture sur coton est un objet d'une grande importance pour quelques-uns de nos départemens, et sur-tout pour ce ui de la Seine-Inférieure.

Elle fait prospérer une multitude de fabriques, et elle donne lieu à la production de cette série variée d'étoffes en coton dont il se fait en France et à l'étranger un écoulement si considérable. On peut juger de l'importance de cette industrie par les quantités de coton qui ont été teintes à Rouen et dans les environs, et dont le poids, seulement en couleur solide, s'est élevé à plus d'un million de kilogrammes, chaque année, à toutes les époques où les fabriques de ce pays étaient en pleine activité.

---

Médaille d'or.

M. GONFREVILLE fils, à Devilie (Seine-Inférieure),

Qui obtint une médaille d'argent en 1819,

A exposé une suite nombreuse de fils de coton, teints dans les couleurs les plus brillantes et dans les nuances qui en forment les dégradations. Le jury a sur-tout distingué les fils rouges approchant de l'écarlate, ceux qui sont teints en aurore, en tons de chair et en olive. Toutes ces couleurs sont solides, elles présentent des résultats nouveaux, dont la fabrication des étoffes de coton recueillera certainement de grands avantages.

Le jury a décerné une médaille d'or à M. *Gonfreville.*

---

MM. FAREL et fils, à Montpellier (Hérault). Médailles de bronze.

Déja cités relativement aux mouchoirs de coton façon madras,

Ont présenté de très-beaux fils de coton teints en rouge, dont la couleur est à-la-fois éclatante et solide.

Le jury leur a décerné une médaille de bronze pour cet article.

MM. TESSIER et ZETTER, à Saint-Dié (Vosges).

Déjà cités relativement aux cotons filés,

Ont présenté des fils de coton rouge d'Andrinople, qui, pour l'éclat et la solidité, ne laissent rien à desirer. Leur établissement, qui comprend une filature, une teinturerie et une fabrique de tissus, occupe environ quatre cents ouvriers; elle est d'autant plus digne d'intérêt, que le pays où elle est située est pauvre et n'offre que peu de ressources par son agriculture et par son commerce.

Le jury décerne une médaille de bronze à MM. *Tessier* et *Zetter.*

## ARTICLE 2.

### *Teinture sur étoffes de coton.*

Médaille d'argent.

M. GONIN, à Biancourt, près Sèvres (Seine-et-Oise),

Qui obtint une médaille d'or en 1819, pour les découvertes et perfectionnemens dont la teinture sur soie lui est redevable, s'est exclusivement livré, depuis peu, à la teinture des étoffes de coton, dont il ne s'était point encore occupé. Les tissus de ce genre qu'il a présentés à l'exposition, offraient des couleurs claires, parfaitement égales, entre autres le bleu de ciel, le vert et une jolie nuance de gris. Ces couleurs sont très-solides; elles ont résisté à tous les essais qu'on leur a fait subir.

Le jury décerne une médaille d'argent à M. *Gonin.*

---

Citation.

M. COLOMBEL, à Claville (Eure),

A mérité d'être cité pour coutils teints en couleurs solides.

## SECTION IV.

### *Apprêt et Blanchiment.*

Rappel de médaille d'argent.

M. DELARUE, à Rouen (Seine-Inférieure),

Qui obtint en 1819 une médaille d'argent,

A présenté des nankins et autres tissus de coton apprêtés dans ses ateliers. Il rend depuis long-temps de grands services à l'industrie rouennaise par le soin qu'il apporte dans ses apprêts. Le jury se plaît à reconnaître qu'il est toujours digne de la récompense qu'il a précédemment obtenue.

M. CARON-LANGLOIS, à Beauvais (Oise), Rappels de médailles d'argent.

Déjà cité relativement aux toiles,

A exposé des produits de ses ateliers de tissage, qui doivent être ici considérés relativement à l'art de les blanchir. Sous ce dernier rapport, ils sont aussi remarquables que sous celui de la fabrication, et l'on ne peut desirer un degré de blancheur plus éclatant et plus pur que celui qu'ils présentent. Le diplôme de rappel de la médaille d'argent obtenue en 1819 a été donné à M. *Caron-Langlois*, pour l'ensemble de son industrie.

MM. BÉRARD et VÉTILLART, à Pont-Lieue, près le Mans (Sarthe),

Déjà cités relativement aux toiles,

Ont présenté des toiles de Hollande, de Courtrai, de Laval et d'autres, fabriquées dans leur établissement, dont plusieurs ont été blanchies au lait, et savonnées à la manière d'Harlem et de Courtrai. Cette blanchisserie, qui est considérable, rivalise avec les plus célèbres de la Belgique; le blanc y est donné sans apprêt; il est toujours approprié à chaque nature de toile, et il n'en altère point le tissu.

Nous avons déjà dit qu'une médaille d'argent avait été décernée à MM. *Bérard* et *Vétillart*, pour l'ensemble de leurs produits.

Citation. M.me CHOFFIN, à Paris, rue Martel, n.° 16,

A présenté des blondes de soie et des broderies sur tulle de coton, blanchies par un procédé qui lui est particulier, et qui produit des résultats très-satisfaisans.

Le jury a décidé que M.me *Choffin* serait citée au rapport.

# CHAPITRE XV.

## *IMPRESSION SUR ÉTOFFES.*

### SECTION I.re

### *Impression sur étoffes de laine.*

M. Lecaron, à Amiens (Somme), Médailles d'argent.

A présenté des velventines imprimées, pour meubles. Ces étoffes sont d'un effet agréable; les couleurs en sont franches et les dessins corrects; elles sont intermédiaires, pour le prix et la qualité, entre les étoffes de laine et celles de soie. M. *Lecaron*, qui en est l'inventeur, les présenta pour la première fois à l'exposition de 1819, et depuis cette époque il en obtient un grand débit.

Le jury lui a décerné une médaille d'argent.

M. Lefebvre-Jacquet, à Beauvais (Oise),

A introduit dans cette ville la fabrication des châles de laine et des draps imprimés. Cette fabrication a remplacé les impressions sur toile, qui alimentaient autrefois une partie de la fabrique de cette ville.

Le jury lui a décerné une médaille d'argent.

Médailles de bronze.

M. BAUQUER, à Saint-Denis (Seine),

A exposé des châles mérinos imprimés, de la plus belle exécution.

Le jury lui a décerné une médaille de bronze.

MM. DEMENOU et compagnie, à Bonneval (Eure-et-Loir), et à Paris, rue Sainte-Avoie, n.° 19,

Ont présenté des tapis-tricots feutrés et imprimés, qui sont à-la-fois solides et d'un effet avantageux.

Le jury leur a décerné une médaille de bronze.

## SECTION II.

### *Impression sur étoffes de soie.*

Médaille d'argent.

MM. NÉRON et KURTZ, à Rouen (Seine-Inférieure),

Ont présenté des foulards, façon des Indes, provenant d'un établissement qu'ils ont fondé il y a environ trois ans. On leur doit l'introduction à Rouen de ce genre d'industrie, qui donne déjà lieu à un commerce d'exportation considérable.

Le jury leur a décerné une médaille d'argent.

## SECTION III.

### *Impression sur toiles.*

Plusieurs perfectionnemens ont été introduits dans la fabrication des toiles peintes. Le jaune de chrôme a été appliqué sur les couleurs garancées, et même sur le bleu, par le même procédé qui sert à ronger le rouge d'Andrinople; on a employé le manganèse à la préparation des fonds bruns; la gravure des rouleaux a été portée à un degré de précision qui permet d'obtenir avec pureté les dessins les plus délicats; enfin tous les procédés de fabrication de ces sortes d'étoffes ont été tellement améliorés, qu'une diminution très-sensible a pu être faite dans leur prix.

---

MM. HAUSSMANN frères, à Logelbach (Haut-Rhin), Rappels de médailles d'or.

Qui obtinrent une médaille d'or à l'exposition de 1819,

Ont exposé des mousselines, des toiles de coton et des étoffes en lin imprimées, qui soutiennent l'excellente réputation de leur maison. Ces fabricans occupent 1800 ouvriers, et font un commerce d'exportation considérable. Le jury a reconnu avec satisfaction qu'ils étaient de plus en plus dignes de la distinction qui leur a été précédemment accordée.

MM. HEILMANN et compagnie, à Mulhausen (Haut-Rhin),

Ont mérité une médaille d'or à l'exposition de 1819, pour l'impression des perses et des foulards à fond blanc et à fond jaune, et pour la fabrication des châles fond blanc imprimés en rouge d'Andrinople. Ils réussissent toujours parfaitement à l'impression des châles en coton ou en soie, et leurs étoffes pour robes présentent la réunion d'un joli choix de dessins à une très-belle exécution. L'établissement de MM. *Heilmann* est un des plus considérables de l'Alsace : il est aussi l'un des premiers dans lesquels on ait fait usage du jaune de chrôme.

Le jury reconnaît que ces fabricans sont toujours très-dignes de la médaille d'or.

---

Médailles d'argent.

M. BARBET, successeur de M. *Oberkampf*, à Jouy (Seine-et-Oise).

La fabrique de Jouy rappellera toujours un des noms les plus recommandables dont s'honore le commerce français, comme aussi l'un des prodiges de l'industrie particulière, jointe à la sagesse des combinaisons.

M. *Barbet*, qui possède maintenant ce bel établissement, a exposé plusieurs stores imitant les vitraux colorés des fenêtres gothiques, application nouvelle, d'un très-bel effet et d'un emploi fort étendu ; des écharpes d'une exécution brillante, où l'on remarque un gris lavande, d'une solidité à toute épreuve ; enfin un certain nombre de pièces pour meubles et habillemens, parmi lesquelles se trouve un vert pistache solide, d'une nuance qui jusqu'à présent n'a pu réussir qu'en faux teint.

Le jury décerne à M. *Barbet* une médaille d'argent.

MM. THIERRY-MIEG, à Mulhausen (Haut-Rhin),

Ont présenté des impressions sur toiles, en rouge d'Andrinople et en jaune de chrôme sur violet, qui ne laissent rien à desirer pour l'exécution. MM. *Thierry-Mieg* occupent beaucoup d'ouvriers, et font une grande exportation en Espagne, en Belgique, en Hollande et en Allemagne. Médailles d'argent.

Le jury leur décerne une médaille d'argent.

MM. Gaspar DOLLFUS, HUGUENIN et compagnie, à Mulhausen (Haut-Rhin),

Ont exposé des toiles imprimées en divers genres et d'une excellente exécution. Leur fabrique est sur la même ligne que celle de MM. *Thierry-Mieg.*

Le jury leur décerne une médaille d'argent.

MM. Augustin PÉRIER et compagnie, à Vizille (Isère),

Déjà cités relativement aux cotons filés, furent mentionnés honorablement en 1806, pour la fabrication des toiles peintes. Les produits qu'ils ont présentés à l'exposition attestent qu'ils ont fait de très-grands progrès dans ce genre d'industrie. Nous avons déjà dit qu'une médaille d'argent avait été décernée à MM. *Périer* et compagnie, pour l'ensemble de leurs produits.

---

MM. PERREGAUX et ROBIN, à Bourgoin (Isère), Médaille de bronze.

Ont envoyé des châles dits *mérinos*, fond blanc, avec des impressions en rouge d'Andrinople et en violet, très-bien exécutées.

Leur fabrique existe depuis trente-cinq ans; 400 ouvriers y trouvent de l'emploi.

Le jury leur décerne une médaille de bronze.

Médaille de bronze.

MM. DUTFOY et compagnie, à Saint-Denis (Seine),

Ont exposé de fort belles batistes, imprimées en diverses couleurs.

Le jury leur a décerné une médaille de bronze.

---

Mentions honorables.

Les fabricans dont les noms suivent sont mentionnés honorablement pour toiles peintes bien confectionnées :

MM. PIMONT frères, à Rouen (Seine-Inférieure).

M. DELAHAYE, au Mesnil-sous-Lisbonne, arrondissement du Havre.

M. FRANÇOIS-KETTINGER, à Bolbec (Seine-Inférieure).

M. MALFESONS et compagnie, à Rouen (Seine-Inférieure).

M. LAMY-STACKLER, à Rouen (Seine-Inférieure).

M. FOURNEAU-GODARD, à Rouen (Seine-Inférieure).

M. PRUDHOMME-DUCHEMIN, à Rouen (Seine-Inférieure).

---

# CHAPITRE XVI.

## *CUIRS ET PEAUX.*

IL fut un temps où les tanneries de France jouissaient d'une supériorité marquée et mettaient l'Europe à contribution pour une valeur de plusieurs millions. Un impôt onéreux, établi sur la fabrication des cuirs, leur enleva cette prééminence, et nous travaillons encore à la reconquérir.

A une certaine époque de la révolution, cet art, affranchi de ses entraves et s'appuyant sur la théorie, tenta de s'ouvrir de nouvelles routes ; mais la cupidité l'égara et lui fit faire quelques pas en arrière. Depuis quinze ans il a repris une marche progressive et une sage direction. On avait voulu trop abréger les procédés de fabrication : aujourd'hui l'on s'attache plus à faire bien qu'à faire vîte. On ne met plus, comme autrefois, deux ans à tanner une peau de bœuf; mais aussi on a renoncé aux procédés expéditifs à l'aide desquels on prétendait la tanner en quelques semaines. Nos bons tanneurs ont pris un milieu entre ces deux méthodes également exagérées. Quelques-uns d'entre eux sont imbus des connaissances chimiques relatives à leur état, et ils les appliquent judicieusement.

On remarque toujours avec peine à chaque exposition qu'il n'y paraît qu'un très-petit nombre de tanneurs. Une telle indifférence pour ces concours solennels qui ont répandu tant de gloire sur notre industrie, et dont plusieurs états du nord de l'Europe se plaisent à adopter l'usage, dénote un défaut d'émulation qui explique, jusqu'à un certain point, la lenteur avec laquelle le tannage marche à la suite des autres arts.

Les établissemens qui ont pris part au concours se sont en général distingués par des produits bien préparés. Le jury leur a décerné des récompenses proportionnées à leurs efforts.

Le corroyage se soutient avec honneur.

La peausserie est arrivée à un degré de perfection qu'il est difficile de dépasser.

Nos maroquins réunissent toutes les qualités qu'on exige dans ce genre de produits.

La fabrication du cuir verni, singulièrement avancée en France, reçoit tous les jours de nouvelles applications.

## SECTION I.re

### *Tannage.*

Rappel de médaille de bronze.

MM. VERMOND frères, à Pont-d'Arche, faubourg de Mézières (Ardennes),

Qui obtinrent une médaille de bronze à l'exposition de 1806, continuent à se montrer dignes de cette distinction.

Médailles de bronze.

Une semblable médaille a été décernée à chacun des fabricans dont les noms suivent :

M. SALLERON, à Longjumeau (Seine-et-Oise).

MM. LAVOCAT et SOUCIN, à Troyes (Aube). Médailles de bronze.

M. PRAILLY, à Provins (Seine-et-Marne).

M.[me] SIMONEAU, à Étampes (Seine-et-Oise).

Les ateliers de cette dame sont tellement disposés, que ses cuirs sont à l'abri de l'intempérie des saisons, et que sa fabrication n'est jamais interrompue.

---

Les fabricans ci-après désignés ont mérité d'être mentionnés honorablement : Mentions honorables.

MM. LIGNIÈRES fils aîné et compagnie, à Toulouse (Haute-Garonne).

M. LESGUILLON, à Ferrières (Loiret).

M. MATHIEU-SOUILLÉ, à Aniane (Hérault).

---

M. SUSBIELLE, à Fontenelle près Niort (Deux-Sèvres), Citation.

A mérité d'être cité dans le rapport.

## SECTION II.

### *Corroyage.*

M. BREHIER, à Rennes (Ille-et-Vilaine). Rappel de médaille d'argent.

Qui, en 1819, obtint une médaille d'argent, continue à mériter cette distinction par le soin qu'il apporte à perfectionner ses produits, et par l'impulsion qu'il a donnée aux autres corroyeurs de Rennes, auxquels sa manière de travailler a servi d'exemple.

Médaille d'argent.

MM. PELLETEREAU, à Château-Renault (Indre-et-Loire),

Tiennent un rang distingué parmi les corroyeurs de Château-Renault, dont les cuirs sont recherchés en France et à l'étranger. Leur établissement renferme 72 fosses, et fabrique annuellement 600,000 cuirs, environ.

Le jury leur a décerné une médaille d'argent.

---

Médailles de bronze.

Une médaille de bronze a été accordée à chacun des fabricans ci-après désignés :

M.me VALIN et M. PIÉDOR, à Château-Renault (Indre-et-Loire).

Cette fabrique ne donne à ses cuirs aucune préparation acide susceptible d'en altérer la qualité.

M. LARGUÈSE, à Montpellier (Hérault).

M. PAILLARD-VAILLANT, corroyeur pour filatures, à Paris, rue Neuve S.-Nicolas, n.° 20.

---

Mentions honorables.

Les corroyeurs dont les noms suivent ont été mentionnnés honorablement :

M. LEGLÂTRE, à Saint-Brieuc (Côtes-du-Nord).

M. ALAUX fils, à Saint-Geniez (Aveyron). Mentions honorables.

M. GODIN-RIGAULT, à Étampes (Seine-et-Oise).

## SECTION III.

### *Cuirs factices.*

M. DUFORT, cordonnier à Paris, rue Jean-Jacques-Rousseau, n.° 18. Médaille de bronze.

A eu l'heureuse idée de mettre en valeur les déchets de cuir provenant des ateliers de corroyeurs, selliers, bourreliers. Avec ces matières, qu'auparavant on jetait au feu pour s'en débarrasser, M. *Dufort* est parvenu à fabriquer un cuir factice, qu'il emploie à faire des courroies, des lanières, des soupentes et autres articles de sellerie, des cartons, des reliures, et jusqu'à des souliers. Il fabrique encore avec ces déchets un tissu qui, revêtu d'un enduit imperméable, peut servir à couvrir des malles, des impériales de voitures, et autres objets qu'on doit garantir de l'humidité.

Pour composer ce tissu, l'auteur, au moyen d'un *emporte-pièce,* qui n'est pas la partie la moins ingénieuse de son invention, découpe en lanières très-déliées et très-égales les plus grands déchets de cuirs. Il en forme la chaîne de son tissu, et il les réunit par une trame en fort fil de chanvre.

Le jury a décerné une médaille de bronze à M. *Dufort.*

## SECTION IV.

### *Cuir façon de Russie.*

Médaille de bronze.

M. DUVAL-DUVAL, à Paris, rue de l'Oursine, n.° 53,

A exposé des cuirs façon de Russie, fabriqués par un procédé qui est identique avec celui dont on fait usage dans le pays dont ces cuirs portent le nom.

La société d'encouragement, dont l'utile influence est ressentie dans tous les arts manufacturiers, proposa, en 1818, un prix pour la fabrication de cette sorte de cuir. Il fut remporté, en 1822, par MM. *Duval-Duval* et *Grouvelle,* après que, par une longue expérience, la société se fut convaincue de la persistance de l'odeur dans les produits présentés.

Le jury a décerné à M. *Duval-Duval* une médaille de bronze.

---

Mention honorable.

M. QUENNEHEM, à Paris, rue des Audriettes, n.° 1,

Est mentionné honorablement pour cuirs façon de la Chine, parfaitement bien corroyés, et ornés de dessins d'une netteté remarquable. En 1819, ce fabricant reçut aussi une mention honorable pour ses cuirs de Russie, et il continue à se montrer digne de cette distinction.

## SECTION V.

### *Mégisserie.*

MM. GOSSE et DURAND, à Paris, rue Marie-Stuart, n.° 8, — Médaille d'argent.

Ont formé un établissement pour la préparation des peaux de loutre marine, dont on fait maintenant un grand usage en bonnets et en casquettes.

Les Anglais sont en possession de nous fournir ces sortes de peaux : ils nous les apportaient toutes préparées; mais MM. *Gosse* et *Durand* ont entrepris de leur enlever les bénéfices de la main-d'œuvre.

Les peaux que ces fabricans ont présentées sont d'une préparation parfaite. Le jury leur a décerné une médaille d'argent.

---

M. GUÉRINEAU, à Poitiers (Vienne), — Médaille de bronze.

Déjà cité pour le lavage des laines, a présenté des peaux d'oie apprêtées pour fourrures. On prépare annuellement à Poitiers vingt à vingt-cinq mille de ces peaux, au prix moyen de 30 à 36 fr. la douzaine; c'est une industrie particulière à cette ville. M. Guérineau y obtient de grands succès, tant par l'étendue de sa fabrication, que par le soin tout particulier qu'il y apporte. Le jury lui décerne une médaille de bronze.

---

M. TOSTAIN, à Caen (Calvados), — Citation.

A présenté des peaux de cheval apprêtées en mégie. Ces peaux nous viennent ordinairement de

Russie; elles sont susceptibles d'être employées avec avantage dans la sellerie et dans divers autres arts.

Le jury a décidé que M. *Tostain* serait cité au rapport.

## SECTION VI.

### *Parcheminerie.*

Mention honorable. M. LANSOT, à Coutances (Manche),

Mentionné honorablement en 1819,

Est le seul qui ait envoyé des parchemins à l'exposition. Ses produits sont toujours d'une bonne confection, et continuent à mériter la mention honorable.

## SECTION VII.

### *Chamoiserie.*

La ville de Niort se distingue toujours à chaque exposition par la belle qualité de ses produits en chamoiserie, mégisserie et ganterie. Cinquante-six chefs manufacturiers se partagent ces trois branches d'industrie; ils occupent ensemble 306 ouvriers et 1609 femmes.

En 1822, la chamoiserie de Niort a préparé 131,976 peaux de différentes natures; il y a été employé 220 milliers d'huile de morue et de baleine, provenant des pêches françaises.

On vend, sous le nom de *dégras de Niort*, un liquide très-recherché pour la préparation des peaux de cheval et de veau destinées à la sellerie et à la cordonnerie.

MM. NOIROT et FERRET, à Niort (Deux-Sèvres), — Médaille d'argent.

Ont envoyé des peaux chamoisées, supérieurement préparées. Ces fabricans sont les successeurs de M. *Main*, homme très-distingué dans sa profession, et qui avait obtenu la médaille de bronze en 1819. On voit que sa fabrique est loin d'avoir dégénéré.

Le jury a décerné une médaille d'argent à MM. *Noirot* et *Ferret*.

---

M. TEXIER, à Niort (Deux-Sèvres), — Médaille de bronze.

A présenté des peaux de daim et de mouton parfaitement chamoisées. Le jury lui a décerné une médaille de bronze.

---

Les fabricans dont les noms suivent sont mentionnés honorablement, pour la bonne préparation de leurs peaux chamoisées : — Mentions honorables.

M. LEYDET fils aîné, de Niort.

M. LUCET, de la même ville.

M. BOUCHON aîné, *idem*.

M. CHRISTIN aîné, *idem*.

---

Les fabricans dont les noms suivent ont mérité d'être cités au rapport : — Citations.

M. BEAUMIER, au Vigan (Gard),

Pour la bonne préparation de ses peaux de mouton et de chevreau.

Citation. M. LALLEMANT, à Gentilly, près Paris,

Pour la bonne confection de ses peaux de chèvre.

## SECTION VIII.

### *Ganterie et Culotterie.*

Médaille d'argent. M. John WALKER, à Paris, rue de Richelieu, n.° 88,

A introduit en France la fabrication de plusieurs articles, tels que bretelles, ceintures et jarretières élastiques, dont on fait maintenant un grand usage, et qui donnent lieu, dans Paris sur-tout, à l'emploi d'un nombre considérable de personnes des deux sexes. Il conserve sa supériorité dans ce genre d'industrie, et il est aussi très-renommé dans la ganterie, dont il a présenté à l'exposition un assortiment des plus remarquables.

Le jury lui a décerné une médaille d'argent.

---

Médaille de bronze. M. VALLET-D'ARTOIS, à Paris, rue Saint-Denis, n.° 163,

A présenté des articles de ganterie qui ne laissent rien à desirer pour le moelleux de l'étoffe ainsi que pour la régularité des coutures. Il a exposé aussi des peaux préparées pour cet usage, dont le grain est très-fin et les couleurs magnifiques. On a remarqué sur-tout une peau dite *castor*, teinte en très-beau noir, dont la couleur n'a ni pénétré ni altéré la fleur.

Le jury a décerné une médaille de bronze à M. *Vallet-d'Artois.*

---

Les gantiers-culottiers dont les noms suivent sont mentionnés honorablement : Mentions honorables.

M. GAMPÉ, à Paris, rue Saint-Honoré, n.° 174,

Pour gants et pantalons d'une belle matière et d'un travail soigné.

MM. NOIROT et FERRET, à Niort (Deux-Sèvres),

Déjà nommés dans la chamoiserie, et qui ont présenté de la ganterie bien confectionnée.

M. BOUCHON aîné, de la même ville,

Et M. CHRISTIN aîné, *idem*,

Qui sont aussi déjà cités pour peaux chamoisées, et dont la ganterie est remarquable par sa bonne qualité.

---

Le jury a décidé que Citations.

M. ARGY-GUILLET, à Troyes (Aube),

Et M. MARÇAIS, à Rennes (Ille-et-Vilaine),

Seraient cités au rapport, pour ganterie bien confectionnée.

## SECTION IX.

### *Maroquins.*

Dès le milieu du siècle dernier, on fabriquait des maroquins à Saint-Hippolyte, département du Gard, et dans quelques autres cantons du midi de la France. Nous avons cependant continué à en tirer du Levant, jusque vers l'année 1802. Depuis, nous avons fait de si grands progrès dans ce genre de fabrication, que nos maroquins disputent maintenant de perfection avec ceux de la régence de Maroc, et rivalisent avec eux dans les marchés du Levant.

---

Rappel de médailles d'or.

MM. FAULER père et fils, à Choisy-le-Roi,

Ont présenté des maroquins qui, pour l'apprêt et la couleur, ne laissent rien à desirer.

M. *Fauler* père importa en France les procédés anglais pour la fabrication des maroquins; d'abord il s'établit à Strasbourg, puis il vint fonder à Choisy-le-Roi l'établissement qu'il exploite aujourd'hui. En 1801 [an IX], il obtint une médaille d'or qui fut rappelée aux expositions suivantes : le jury se plaît à déclarer que cette distinction est toujours de plus en plus méritée.

M. MATTLER, à Paris, rue Censier, n.° 13,

Qui obtint une médaille d'or en 1819,

A présenté des maroquins d'une très-grande beauté. Sa fabrique lutte de perfection avec celle de MM. *Fauler;* le jury pense qu'il est toujours très-digne de la médaille d'or.

---

Rappel de médaille d'argent.

M. SCHMUCK, à Paris, rue Censier, n.° 21,

Qui obtint une médaille d'argent en 1819, pour la bonne fabrication de ses maroquins, continue à se rendre digne de cette distinction.

MM. EMBSER et GEORGER, à Strasbourg (Bas-Rhin), — Médaille d'argent.

Se sont présentés à l'exposition d'une manière très-avantageuse. Leurs peaux sont bien tannées et bien corroyées, et les couleurs en sont fort belles.

Le jury leur a décerné une médaille d'argent.

---

Les fabricans dont les noms suivent sont mentionnés honorablement, pour maroquins bien confectionnés: — Mentions honorables.

M. Jacques OURY, à Toulouse (Haute-Garonne).

Il a déjà obtenu cette distinction en 1819.

M. DESCLAUX jeune, de la même ville,

Par un procédé de son invention, qu'il a offert de communiquer, ce fabricant emploie le sumac indigène à la préparation de ses maroquins.

---

Le jury cite avec éloge — Citation.

MM. ROUSSILHE, SABATIER et BOUINEAU, à Toulouse (Haute-Garonne),

Qui, par leur active industrie, sont parvenus à relever la fabrique dont ils sont acquéreurs.

## SECTION X.

### *Cuirs vernis.*

Rappel de médaille d'argent.

M. DIDIER, à Paris, rue de Montmorency, n.° 26,

A mérité la médaille d'argent à toutes les expositions, pour la souplesse et la beauté de ses vernis, dont il a fait de nombreuses applications au cuir, au feutre et au papier.

Les produits qu'il a présentés en 1823 prouvent que depuis quatre ans il a fait de nouveaux efforts, et qu'il se trouve encore à la tête de ses concurrens.

Le jury reconnaît avec beaucoup de satisfaction que ce fabricant recommandable est de plus en plus digne de la médaille d'argent.

---

Médailles de bronze.

M. LAUZIN, à Paris, rue Saint-Martin, n.° 231,

A présenté une grande quantité d'objets en cuir verni qui approchent beaucoup de la perfection de ceux de M. *Didier.*

Le jury lui a décerné une médaille de bronze.

M. LALOGE, à Paris, barrière de Belleville,

A mérité la même distinction, pour objets de même nature, également bien fabriqués.

---

# CHAPITRE XVII.

## *Papeterie.*

La tige des roseaux, le duvet de coton, les fibres du lin et du chanvre, ont fourni tour à tour la matière première du papier. Au papyrus d'Égypte a succédé le papier de coton, dont l'usage, introduit dans l'empire d'Orient vers le IX.e siècle, et de là dans toute l'Europe, se maintint pendant quatre ou cinq cents ans. C'est vers la fin du XIII.e siècle que le papier à pâte de chiffons commença à être connu en France. On en attribue l'invention aux Maures d'Espagne, qui la tenaient probablement des Arabes, et ceux-ci peut-être des Chinois. Quoi qu'il en soit, cet art fut long-temps dans l'enfance parmi nous. Cinquante ans se sont à peine écoulés, depuis que *Pierre Montgolfier*, d'Annonay, lui donna l'essor, en dérobant aux Anglais le secret de la fabrication du papier vélin. On verra bientôt que sa famille n'a pas démérité d'un chef aussi estimable.

Les progrès de la fabrication du papier, en France, ont suivi ceux de la consommation. C'est la marche naturelle des choses : dès que le besoin d'un produit se fait sentir, les producteurs se présentent en foule ; et dès qu'il y a concurrence, il y a nécessité de se surpasser mutuellement. Or, quelle est la fabrication qui ait été plus active depuis trente ans, que celle de ce produit qui alimente nos imprimeries, nos bureaux, nos ateliers de gravure et de lithographie, et qui sert de véhicule à toutes les transactions civiles, à toutes les relations sociales! Aussi les perfectionnemens en cette partie se sont-ils fait remarquer à chaque exposition, et jamais ils n'ont été plus sensibles qu'à celle de 1823.

L'usage des machines propres à remplacer le travail de la cuve commence à se répandre.

Les cylindres à triturer le chiffon, la toile métallique qui s'adapte aux formes, et en général tous les accessoires de la fabrication, ont subi des changemens avantageux. Nous sommes dispensés maintenant de tirer d'Angleterre les feutres qui servent à mettre les feuilles en presse.

Le nombre de nos papeteries de première classe est augmenté; celles de troisième ligne sont montées à la deuxième : presque toutes ont amélioré leur collage, point essentiel, et qui faisait autrefois la supériorité des papiers de Hollande et d'Angleterre.

Il est à remarquer que cette dernière amélioration date du moment où la société d'encouragement, à laquelle nous devons tant d'autres avantages, a dirigé son attention sur cette partie, et publié une instruction à ce sujet.

On savait déjà que l'imperfection de notre collage tenait principalement à l'usage généralement établi de laisser pourrir le chiffon, pour pouvoir le triturer plus facilement; mais on ignorait comment la macération produisait ce résultat. La société s'assura, par des expériences, que la fermentation attaquait la substance fibreuse du chiffon et détruisait entièrement le gluten qu'elle renferme.

MM. *Jeffery-Horne* et *Jean-Baptiste Montgolfier* attribuent la beauté de leurs papiers à ce que leur pâte est faite avec du chiffon non fermenté; et M. *Montgolfier* ajoute qu'il tient cette méthode de M. *Mérimée*, qui a exécuté avec M. *d'Arcet* les expériences dont nous venons de parler.

Nous observerons toutefois que la fermentation n a aucun inconvénient pour la fabrication du papier d'impression, qui n'a pas besoin d'être collé. On a même cru long-temps qu'elle était indispensable pour obtenir du papier d'une très-grande blancheur; mais on arrive aujourd'hui au même résultat par des moyens chimiques et tout aussi efficaces.

C'est à l'application plus ou moins complète de ces méthodes et de ces notions que sont dus les beaux résultats qui ont paru à l'exposition, et que le jury a été appelé à récompenser.

---

## SECTION I.re

## *Papiers faits à la cuve.*

### M. Jean-Baptiste MONTGOLFIER, à Annonay (Ardèche), Rappel de médaille d'or.

S'attache particulièrement à la fabrication des papiers destinés aux impressions de luxe, à la gravure et à la lithographie.

M. *Montgolfier* possède trois fabriques en activité, qui comprennent ensemble treize cuves, et qui occupent en tout quatre cents ouvriers. Il a récemment fait venir d'Écosse la nouvelle machine de *Cameron*, qui est établie depuis deux ans près d'Édimbourg. Cette machine avait l'inconvénient d'exiger deux leveurs pour sortir la feuille du drap. M. *Montgolfier*, aidé de M. son frère, l'a perfectionnée, en y adaptant une pompe à air qui détache la feuille au moyen d'une section de cylindre, et la place en pile sans y occasionner aucune des imperfections qui résultent souvent de la levée à mains d'hommes.

M. *Montgolfier* a reçu la médaille d'or en 1801 [an IX]; elle lui a été continuée en 1819. Le jury déclare qu'il est de plus en plus digne de cette distinction.

Médaille d'or.

M. JEFFERY-HORNE, à Hallines (Pas-de-Calais),

Est Anglais d'origine et domicilié en France; il s'est livré principalement à la fabrication du papier de luxe. Son établissement, qui date de cinq à six ans, a d'abord été monté par des ouvriers anglais qu'il a successivement remplacés par des Français; il en occupe aujourd'hui quatre-vingts.

Depuis quatre ans et plus, le dépôt de la guerre, ayant reconnu les papiers *grand-aigle* et *grand-colombier* de ce fabricant supérieurs à ceux de Hollande, les emploie exclusivement pour ses travaux topographiques.

Tous les papiers présentés à l'exposition par M. *Jeffery-Horne* étaient du plus bel aspect et d'une fabrication très-soignée. Le jury lui a décerné une médaille d'or.

---

Médaille d'argent.

M. François-Michel MONTGOLFIER, à Vidalon-lès-Annonay (Ardèche),

A présenté des papiers de différentes dimensions pour l'écriture, les registres, la lithographie, la gravure; des papiers à calquer, des papiers marbrés, des parchemins factices, des cartons blancs superfins pour lavis et pour le satinage des étoffes. Tous ces articles sont de la meilleure et de la plus belle fabrication.

Médailles d'argent.

Le jury décerne une médaille d'argent à M. *François-Michel Montgolfier.*

M. DESGRANGES, à Arche (Vosges),

Fabrique particulièrement les papiers pour la taille-douce; il a fourni celui qui a été employé aux planches de la Description de l'Égypte, qui présente un format avant lui sans exemple; son établissement occupe cent ouvriers des deux sexes.

Le jury décerne une médaille d'argent à M. *Desgranges.*

---

MM. LACOURADE et GEORGEON, près Angoulême (Charente),

Rappel de médaille de bronze.

Qui obtinrent une médaille de bronze en 1819, ont perfectionné leur collage depuis cette époque; le jury pense qu'ils sont toujours dignes de la récompense qu'ils ont obtenue.

Une médaille de bronze a été accordée à chacun des fabricans ci-après désignés, qui ont tous envoyé des papiers très-bien collés, d'une belle pâte, et qu'on peut regarder en général comme parfaits dans les petites et moyennes dimensions :

Médailles de bronze.

Médailles de bronze.

MM. LATUNE et comp.ie, à Blacons (Drôme).

Leur fabrique existe depuis 1820, et paraît devoir prendre un grand accroissement. Elle se compose, dès à-présent, de deux cylindres, deux moulins et quatre cuves. Une chute d'eau considérable met les machines en mouvement. Ces entrepreneurs ont en outre des fabriques d'étoffes de laine et des filatures de soie; le département de la Drôme leur devra de nouvelles sources de prospérité.

M. CLAVAUD DE BOURISSON, à Vœuil (Charente).

Ce fabricant a trois cuves en activité; il occupe cinquante ouvriers des deux sexes, et envoie en Russie des papiers pour cartes à jouer.

M. LAROCHE jeune, à Saint-Michel (Charente),

Qui fut mentionné honorablement en 1819.

Son établissement renferme trois cuves en activité.

M. LACROIX jeune, à Saint-Cibard, arrondissement d'Angoulême.

Il obtint une mention honorable en 1819.

MM. BLANCHET frères et KLÉBER, à Rives (Isère).

Le jury a décidé qu'il serait fait mention honorable des fabricans dont les noms suivent: Mentions honorables.

M. SERVE, à Chamalières (Puy-de-Dôme),

Déjà mentionné honorablement en 1819.

Il fabrique avec des feuilles de châtaignier du papier d'emballage qu'il peut livrer à 1 franc 50 centimes la rame.

M. FERRY-MILLON, à Souche-d'Anould, près Saint-Dié (Vosges).

Ce fabricant a commencé son établissement en 1820; quatre-vingt-quatorze ouvriers y sont employés. Il ne fait que des papiers communs; mais ils sont bien collés, assez bien fabriqués, et à bas prix.

M. BOUCHET aîné, à Thiers (Puy-de-Dôme).

Ses papiers communs pour l'écriture sont bien collés et à bon compte.

---

Les deux fabricans dont les noms suivent ont mérité d'être cités au rapport, pour papier bien confectionné: Citations.

M. CHAPUIS, à Saint-Claude (Jura),

Et M. BARJON, à Vienne (Isère).

## SECTION II.

### *Papier fait à la mécanique.*

La difficulté de fabriquer des feuilles de papier au-delà de certaines dimensions, non moins que le besoin de remplacer une classe d'ouvriers qui, chez chez nous, s'est toujours maintenue dans un état d'indépendance hostile, a fait rechercher le moyen de suppléer par des machines au travail de la cuve.

La première tentative de ce genre fut faite en 1799 [an VII], par *Robert*, ouvrier, attaché à une papeterie d'Essone. Son moyen, d'abord imparfait, fut rectifié par M. *Didot-Saint-Léger*, qui passa en Angleterre pour le faire mettre à exécution. C'est dans ce pays que la machine de *Robert* a reçu les derniers perfectionnemens; c'est de là qu'elle nous est revenue en 1815.

Dans cet intervalle de temps, plusieurs artistes s'occupèrent de la solution du problème, et chacun d'eux y parvint par des procédés différens; mais le seul établissement qui soit résulté de leurs travaux est celui dont il va être parlé.

---

Rappel de médaille d'argent.

MM. BERTHE et GREVENICH, à Sorel, près Dreux (Eure-et-Loir),

Obtinrent, en 1819, une médaille d'argent, pour papiers fabriqués à la mécanique. Depuis, ils ont beaucoup perfectionné leurs procédés, et leurs produits sont aussi bien supérieurs à ceux de cette époque. Cependant ils ne fabriquent encore que des papiers pour l'impression.

Le jury pense qu'ils sont toujours très-dignes de la distinction qu'ils ont reçue, et qu'ils mériteront la récompense supérieure lorsqu'ils pourront, à l'exemple des papeteries mécaniques d'Angleterre, fournir au commerce des papiers pour tous les usages.

## SECTION III.

### *Papiers de couleur et de fantaisie.*

M. ANGRAND, à Paris, rue Mêlée, n.° 61. Médaille de bronze.

On emploie en France, et sur-tout à Paris, pour la reliure et le cartonnage, une grande quantité de papiers de fantaisie, à fond d'or, d'argent ou de couleur, unis ou gaufrés. Nous les tirions autrefois d'Angleterre et d'Allemagne. M. *Angrand* ne s'est pas contenté de s'emparer de cette branche de fabrication; il l'a singulièrement perfectionnée, en variant à l'infini les dessins et l'aspect de ces sortes de papiers. Sa faculté d'innover, en ce genre, semble inépuisable comme les caprices mêmes de la mode. Elle ne s'exerce, à la vérité, que sur un objet fugitif; mais enfin la vogue de ses papiers se soutient par les combinaisons toujours nouvelles qu'il y apporte, et malgré les établissemens rivaux qui la lui disputent.

Le jury lui a décerné une médaille de bronze.

Citations. Les fabricans dont les noms suivent ont mérité d'être cités au rapport :

M. ROUSSEAU, à Paris, rue Saint-Honoré, n.° 72,

Pour son beau papier imitant l'écaille.

M. BREFFORD, à Paris, rue de Bondy, n.° 60,

Pour des papiers dans le genre de ceux de M. *Angrand.*

M.me SUSSE, à Paris, rue Sainte-Anne, n.° 59,

Et M.me THOMAS, à Paris, rue des Vinaigriers, n.° 21,

Pour des produits analogues.

## SECTION IV.

### *Drap pour la fabrication du papier.*

L'étoffe en feutre appelée *revêche*, qui reçoit la feuille de papier au sortir de la forme, est justement regardée comme un élément essentiel des papeteries. Le choix et la préparation des matières que l'on y emploie exigent beaucoup de soins ; elle doit être d'un tissu très-régulier, très-égal, et d'une grande solidité, qualités qui ne se trouvaient réunies jusqu'ici que dans les feutres anglais.

MM. SÉGUIN frères, à Annonay (Ardèche), Médaille de bronze.

Ont élevé, en 1816, une fabrique, dans l'intention de procurer directement à nos papeteries le feutre qu'elles tiraient d'Angleterre. Leur tentative a été couronnée d'un plein succès; les étoffes de cette sorte qu'ils produisent sont recherchées par nos meilleurs fabricans de papiers, et ils en exportent beaucoup en Suisse.

MM. *Séguin* frères ont présenté à l'exposition plusieurs autres objets dont il sera parlé dans le cours de ce rapport; ils joignent à beaucoup d'intelligence des connaissances positives et très-variées dans les arts manufacturiers.

Le jury leur décerne une médaille de bronze pour la fabrication du feutre à papier.

## SECTION V.

### *Cartons à lisser et à presser les draps.*

Les cartons destinés à l'apprêt des étoffes, ou les cartons à *presser*, exigent une matière bien fondue, et, pour ainsi dire, homogène. L'épaisseur doit en être bien égale, la surface unie et sans boutons; enfin, malgré le bas prix auquel on est forcé de livrer les cartons, on doit apporter à leur préparation des précautions à peu près égales à celles qu'exige le papier fin.

Dès l'année 1811, nous possédions plusieurs fabriques de cartons à presser. Aujourd'hui, cette industrie est répandue par toute la France, et les produits en sont aussi recherchés que ceux du même genre qui proviennent de l'étranger.

Rappel de médaille d'argent.

M. GENTIL, à Vienne (Isère),

Qui obtint une médaille d'argent en 1819, pour de bons cartons à presser, continue à bien mériter cette distinction.

---

Rappel de médaille de bronze.

M. GENTIL-CAROILLON, à Uzès (Gard),

Qui obtint une médaille de bronze en 1819, pour mêmes produits, continue également à en être digne.

M.me FLARY, à Rouen (Seine-Inférieure),

Médaille de bronze.

A présenté de très-bons cartons à presser; ses produits sont recherchés dans l'étranger.

Le jury lui a décerné une médaille de bronze.

---

# CHAPITRE XVIII.

## *PRODUITS NATURELS DU RÈGNE MINÉRAL.*

### SECTION I.re

### *Marbres.*

IL n'est presque pas de sortes de marbre ou de pierre polissable, susceptibles d'être employées dans la sculpture, dans l'architecture ou dans l'ornement, que le sol français ne recèle en grande abondance. Nos richesses en ce genre sont tellement multipliées, qu'elles pourraient suffire à notre consommation et à l'exportation la plus illimitée; mais, par une singularité dont il est difficile de se rendre compte, ce sont les marbreries étrangères qui, jusqu'à ces dernières années ont exclusivement fourni à notre approvisionnement.

Nos carrières, si injustement dédaignées, ont eu néanmoins leur temps de gloire. Les Romains, qui savaient les apprécier, en ont tiré de beaux matériaux pour la construction ou pour la décoration des monumens qu'ils ont élevés en divers points de l'ancienne Gaule, et dont nous retrouvons les ruines dans nos provinces, comme d'irrécusables témoins de la grandeur et de la domination de ces maîtres du monde. À des époques plus rapprochées de nous, plusieurs de nos rois ont fait d'heureux efforts pour tirer de l'oubli ces riches parties de notre dotation minérale. François I.er, Henri II, Henri IV et Louis XIV, faisaient rechercher des marbres sur tous les points de la France, pour l'embellissement de leurs palais, et récompensaient magnifiquement ceux qui parvenaient à leur en procurer (1). Depuis le règne glorieux de ce dernier monarque, nos marbrières furent presque entièrement abandonnées; elles n'étaient connues que de quelques naturalistes, qui, dans leurs écrits, protestaient, avec un zèle patriotique, contre un délaissement si contraire à l'intérêt du royaume.

Plusieurs départemens ayant envoyé des échantillons de marbre à l'exposition de 1819, l'attention de l'administration fut éveillée sur ce point; un

---

(1) La lettre suivante, que le lecteur nous saura sans doute gré de rapporter, fournit une preuve non équivoque de l'intérêt que Henri IV attachait à se procurer des marbres français; elle fut écrite par ce grand roi lui-même au connétable Bonne de Lesdiguières, gouverneur du Dauphiné.

« Mon compère,

» Celui qui vous rendra la présente est un marbrier que j'ai fait » venir expressément de Paris, pour visiter les lieux où il y aura des » marbres beaux et faciles à transporter à Paris, pour l'enrichissement » de mes maisons des Tuileries, Saint-Germain-en-Laye et Fontaine- » bleau, en mes provinces de Languedoc, Provence et Dauphiné; et » pour ce qu'il pourra avoir besoin de votre assistance, tant pour » visiter les marbres qui sont en votre gouvernement, que les faire » transporter, comme je lui ai commandé, je vous prie de le favo- » riser en ce qu'il aura besoin de vous. Vous savez comme c'est chose » que j'affectionne, qui me fait croire que vous l'affectionnerez aussi, » et qu'il y va de mon contentement.

» Sur ce, Dieu vous ait, mon compère, en sa garde.

» HENRY.

» Le 3 octobre, à Chambéri. »

ouvrage qui depuis a reçu de très-grands développemens, fut publié par l'ordre du ministre de l'intérieur, pour faire connaître les localités où des carrières peuvent être utilement ouvertes (1); enfin, la loi de finances de 1822 modifia le tarif des douanes, en ce qui concerne les marbres, de manière à protéger nos exploitations naissantes, dans la lutte qu'elles ont à soutenir contre les exploitations étrangères et contre les habitudes des consommateurs français.

Ces mesures ont eu déjà de très-heureux résultats; on en jugera par les détails qui vont être donnés sur les marbres envoyés à l'exposition de 1823.

---

MM. PRÉVOST-PUGENS et compagnie, à Toulouse (Haute-Garonne), — Médaille d'argent.

Ont ouvert, dans les départemens des Hautes-Pyrénées et de la Haute-Garonne, plusieurs exploitations de marbre blanc statuaire, de marbre blanc clair et de marbres de couleur.

Le marbre blanc statuaire est tiré de *Sost*, département des Hautes-Pyrénées; il est d'un blanc éclatant et d'un tissu cristallin très-fin, parsemé de lames bien prononcées. La cohésion en est très-grande, même dans les esquilles les plus minces. Les carrières de Carrare ne fournissent point de marbres aussi beaux que celui-ci; il ne peut être comparé qu'au marbre pentélique.

M. *Bosio*, premier statuaire du Roi, a mis en

(1) *Voyez* le Rapport sur l'état actuel des carrières de marbre en France, par M. *Héricart de Thury* (*Annales des mines*, tom. VIII, 1823).

œuvre l'un des premiers blocs qui aient été obtenus des carrières de Sost. Il en a formé une statue pleine de grâce et de style, qui représente les traits chéris de Henri IV enfant.

Les autres carrières ouvertes par la compagnie *Prévost-Pugens* fournissent une suite nombreuse et variée de marbres de couleur, propres à l'architecture monumentale ou à la décoration des intérieurs, et dont quelques-uns sont très-rares, même en Italie.

Une médaille d'argent a été décernée à cette compagnie par le jury.

---

Mentions honorables.

Le jury a décidé qu'il serait fait mention honorable des exploitans de marbre dont les noms suivent :

### M. COSTALLAT, à Bagnères-de-Bigorre (Hautes-Pyrénées).

Il a ouvert plusieurs carrières dans la chaîne des Hautes-Pyrénées, qui fournissent de beaux marbres de couleur, parmi lesquels on remarque le bleu turquin veiné, et le vert semé de veines blanches, appelé *campan* par les marbriers.

### MM. Joachim COST et DELLORTE, à Bélesta (Ariége).

Ils ont remis en activité plusieurs carrières depuis long-temps abandonnées, et ils fournissent déjà à plusieurs marbriers de Paris des marbres de diverses couleurs.

M. le baron MOREL, ancien adjudant général, à Paris, rue du Faubourg Saint-Martin, n.° 142. Mentions honorables.

Il a ouvert dans le département du Nord plusieurs carrières qui fournissent des marbres analogues à ceux de Sainte-Anne, des marbres noirs et des marbres lumaquelles. Il a aussi établi une usine dans laquelle il débite ses marbres avec un grand succès, et qui approvisionne déjà plusieurs marbriers de Paris.

M. QUIVY, à Maubeuge (Nord).

Il exploite en grand du marbre lumaquelle, près de Maubeuge, et du marbre madréporique, près d'Avesnes, qu'il fait débiter dans une usine garnie de trente-deux scies constamment en activité. Ses produits rivalisent avec les marbres les plus renommés de la Belgique.

M. RINQUESENT, à Boulogne (Pas-de-Calais).

Il poursuit avec succès l'exploitation de plusieurs carrières de marbre du Boulonnais qui ont été ouvertes à l'époque de la construction de la colonne de Boulogne. Son établissement, qui est en grande activité, approvisionne plusieurs marbriers de Paris, et fournit des marbres pour les travaux publics.

---

Citations. Les exploitans de marbres dont les noms suivent, ont mérité d'être cités :

M. LAYERLE-CAPELLE, à Toulouse (Haute-Garonne).

Il exploite, dans la montagne Saint-Béat, un beau marbre blanc statuaire, qui a déjà paru à la dernière exposition, et qui a été essayé par M. *Bosio* et par M.[lle] *Julie Carpentier*. Il exploite aussi à Barbazau une belle brèche grise, brune et noire.

M. LANGLOIS-TAILLEUR, à Beauvais (Oise).

Il a entrepris, dans la vallée de l'Avelon, l'exploitation d'une carrière de marbre lumaquelle, qui est absolument semblable à celui de Bourgogne. Il fait ainsi revivre cet article de marbrerie, qui depuis long-temps était tout-à-fait abandonné.

M. MAUBON père, à Nancy (Meurthe).

Il exploite, dans les environs de Nancy, un marbre jaune veiné, dont la découverte est récente. Deux colonnes de girandoles ont été exécutées avec ce marbre pour l'église Saint-Denis, et l'on remarque, avec satisfaction, qu'il soutient très-bien le parallèle avec le marbre jaune de Sienne qui décore le maître-autel de cette belle basilique.

M. SAGSTÈTE, à Limoges (Haute-Vienne).

Il a remis en activité l'exploitation d'une carrière de serpentine située à la Roche-l'Abeille, près Limoges, et il en débite les produits dans une usine qu'il a établie. Cette carrière a été exploitée à une époque très-reculée ; on assure même qu'elle a fourni les colonnes qui décoraient l'ancien amphithéâtre romain dont on retrouve les ruines près de Limoges.

M. THIÉBAULT, à Nancy (Meurthe). Citation.

Il exploite une masse calcaire madréporique, susceptible de poli, et qu'il emploie dans la marbrerie avec un certain succès.

## SECTION II.

### *Marbres artificiels.*

M. DURAND, à Paris, rue de Bussy, n.° 19. Mention honorable.

A présenté une série de marbres artificiels, préparés par un procédé qui lui est particulier. Ces produits sont d'une grande vérité d'imitation; leur dureté est supérieure à celle du stuc; ils dénotent dans l'auteur une étude particulière des qualités et des accidens des marbres.

Le jury a décerné une mention honorable à M. *Durand.*

## SECTION III.

### *Pierres lithographiques.*

M. SERRES, sous-préfet, à Embrun (Hautes-Alpes), Mention honorable.

Déjà cité relativement aux chapeaux fabriqués en duvet de chèvres indigènes, présenta, en 1819, des échantillons de pierres propres à la lithographie. Depuis, il s'est livré à de nouvelles recherches, et il paraît être parvenu à découvrir une carrière susceptible d'être exploitée avec avantage pour cet objet.

Le jury lui a décerné une mention honorable.

## SECTION IV.

### *Albâtre gypseux.*

Les produits de sculpture en albâtre, dont on fait un grand usage dans la décoration des appartemens, étaient tous autrefois tirés de Florence. Nous possédons maintenant à Paris plusieurs fabriques de ces objets que la mode paraît adopter de plus en plus.

L'albâtre blanc nous est apporté en bloc ; nos artistes le tirent à peu de frais de l'Italie, et lui donnent une grande valeur par l'habileté avec laquelle ils le mettent en œuvre.

Une carrière d'albâtre gris a été découverte, il y a quelques années, à Lagny (Seine-et-Marne) ; elle est maintenant exploitée avec activité, et l'on en a vu à l'exposition les produits sculptés.

---

Mentions honorables.

M. GOZZOLI, à Paris, rue Jean-Jacques Rousseau, n.° 20,

Est un des premiers qui aient introduit en France le travail de l'albâtre, et qui en aient fait un véritable objet de fabrication. Son établissement a servi de modèle à ceux qui ont été formés depuis ; il en sort annuellement une grande quantité de produits qui sont fort recherchés. Mentions honorables.

M. *Gozzoli* imite heureusement les ornemens antiques. En 1819, il obtint une mention honorable, et il continue à se montrer digne de cette distinction.

M. LEROY, à Paris, Palais-Royal, n.° 114,

A exposé des pendules, des vases et autres objets exécutés en albâtre gris provenant d'une carrière qu'il exploite à Torigny près Lagny (Seine-et-Marne). Ces produits sont exécutés avec soin, et les ornemens en sont généralement bien choisis.

Le jury a décerné une mention honorable à M. *Leroy*.

---

M. FRÈRE, à Paris, rue Saint-Denis, n.° 379, Citation.

A exposé un modèle de temple circulaire, soutenu par des colonnes d'ordre dorique, en albâtre gris, provenant de la carrière de Torigny, exploitée par M. *Leroy*. Ce modèle est d'une belle exécution.

Le jury a décidé qu'il serait cité avec éloge dans le rapport.

## SECTION V.

### *Sel gemme.*

Une société composée de MM. *Tonnelier*, ancien payeur général de l'armée, *Thiébault*, lieutenant général, *Goupy* et *Balbedat*, banquiers, fut formée, il y a quelques années, pour rechercher de la houille dans les environs de Vic, département de la Meurthe. La grande sonde du mineur dont on fit usage dans ces recherches, ne traversa d'abord qu'une suite de roches argileuses, calcaires et gypseuses; mais étant arrivée à 195 pieds de profondeur, elle rapporta, le 14 mai 1819, du sel gemme très-blanc et très-pur. D'autres sondages exécutés depuis dans diverses directions, et en partant du premier comme point central, firent reconnaître que le gîte salifère était sensiblement horizontal, et qu'il s'étendait sous un espace de 30 lieues carrées environ. Sa puissance, estimée d'abord par le même moyen, parut excéder 100 pieds: maintenant on a la certitude qu'il existe neuf couches les unes au-dessous des autres, dont les six premières composeraient ensemble une masse de 130 pieds de sel, et qui sont séparées par des lits terreux de 3 à 4 pieds d'épaisseur; la neuvième couche n'a été reconnue qu'en partie; la sonde y a pénétré de 9 pieds sans la traverser entièrement.

Des travaux préparatoires, bientôt suivis de travaux d'exploitation, furent immédiatement entrepris, d'après un plan méthodique discuté en conseil général des mines; ils sont conduits actuellement par M. *Clère*, ingénieur en chef des mines, que M. le directeur général a placé sur l'établissement en qualité de directeur, et qui a su vaincre avec une grande habileté tous les obstacles que les eaux ont opposés à l'approfondissement des puits.

Le sel gemme de Vic présente quatre variétés. La première est blanche et limpide; la seconde est légèrement grise; la troisième est d'un gris cendré; la quatrième est d'un rouge plus ou moins intense.

Il résulte d'un rapport fait à l'Académie des sciences le 15 décembre 1823, par M. *d'Arcet*, 1.° que ces quatre variétés de sel ne contiennent pas sensiblement d'eau ; 2.° que la première ne renferme que du muriate de soude très-pur ; 3.° que les trois dernières doivent leur coloration à de l'argile bitumineuse ou à de l'oxide de fer ; 4.° que les échantillons les moins purs ne contiennent jamais au-delà de cinq pour cent de matières étrangères ; et qu'ils ont ainsi un degré de pureté supérieur à celui des sels qui proviennent des marais salans.

La mine de Vic est comparable, pour sa richesse et la beauté de ses produits, aux célèbres mines de Cardonne et de Wieliscka ; la découverte qui vient d'en être faite, est un événement d'une importance majeure, qui peut influer puissamment sur la prospérité de notre agriculture, de notre industrie et de notre commerce.

Le jury a décerné une médaille d'or aux inventeurs.

## SECTION VI.

### *Pierres à fusil.*

La France a long-temps été seule en possession de la fabrication des pierres à fusil, et les produits de ce genre qu'elle fournit, jouissent toujours d'une réputation qui les fait rechercher de préférence à ceux des autres pays.

C'est à Dolomieu que l'on doit la première description de cette industrie, qui est fort importante par le nombre de bras qu'elle occupe, et par le commerce étendu qui en résulte.

On estime à une minute le temps nécessaire pour confectionner complètement une pierre, et en général on admet qu'un bon ouvrier peut en tailler mille en trois jours. Les pierres de chasse sont payées à raison de 10 francs le mille, et les pierres de guerre à raison de 9 francs.

Nos principales exploitations sont situées dans les départemens de Loir-et-Cher, de l'Indre, de l'Ardeche, de l'Yonne et de Seine-et-Oise.

---

Mentions honorables. Le jury a décidé qu'il serait fait mention honorable des deux fabricans dont les noms suivent, qui ont envoyé à l'exposition des pierres à fusil très-bonnes et parfaitement taillées.

M. BESSON, à Meûne (Loir-et-Cher).

M. HERVEL, au même lieu.

## SECTION VII.

### *Tripoli.*

On fait dans les arts un grand usage du tripoli, pour polir les glaces et pour rehausser l'éclat des métaux. Il en existe de plusieurs sortes dans le commerce, savoir : celui de Corfou, plus connu sous le nom de *tripoli de Venise* ; celui d'Angleterre, appelé *rotten stone* ; celui de Ringelback, près d'Oberstein ; enfin celui de France, qui provient de Ménat, près Riom (Puy-de-Dôme), ou de Poligné, près de Rennes (Ille-et-Vilaine).

Ces diverses variétés de tripoli sont généralement dues à l'altération de certaines roches par le feu, ou par d'autres causes qui nous sont inconnues.

M. DOMET DE MONT, à Dôle (Jura), Mention honorable.

A remarqué, en étudiant la nature du grand attérissement de sable et de cailloux qui forme le bassin de la Saone, que certains galets de jaspe étaient devenus tendres, légers, et présentaient, après avoir été broyés et lavés, tous les caractères du tripoli de Corfou. Cette substance est effectivement susceptible de donner un très-beau poli aux métaux. L'exploitation en peut être avantageuse aux habitans du pays, qui n'offre par lui-même que peu de ressources.

Le jury a décerné une mention honorable à M. *Domet de Mont*, dont nous aurons occasion de parler encore en traitant des instrumens d'optique.

## SECTION VIII.

### *Graphite ou Fer carburé.*

Nous ne possédons pas encore d'exploitation de graphite; celui que nous avons employé jusqu'ici pour la fabrication des crayons, est tiré d'Angleterre ou d'Allemagne.

---

M. CHANCEL, à Briançon (Hautes-Alpes),

A découvert, dans la chaîne des Hautes-Alpes, une mine abondante de graphite, dont il a envoyé des échantillons à l'exposition. Ce graphite est analogue à celui d'Allemagne, qui sert à former les crayons communs; on a lieu d'espérer que la qualité en deviendra plus parfaite à mesure que l'on pénétrera plus avant dans l'intérieur du gîte qui le fournit.

Le jury a décerné une mention honorable à M. *Chancel.*

## SECTION IX.

### *Soufre raffiné.*

Le soufre que l'on consomme en France est en grande partie apporté brut de l'étranger; on le raffine dans nos fabriques, et on le livre au commerce à l'état de *fleurs* ou de *canon*.

---

Citation. MM. RIVIÈRE-LARTIGUE et LAFARGUE, à Bordeaux (Gironde),

Raffinent du soufre qu'ils tirent brut de Jarjanti, de Siccalana, et autres points de la Sicile et de l'Italie. Les produits de ce genre qu'ils ont présentés, ont mérité d'être cités pour leur belle qualité.

## SECTION X.

### *Jayet.*

Il existait autrefois plusieurs mines de *jai* ou *jayet* dans le département de l'Ariége; elles fournissaient la base d'une bijouterie commune qui occupe dans ce même département un grand nombre d'ouvriers. Par des causes que l'on ignore, ces mines ont cessé d'être exploitées; mais la fabrication du bijou a continué d'être fort active. Le jayet que l'on y emploie est maintenant tiré d'Espagne.

---

Médaille de bronze. MM. COULON père et fils, à la Bastide-sur-l'Hers (Ariége),

Ont exposé une suite d'échantillons de jayet très-bien taillés pour bijoux. Leur industrie est fort utile au pays ; ils occupent environ quatre cents ouvriers. En traitant de la tabletterie, nous aurons occasion de parler encore de ces fabricans, auxquels le jury a décerné une médaille de bronze pour l'ensemble de leurs produits.

---

M. Victor BERGÉ, à la Bastide-sur-l'Hers (Ariége), Mention honorable.

Travaille très-bien le jayet ; les bijoux de cette sorte qu'il a exposés, étaient d'une fort belle exécution.

Le jury lui a décerné une mention honorable.

---

# CHAPITRE XIX.

## *ARTS MÉTALLURGIQUES.*

*Le rapporteur de la commission chargée de l'examen des produits métallurgiques, M.* Héron de Villefosse, *a publié séparément son rapport. Nous y renvoyons le lecteur pour beaucoup de détails que ne comporte pas le cadre dans lequel nous sommes forcés de nous renfermer. Ce rapport est imprimé dans les* Annales des mines, *tome VIII, année 1823.*

### SECTION I.re

### *Plomb.*

L'EXPLOITATION du plomb se soutient et s'accroît en France. Les mines, long-temps négligées, de Lacroix et de Sainte-Marie, dans les départemens des Vosges et du Haut-Rhin, ont repris une activité nouvelle; et sur différens points de notre sol, notamment dans les départemens de la Charente et de la Dordogne, on a découvert de nouveaux gîtes de minerai, qui paraissent susceptibles d'être exploités avec avantage.

L'industrie française continue de s'exercer utilement sur ce métal: il a paru à l'exposition de 1823, en tables d'épaisseurs diverses, en tuyaux de tous calibres, en grains pour l'usage de la chasse, et l'on a reconnu qu'il jouissait bien de toutes les qualités qu'il doit réunir pour être amené à ces différens états..

---

M. LENOBLE, à Paris, rue des Coquilles, n.° 1, Médailles de bronze.

A exposé du plomb laminé en table, et des tuyaux fondus et étirés.

Le jury lui a décerné une médaille de bronze.

M. PAVALIER fils, à Marseille (Bouches-du-Rhône),

Mentionné honorablement en 1819,

A présenté une série de tuyaux de plomb, dans des calibres divers. Ces produits attestent les progrès du fabricant.

Le jury lui a décerné une médaille de bronze.

---

M. PÉCARD-TASCHEREAU, à Tours (Indre-et-Loire), Rappel de médaille de bronze.

Qui a obtenu une médaille de bronze en 1819, se montre toujours digne de cette distinction, par le plomb de chasse bien granulé qu'il prépare. Nous reviendrons sur ce fabricant en traitant du minium.

---

M. FALATIEU, à Bains (Vosges), Mention honorable.

A présenté du plomb fort bien laminé, à de petites épaisseurs, suivant le procédé de M. *Jeandon*. Nous

Mentions honorables.

aurons occasion de revenir, au sujet du fer-blanc, sur le grand établissement de Bains.

Le jury a décidé qu'il serait fait mention honorable du plomb laminé par M. *Falatieu.*

M. MOULIN, à Paris, à la tour Saint-Jacques de la Boucherie,

Fabrique du plomb de chasse, par imitation d'un procédé anglais, en faisant tomber du haut d'une tour le métal fondu.

Le jury lui a décerné une mention honorable.

## SECTION II.

### *Cuivre.*

L'exploitation du cuivre est toujours en activité dans le département du Rhône. L'exposition a présenté de beaux minerais de cuivre et divers produits obtenus de ces minerais qui provenaient du département de la Corrèze. Ils ont été envoyés par M. le comte *du Saillant*, préfet de la Dordogne.

---

Rappel de médailles d'or.

MM. les Entrepreneurs des FONDERIES DE ROMILLY (Eure),

Ont exposé des planches de cuivre laminé, dont une a sur-tout été distinguée par ses dimensions. Cette planche avait près de 4 mètres de longueur sur plus de 2 mètres de largeur et 2 millimètres d'épaisseur; elle pesait 201 kilogrammes 8 hectogrammes.

Ils ont exposé aussi un fond de chaudière martiné du poids de 280 kilogrammes 1/2; des clous à bordage et autres, des viroles en cuivre, ainsi que des feuilles à doublage.

Rappel de médailles d'or.

Les entrepreneurs du bel établissement de Romilly se montrent toujours dignes de la médaille d'or qui leur a été décernée en 1819.

MM. DEBLADIS, AURIACOMBE, GUÉRIN jeune et BRONZAC, à Imphy (Nièvre),

Ont exposé une planche de cuivre laminé de 5 mètres de longueur, dont la largeur surpasse 1 mètre, et dont l'épaisseur est de 0m,0045. Le poids de cette belle planche est de 308 kilogrammes 8 hectogrammes.

Ils ont aussi présenté d'autres feuilles de cuivre, dont l'une était destinée à la couverture de la cathédrale de Rouen; un fond de chaudière dont le poids est de 208 kilogrammes 9 hectogrammes; enfin des feuilles de doublage suivant le modèle de la marine française, et d'autres suivant le modèle de la marine anglaise.

Le bel établissement d'Imphy obtint, en 1819, une médaille d'or; il continue à la bien mériter.

---

MM. WITZ-STEFFAN, OSWALD frères et compagnie, à Niederbrück (Haut-Rhin),

Médaille d'argent.

Ont exposé des planches de cuivre laminé, et d'autres objets en cuivre qui sont très-bien exécutés.

Parmi les nombreux produits de leur fabrication, le jury a sur-tout distingué une coupe ou chaudière de 3 pieds de diamètre, sur 2 pieds 1/2 de profondeur, et dont le poids est de 29 kilogrammes.

Cette coupe, qui l'emporte par sa grandeur sur toutes celles qui figuraient à l'exposition, a été faite au martinet; elle prouve l'excellente qualité de la matière, et l'habileté des fabricans.

Le jury leur a décerné une médaille d'argent.

---

Médaille de bronze.

M. PARAND, à Limoges (Haute-Vienne),

A présenté des bassins de cuivre bien exécutés. Il met en œuvre beaucoup de vieux métal. Les prix de ses produits sont très-modérés.

Le jury lui a décerné une médaille de bronze.

---

Mentions honorables.

M. BOBILLIER, à Pontarlier (Doubs),

A exposé du cuivre laminé, des coupes de chaudières et des tuyères. Ces produits sont d'une exécution satisfaisante.

Le jury a décerné une mention honorable à M. *Bobillier*.

La même distinction a été accordée aux fabricans dont les noms suivent, pour cuivre bien laminé.

MM. MERTIAN frères, à Montataire (Oise),

Dont nous aurons encore occasion de parler en traitant du fer-blanc.

MM. VILLETTE frères, à Lyon (Rhône), Mentions honorables.

Dont il sera question de nouveau ci-après, pour la tréfilerie.

Ils ont exposé des bâtons de cuivre préparés pour l'étirage.

M. GARDON, à Lyon (Rhône),

Qui a aussi exposé des produits de tréfilerie dont nous parlerons plus bas.

---

Le jury voulant témoigner à M. le comte *du Saillant*, préfet de la Dordogne, toute sa satisfaction pour les échantillons de minerai de cuivre découverts à Farges, dans le département de la Corrèze, et pour les objets en cuivre provenant de ces minerais, a décidé que les produits dont il s'agit seraient cités dans le rapport. Citation.

## SECTION III.

### *Zinc.*

La ductilité que l'on est parvenu à donner au zinc, à ce métal qui fut long-temps regardé comme imparfait, et même nommé *demi-métal*, dépend en grande partie de l'habileté avec laquelle on le traite. De grandes difficultés ont été vaincues à cet égard.

---

Médailles d'argent.

MM. TALABOT et compagnie, à Paris, rue de la Fidélité, n.° 7,

Ont exposé des baignoires, des robinets et d'autres objets en zinc. Tous ces produits sont en général bien fabriqués, et les prix en sont inférieurs d'un tiers à ceux des mêmes objets confectionnés en cuivre.

M. *Talabot* est un ancien élève de l'école polytechnique; il a étudié la fabrication du zinc dans les plus célèbres établissemens de l'Europe.

Le jury a décerné une médaille d'argent à sa compagnie.

M. MOSSELMAN, à Valcanville (Manche), et à Paris, rue de la Chaussée-d'Antin, n.° 7,

Est propriétaire de la célèbre mine de zinc dite *de la Vieille-Montagne*, dans le pays de Limbourg, et d'une usine qui a été construite à Liége, pour le traitement de ce métal. Il a récemment transporté une partie de son industrie dans le département de la Manche, à Valcanville. Les produits qu'il a exposés étaient tous d'une fabrication soignée; on y remarquait des feuilles de zinc, des clous pour le doublage des vaisseaux, des tuyaux, des gouttières et d'autres objets également en zinc.

Le jury a décerné une médaille d'argent à M. *Mosselman*.

M. le baron SAILLARD, à Paris, rue de Clichy, qui a succédé à M. le baron *de Contamine* dans les établissemens de Fromelenne, Givet, Floymont et Ryppel (Ardennes),

Rappel de médaille d'argent.

A exposé de grandes feuilles de zinc et des cahiers présentant ce métal laminé à de très-petites épaisseurs.

M. le baron *Saillard* obtint, en 1819, une médaille d'argent, dont il se montre de plus en plus digne. Nous aurons occasion de revenir sur son établissement, en traitant du laiton.

## SECTION IV.

### *Laiton.*

La fabrication du laiton, qui s'est naturalisée en France depuis environ douze ans, y a pris un grand développement; on a la preuve des progrès qu'elle a faits dans les produits qui ont été présentés à l'exposition de 1823.

---

Le jury a décidé qu'il serait fait mention honorable des fabricans dont les noms suivent:

Mentions honorables.

MM. WITZ-STEFFAN, OSWALD frères et compagnie, à Niederbrück (Haut-Rhin),

Déjà cités relativement au cuivre.

Ils ont présenté des feuilles de laiton très bien fabriquées.

Mention honorable.

M. le baron SAILLARD, à Paris, rue de Clichy,

Déjà cité relativement au zinc.

Il a présenté des feuilles de laiton convenablement préparées.

MM. les Entrepreneurs des fonderies de ROMILLY (Eure),

Déjà cités relativement au cuivre.

Ils ont présenté des feuilles et des chevilles de laiton parfaitement fabriquées.

## SECTION V.

### *Fonte de fer.*

Parmi les nombreux produits en fonte de fer qui ont figuré l'exposition de 1823, on a sur-tout distingué ceux qui provenaient de l'établissement du Janon, près Saint-Étienne (Loire); ils offraient un exemple récent, jusqu'à présent unique en France, de la fusion du minerai de fer des houillères, traité sans addition d'autre minerai, par le moyen de la houille.

---

Médaille d'or.

La Compagnie des mines de fer de SAINT-ÉTIENNE AU JANON, près Saint-Étienne (Loire),

Dont l'établissement a été formé en 1821, sous la direction de M. *de Gallois*, ingénieur en chef des mines, obtient de bonne fonte par le moyen de la houille et du minerai de fer des houillères. Les échantillons du fer qui en résulte possèdent, en général, les qualités qui caractérisent un bon fer obtenu par le même procédé.

Le jury a décerné une médaille d'or à la compagnie des mines de fer de Saint-Étienne.

---

MM. BEAUNIER et MILLERET, à Saint-Hugon (Isère), — Rappel de médaille d'or.

Obtinrent chacun une médaille d'or en 1819, à raison des perfectionnemens qu'ils ont apportés dans la fabrication de la fonte pour acier.

Le jury a reconnu avec satisfaction qu'ils étaient de plus en plus dignes de cette récompense.

---

M. le marquis DE LOUVOIS, à Ancy-le-Franc (Yonne), — Médailles d'argent.

A envoyé des échantillons d'une fonte douce et malléable, provenant d'une usine nouvellement établie, qu'il alimente d'excellens minerais, par lui découverts. Cette fonte se laisse limer, buriner, tarauder et travailler au tour; elle est susceptible d'un poli analogue à celui de l'acier.

Le jury a décerné une médaille d'argent à M. le marquis *de Louvois*.

MM. DEROSNES et VERTEL, au fourneau de la Grâce-Dieu (Doubs),

Ont présenté des ustensiles de ménage en fonte de fer émaillée.

Cétte fabrication présente une application en grand du procédé imaginé par M. le docteur *Schweig-Haeuser*, et qui lui mérita, en 1818, le prix qui avait été proposé pour l'objet dont il s'agit, par la société d'encouragement. Aux termes du programme, l'émail appliqué à la fonte devait être inattaquable par l'action du feu ordinaire, par les acides et par les substances grasses.

MM. *Derosne* et *Vertel* satisfont bien à ces conditions; on observe même que la fonte déjà très-bonne qu'ils emploient, est encore adoucie et rendue moins cassante par l'action de l'émail dont ils la revêtent.

Le jury leur a décerné une médaille d'argent.

---

Médailles de bronze.

MM. WADINGTON frères, à Saint-Remy-sur-Avre (Eure-et-Loir),

Ont présenté des pièces de machines, coulées au sable vert par un mélange de fonte française et de fonte étrangère. Ces fabricans fournissent des machines à beaucoup de manufactures.

Le jury leur a décerné une médaille de bronze.

M. MENTZER, à Paris, rue Saint-Victor, n.° 44,

Qui fut mentionné honorablement en 1819, pour des mortiers en fonte de fer, tournés et polis, a étendu ce genre d'industrie à divers autres objets, tels que colonnes de balance et mortiers de lapidaire.

Le jury lui a décerné une médaille de bronze.

MM. DUMAS, à Paris, aux Quinze-Vingts, — Médaille de bronze.

Qui obtinrent en 1819 une mention honorable pour des roulettes en fonte de fer, ne se sont pas contentés de perfectionner cette industrie; ils y ont ajouté avec succès une fabrication de cuillers et fourchettes, de boucles de sellerie, de médailles, d'ornemens et de bijoux en fonte. Ces produits soutiennent la comparaison avec les objets du même genre qui proviennent des célèbres fonderies de la Prusse.

Le jury a décerné à MM. *Dumas* une médaille de bronze.

---

MM. BLUM, à Magny-Vernois et à Saint-George (Haute-Saone), — Mentions honorables.

Ont exposé de beaux objets coulés en fonte de fer. Le jury leur a décerné une mention honorable.

La même récompense a été accordée à

MM. SAGNARD, MENU et compagnie, à Saint-Étienne (Loire),

Pour divers articles de quincaillerie en fonte de fer douce, qui sont d'une belle exécution.

---

MM. RISLER et RIXON, à Cernay (Haut-Rhin),

Exécutent avec une grande précision des pièces de machines, en fonte de fer, coulées au sable vert. La fonte qu'ils emploient provient d'usines françaises. Nous aurons occasion de revenir, en traitant des machines, sur l'établissement de MM. *Risler et Dixon;* ils auraient reçu la médaille d'argent pour les produits que nous considérons ici particulièrement, s'ils n'avaient été jugés dignes de la médaille d'or au sujet des machines par eux exposées.

## SECTION VI.

### *Fer.*

C'est en 1823, pour la première fois, que la France voit figurer parmi les produits de son industrie une grande quantité de fer en barres, affiné dans des fourneaux à réverbère par le moyen de la houille, et étiré à l'aide du laminoir à cylindres cannelés.

L'exposition de 1819 présentait, à cet égard, de premiers essais qui promettaient d'importantes améliorations; mais, à cette époque, on n'avait encore affiné la fonte de fer au fourneau de réverbère avec la houille brute, que dans le département de l'Isère, à l'usine de Vienne; et l'on n'avait fabriqué le fer en barre par le moyen de laminoirs diversement cannelés, que dans le département du Cher, aux forges de Grossouvre.

Aujourd'hui, le territoire français possède près de vingt établissemens, tous créés depuis 1819, dans lesquels est en activité l'exécution complète du procédé d'affinage et de laminage, que l'on connaît depuis environ trente ans, sous la dénomination de *forge à l'anglaise*.

Chacun de ces établissemens est susceptible de fournir annuellement 50,000 quintaux métriques environ de fer affiné; on peut donc en estimer le produit total à un million de quintaux métriques. Cette quantité représente à peu près notre consommation : ainsi le moment n'est pas éloigné où le travail du fer va nécessairement subir, en France, une révolution dont les résultats seront aussi graves qu'ils sont difficiles à prévoir.

---

M. de Wendel, à Moyœuvre et à Hayange (Moselle), Médailles d'or.

Possède deux grandes usines qui étaient connues pour ne fournir que des fers cassans, lorsque ces fers étaient affinés au charbon de bois. Depuis que M. *de Wendel* a introduit dans ses établissemens l'affinage à la houille, la qualité de ces mêmes fers s'est considérablement améliorée.

M. *de Wendel* occupe environ 1200 ouvriers, tous français ; il les a formés lui-même, sans le secours d'aucun ouvrier anglais. Nous aurons occasion de revenir sur les beaux établissemens qu'il exploite, lorsque nous traiterons du fer blanc.

Le jury décerne une médaille d'or à M. *de Wendel* pour l'ensemble de ses produits.

MM. Labbé et Boigues frères, à Fourchambault (Nièvre),

Ont présenté du fer affiné à la houille et forgé au laminoir dans la grande usine qu'ils ont récemment créée. Cet établissement est la suite des forges de Grossouvre (Cher), qui, sous le nom de MM. *Pal-*

*liot* et *Labbé*, obtinrent une médaille d'or en 1819, pour l'étirage du fer au laminoir. Actuellement les forges de Grossouvre sont transférées à Fourchambault. Cette vaste usine, qu'on peut regarder comme un monument de l'industrie française, renferme dix fourneaux à réverbère, et le nombre en sera encore augmenté. La fonte de fer, obtenue au bois, lui est assurée par neuf hauts fourneaux, dont cinq sont situés dans le Berri, et quatre dans le Nivernais.

Le jury a décerné à MM. *Labbé* et *Boigue* frères une médaille d'or.

Rappel de médailles d'or.

L'habile directeur des forges de cette compagnie, M. *Dufaud*, obtint, en 1819, une semblable médaille, dont il se montre de plus en plus digne.

MM. MERTIAN frères, à Montataire (Oise),

Déjà cités relativement au cuivre, ont présenté de bon fer fabriqué avec de vieille fonte par le moyen de la houille et du laminoir. Cet important produit les rend de plus en plus dignes de la médaille d'or qu'ils ont obtenue en 1819.

---

Médailles d'argent.

MM. AUBERTOT père et fils, à Vierzon (Cher),

Mentionnés honorablement en 1819,

Ont exposé un bandage de roue percé à froid par le moyen d'une mécanique. Cette fabrication, qui est en activité constante dans la forge de Vierzon, prouve, ainsi que les autres produits de la même usine, l'excellente qualité des fers que MM. *Aubertot* répandent en grande quantité dans le commerce. Médailles d'argent.

Le jury leur a décerné une médaille d'argent.

MM. THUÉ et MATHER, à Crozon (Indre),

Ont exposé des fers en verges pour la clouterie, qui sont de très-bonne qualité.

Le jury leur a décerné une médaille d'argent.

---

Les forges de Moncey (Doubs), appartenant à M. le maréchal duc DE CONEGLIANO, Médailles de bronze.

Ont envoyé des échantillons d'un très-bon fer, affiné à la houille, mais forgé au marteau. Le jury a décerné une médaille de bronze à cet important établissement.

---

M. le maréchal duc DE RAGUSE

A entrepris, dans ses forges de Châtillon (Côte-d'Or), des essais pour l'affinage du fer par le moyen du bois, dans le fourneau à réverbère, et pour l'étirage de ce métal au laminoir.

Les produits provenant de ces essais, qui ont été envoyés par M. le maréchal, ont excité un grand intérêt; mais comme ils n'avaient point été soumis à l'examen préalable du jury spécial d'admission, le jury s'est vu, avec regret, forcé de les exclure du concours.

## SECTION VII.

## *Acier.*

L'exposition de 1823 était plus riche en acier français que ne l'a été aucune des expositions précédentes. On y a vu des aciers de toutes sortes, naturels, cémentés, fondus, qui avaient été envoyés par dix-neuf départemens. L'excellente qualité de ces aciers est attestée par la bonté des divers objets dont ils sont la base, et qui seront ultérieurement considérés sous les titres *Faulx, Limes, Scies*, &c., &c.

---

Médailles d'or.

MM. JACKSON père et fils, à Outrefurens (Loire),

Ont exposé des barres d'acier fondu, des lingots de même matière, remarquables par leur grosseur, et dont l'une des extrémités était forgée. Les outils qui ont été fabriqués avec ces aciers, se sont montrés capables du meilleur service.

Le jury a décerné une médaille d'or à MM. *Jackson* père et fils.

M. RUFFIÉ, à Foix (Ariége),

Fabrique des aciers naturels et des aciers cémentés dont l'excellente qualité est prouvée par celle des faulx et des limes qui en résultent dans le même établissement. L'acier naturel de M. *Ruffier* est obtenu par l'ancienne méthode catalane, qu'il s'occupe constamment à améliorer. Ce fabricant obtint une médaille d'argent en 1819 ; le jury lui décerne une médaille d'or. Médailles d'or.

MM. BERNADAC père et fils, à Sahorre et à Ria (Pyrénées-Orientales),

Ont modifié avec succès la méthode catalane pour la fabrication de l'acier naturel. Les aciers qu'ils obtiennent sont constamment de bonne qualité ; au lieu que ceux qui résultent des procédés ordinaires, n'offrent souvent que des mélanges variables de fer et d'acier, qui sont connus sous le nom d'*étoffes*. MM. *Bernadac* préparent aussi des aciers cémentés de très-bonne qualité. Le jury leur a décerné une médaille d'or.

MM. GARRIGOU, SANS et compagnie, à Toulouse (Haute-Garonne), Rappel de médailles d'or.

Fabriquent des aciers cémentés qui sont recherchés pour la coutellerie fine, et dont ces fabricans emploient eux-mêmes une grande partie pour fabriquer des limes et des faulx de la meilleure qualité.

Une médaille d'or leur fut décernée en 1819 ; ils se montrent de plus en plus dignes de cette récompense.

M. BEAUNIER, ingénieur en chef des mines, à la Bérardière (Loire) et à Rives (Isère),

Obtint une médaille d'or en 1819, pour l'excellente qualité de ses aciers fondus et autres. Cette récompense est de plus en plus méritée. Les aciers provenant de ces deux établissemens sont susceptibles

Rappel de médailles d'or.

d'être étirés en baguettes dans les plus petites dimensions.

MM. MONTMOUCEAU père et fils, et compagnie, à Orléans (Loiret),

Fabriquent des aciers cémentés de la meilleure qualité; ils continuent de mériter la médaille d'or qui leur fut décernée en 1819. Ces fabricans ont aussi présenté des limes et des râpes dont nous parlerons plus bas.

M. SAINT-BRIS, à Amboise (Indre-et-Loire),

Fabrique, en partie avec des fers de Suède, des aciers cémentés et des limes dont la qualité ne laisse rien à desirer. C'est depuis l'année 1819 que M. *Saint-Bris* a joint la fabrication des aciers à celle des limes; il continue de mériter la médaille d'or qui lui fut décernée à cette époque.

M. DEQUENNE, à Raveau (Nièvre),

Obtint une médaille d'or en 1819, pour la bonne fabrication de ses aciers cémentés. Il continue de mériter cette médaille pour les mêmes produits.

---

Médaille d'argent.

M. RIVALS, aux forges de Guincla (Aude),

Fabrique des aciers cémentés qui attestent les progrès de son industrie. En 1819, il obtint une médaille de bronze; le jury lui a décerné une médaille d'argent.

M. JUDDELAJUDIE, à Champagnac (Haute-Vienne), Médaille d'argent.

Fabrique des aciers naturels corroyés, de très-bonne qualité, qui ont été particulièrement essayés dans la manufacture royale d'armes de *Tulle*, et reconnus propres à la fabrication des baïonnettes. Ce fabricant fut mentionné honorablement en 1819; le jury lui décerne une médaille d'argent.

MM. ROCHET-SIRODOT et compagnie, à Bèze (Côte-d'Or), Rappel de médaille d'argent.

Fabriquent, à la manière du Tyrol et de la Carinthie, de l'acier naturel, qu'ils raffinent à divers états; ils fabriquent aussi de la tôle d'acier et des limes de bonne qualité.

MM. *Rochet-Sirodot* et compagnie, obtinrent, en 1819, une médaille d'argent dont ils se montrent toujours dignes.

---

M. BERTHIER, aux forges de Bizy (Nièvre), Médaille de bronze.

Fabrique de l'acier de bonne qualité, qui provient de la fonte de fer que lui procure le haut fourneau de cette même usine.

Le jury lui a décerné une médaille de bronze.

---

Les fabricans dont les noms suivent ont mérité d'être mentionnés honorablement: Mentions honorables.

M. PAYSSÉ, à Creutzwald (Moselle).

Il fabrique de l'acier naturel de divers échantillons avec les fontes qui proviennent de ses hauts fourneaux. Ses produits sont de bonne qualité.

Mentions honorables.

M. FALATIEU jeune, à la forge de Pont-du-Bois (Haute-Saone).

Il fabrique de l'acier avec un succès digne d'éloges.

MM. LASSÈRE et LENORMAND, à Paris, rue Saint-Germain-l'Auxerrois, n.° 75.

Ils traitent l'acier fondu et cémentent le fer pour en fabriquer des instrumens tranchans.

M. BRÉANT, vérificateur général des essais à la monnaie de Paris.

Ce savant a exposé plusieurs échantillons d'acier fondu, et il s'est livré à d'utiles recherches sur la composition de cet acier. Nous reviendrons sur ses découvertes en métallurgie, lorsque nous traiterons des armes blanches.

## SECTION VIII.

### *Tôles et Fers noirs.*

La réputation des tôles françaises, déjà confirmée par l'exposition de 1819, a reçu un nouvel accroissement de celle de 1823. Les produits de ce genre qui ont été envoyés par les départemens de la Moselle, de la Nièvre, de la Côte-d'Or et du Bas-Rhin, étaient remarquables, les uns par leur nouveauté, les autres par leurs dimensions vraiment extraordinaires, tous par leur excellente confection.

MM. DEBLADIS, AURIACOMBE, GUÉRIN jeune et BRONZAC, à Imphy (Nièvre), Médailles d'or.

Déjà mentionnés relativement au cuivre,

Fabriquent de très-belles tôles de fer au laminoir. L'une des feuilles qu'ils ont présentées avait 2m,4 de longueur, 1m, 65 de largeur, et 0m, 0067 d'épaisseur; elle pesait 202 kilogrammes 1/2.

Ils ont aussi présenté deux fonds de chaudière de fer qui ont été fabriqués au martinet: le plus considérable avait 1m,45 de diamètre sur 0m,12 de relevé ou de profondeur; il pesait 87 kil. 1/2.

La parfaite exécution de ces produits est une nouvelle preuve de l'habileté des fabricans; le jury leur a décerné une médaille d'or.

M. FOUQUES, à Pont-Saint-Ours (Nièvre),

Fabrique au laminoir de la tôle dont l'excellente qualité est prouvée par les fers blancs de la même manufacture. Cette tôle est tellement ductile, qu'elle se laisse courber sur un même point en deux sens différens, et qu'elle se prête à recevoir les formes les plus compliquées.

Le jury a décerné à M. *Fouques* une médaille d'or.

---

MM. ROCHET-SIRODOT et compagnie, à Bèze (Côte-d'Or), Mention honorable.

Déjà cités relativement à l'acier,

Ont exposé des tôles d'acier dont la qualité justifie ce qui a été dit plus haut du mérite de ces fabricans.

Le jury a décidé qu'ils seraient mentionnés honorablement pour la tôle d'acier.

## SECTION IX.

### *Fer blanc.*

Les fers blancs exposés provenaient des départemens des Vosges, de la Moselle, de la Haute-Saone, de la Nièvre et de l'Oise.

On a beaucoup perfectionné la fabrication de ce produit métallurgique, non-seulement par l'usage du laminoir, qui est devenu presque général dans les usines françaises, mais encore par les procédés au moyen desquels on décape les feuilles de tôle dans des fourneaux d'une construction particulière, avant de soumettre ces feuilles à l'action d'un léger acide, et enfin à l'étamage.

---

Médaille d'or.

M. DE WENDEL, à Moyœuvre et à Hayange (Moselle),

Déjà cité relativement au fer,

A exposé du fer blanc de la meilleure qualité. Ce produit a été pris en considération par le jury, qui a décerné à M. *de Wendel* une médaille d'or.

Rappel de médaille d'or.

MM. MERTIAN frères, à Montataire (Oise),

Déjà cités relativement au cuivre et au fer,

Ont exposé de très-beaux fers blancs, exécutés au laminoir. Ces fabricans se montrent de plus en plus dignes de la médaille d'or qui leur a été accordée en 1819.

---

M.[me] V.[e] DEBUYER, à la forge de Chaudeau (Haute-Saone), Médaille d'argent.

Fabrique du fer blanc très-ductile et bien étamé, qui prouve les progrès de son industrie, déjà mentionnée honorablement en 1819.

Le jury lui a décerné une médaille d'argent.

M. FALATIEU, à Bains (Vosges),

Déjà mentionné relativement au plomb,

A exposé des fers blancs parfaitement fabriqués. En 1819, il obtint pour ce produit une médaille de bronze; les progrès qu'il a faits depuis déterminent le jury à lui décerner une médaille d'argent.

MM. DEBLADIS, AURIACOMBE, GUÉRIN jeune, à Imphy (Nièvre),

Déjà cités relativement au cuivre et à la tôle,

Ont exposé des fers blancs de belle qualité, qui partagent la récompense accordée à leur usine.

M. FOUQUES, à Pont-Saint-Ours (Nièvre),

Déjà cité relativement à la tôle,

A présenté de très-bons fers blancs, qui partagent la récompense accordée à ce fabricant pour l'ensemble de ses produits.

## SECTION X.

### *Tréfilerie.*

Les produits des tréfileries françaises prouvent, à-la-fois, l'excellente qualité des métaux employés et des filières à l'action desquelles on les soumet.

Il y a quelques années, la fabrication des fils métalliques était encore exécutée en France par le moyen de tenailles qui laissaient sur le métal étiré l'empreinte d'une morsure nuisible. Aujourd'hui cet ancien procédé est presque généralement remplacé par une machine fort simple, au moyen de laquelle le fil étiré s'applique sur un cylindre tournant, dit *bobine*, et se trouve ainsi fabriqué sans morsure.

---

Rappel de médaille d'or.

M. MOUCHEL fils, à l'Aigle (Orne),

A exposé des fils de cuivre, de fer et de zinc. Ce fabricant obtint, en 1816, une médaille d'or. Il s'en montre de plus en plus digne par la perfection de ses produits.

---

Médailles d'argent.

MM. PEYRET et compagnie, à Val-Benoist (Loire),

Fabriquent, avec l'acier qu'ils préparent eux-mêmes, d'excellens fils de diverses grosseurs.

Le jury leur a décerné une médaille d'argent.

MM. MOURET DE BARTERANS et compagnie, aux Forges de Chenecey (Doubs),

Ont exposé des fils de fer, d'acier et de laiton. Leur fabrication est considérable ; ils ont perfectionné leurs machines, leurs bouches à feu et leurs procédés.

Le jury leur a décerné une médaille d'argent.

MM. VILLETTE frères, à Lyon (Rhône),

Déjà cités relativement au cuivre,

Ont exposé des fils ou *traits* en argent faux et en

dorure fine, de différentes grosseurs. Leurs produits ont parfaitement résisté aux essais. Médailles d'argent.

Le jury leur a décerné une médaille d'argent.

M. PRIMOIS, à l'Aigle (Orne),

Fabrique du fil d'acier fondu, qu'il étire à une longueur de plus de 1000 mètres, sans lui faire subir aucun recuit.

Les produits de cet industrieux fabricant sont recherchés pour l'importante fabrication des cardes, et pour celles des aiguilles.

Le jury lui a décerné une médaille d'argent.

M. GARDON, à Lyon (Rhône), Rappel de médaille d'argent.

Est parvenu à donner aux traits d'argent *mi-fins* la finesse du *trait* de la dorure fine, qui est connu dans le commerce sous la dénomination de 12 P. M. *Gardon* reçut, en 1819, une médaille d'argent; il est de plus en plus digne de cette récompense.

---

M. MIGNARD-BILLINGE, à Belleville, près Paris, Médaille de bronze.

Étire à la filière du fer et du cuivre pour l'horlogerie, et en général pour la mécanique. Ses produits, parmi lesquels on distingue des fils d'acier, se recommandent autant par une bonne qualité que par une belle exécution.

Le jury lui a décerné une médaille de bronze.

---

Mentions honorables.

MM. WITZ-STEFFAN, OSWALD frères et compagnie, à Niederbrück (Haut-Rhin),

Déjà cités relativement au cuivre et au laiton,

Ont mérité d'être mentionnés honorablement, à raison des fils métalliques et traits qu'ils ont exposés.

La même distinction est due

A M. ROUSSET, de Paris, rue Guérin-Boisseau, n.° 45,

Pour cordes à instrumens, en fil métallique, dont la qualité est au moins égale à celle des cordes venant de l'étranger, et qui peuvent être données à trente pour cent au-dessous du prix de ces dernières.

Et à M. FALATIEU, à Bains (Vosges),

Déjà cité relativement au plomb et au fer blanc, qui a exposé de très-bon fil de fer.

# CHAPITRE XX.

## OUTILS, INSTRUMENS, OBJETS DIVERS EN FER ET EN ACIER.

### SECTION I.re

### *Faulx et Faucilles.*

QUATRE départemens, l'Ariége, le Puy-de-Dôme, la Haute-Garonne et le Doubs, ont envoyé des faulx à l'exposition.

L'accroissement que cette branche d'industrie continue de prendre, ajoute à l'espérance qu'elle avait fait concevoir, dès 1819, de voir la France enfin affranchie de l'importation des faulx étrangères.

Les faulx françaises ont été comparées avec les meilleures faulx étrangères, et l'on a trouvé qu'elles n'étaient inférieures à ces dernières, ni pour la dureté, ni pour la ductilité; elles ont toutes une forme convenable, et le poids en est bien proportionné aux dimensions.

---

M. RUFFIÉ, à Foix (Ariége), Médailles d'or.

Déjà cité relativement à l'acier,

A fabriqué 42920 faulx, en l'année 1822. Son usine est montée pour aller beaucoup au-delà de ce nombre de pièces. Tous ses ouvriers sont Français.

Médailles d'or.

La bonne qualité et le prix modéré de ses faulx, l'excellence de ses aciers, tout se réunit pour donner une haute idée de son établissement.

Nous avons déjà dit qu'une médaille d'or avait été décernée à M. *Ruffié*, pour l'ensemble de ses produits.

## MM. GARRIGOU, SANS et compagnie, à Toulouse (Haute-Garonne),

Déjà cités relativement à l'acier,

Fabriquent annuellement 90000 faulx avec les aciers qu'ils préparent eux-mêmes. Leur établissement a reçu beaucoup d'accroissement depuis l'année 1819, et ils ont aussi perfectionné leurs procédés.

Leur fabrique de faulx partage avec l'acier la médaille d'or qui leur a été accordée.

---

Médailles de bronze.

Une médaille de bronze a été décernée à chacun des fabricans dont les noms suivent :

## M. BILLOT, à la Ferrière-sous-Jougu e(Doubs).

Il fabrique de très-bonnes faulx, avec de l'acier qu'il prépare lui-même.

## M. NICOD, commune des Gras (Doubs).

Il fabrique de bonnes faulx avec des aciers qu'il tire en partie de la Styrie.

## M. BOUFFON, à Sauxillanges (Puy-de-Dôme).

Il fabrique des faulx d'un prix modique et de bonne qualité.

---

Le jury a décidé qu'il serait fait mention honorable de Mention honorable.

MM. Perrenet et Monget, à Pontarlier (Doubs),

Qui ont récemment établi une usine dans laquelle ils fabriquent des faulx, des limes, des rasoirs et des outils, avec une sorte d'acier de cémentation qu'ils préparent eux-mêmes, en employant la tourbe comme combustible.

## SECTION II.

### *Limes et Râpes.*

Dix-neuf envois de limes et râpes ont figuré à l'exposition de 1823 ; on avait remarqué avec plaisir, en 1819, dix envois de ce genre, parce qu'on se rappelait que l'exposition de 1806 n'en avait offert que sept, dont on s'était néanmoins félicité à cette époque. Aujourd'hui la fabrication des limes et râpes a pris en France un tel développement, qu'elle peut suffire à notre consommation et à une exportation très-étendue.

---

M. Rémond, à Versailles (Seine-et-Oise), Médailles d'or.

S'est placé au premier rang dans les essais comparatifs qui ont été faits de ses produits et de ceux des autres fabricans. Toutes ses limes sont fabriquées avec des aciers de la Bérardière (Loire). Elles sont préférées aux limes étrangères, même dans les ports de mer, où il est cependant facile de se procurer ces dernières. M. *Rémond* occupe un grand nombre

Médailles d'or.

d'orphelins, qu'il instruit gratuitement; il a formé beaucoup de bons ouvriers qui ont répandu la fabrication des limes dans toute la France.

Le jury lui a décerné une médaille d'or.

MM. COULAUX et compagnie, à Molsheim (Bas-Rhin),

Ont introduit, depuis deux ans, dans leur belle manufacture, la fabrication des limes et râpes. Ces produits sont de la meilleure qualité. (Voyez *Scies* et *Outils divers.*)

Rappel de médaille d'or.

M. SAINT-BRIS, à Amboise (Indre-et-Loire),

A présenté des limes de la meilleure qualité. Sa fabrique est la première qui ait été établie en France; elle date de l'année 1784. Nous avons dit plus haut que la fabrication de l'acier y avait été introduite avec le plus grand succès, depuis l'année 1819. Ce bel établissement mérite toujours de plus en plus, par son ensemble, la médaille d'or qui lui fut accordée à l'époque de la précédente exposition.

---

Médailles d'argent.

M. MUSSEAU, à Paris, faubourg Saint-Antoine, n.° 137,

A présenté de très-bonnes limes fabriquées avec les aciers français de la Bérardière (Loire).

Le jury lui a décerné une médaille d'argent.

MM. ABAT, SANS et MORLIÈRE, à Pamiers (Ariége),

Ont établi, en 1819, une fabrique dont les progrès ont été très-rapides, et qui fournit abondamment au commerce des limes très-bonnes, et à des prix modérés.

Le jury leur a décerné une médaille d'argent.

---

MM. JAUNEZ et compagnie, au Paraclet (Aube),

Médailles de bronze.

Ont récemment établi une fabrique de limes en paille, et de façon anglaise; leurs produits sont de bonne qualité.

Le jury leur a décerné une médaille de bronze.

M. SCHMIDT, à Ménil-Montant, près Paris,

Fabrique, avec l'acier de la Bérardière (Loire), de bonnes limes diversement taillées. Son entreprise, quoique récente, obtient déjà des succès dignes d'éloges.

Le jury lui a décerné une médaille de bronze.

M. CONTAMINE, à Paris, rue du Faubourg Saint-Antoine, n.° 105.

A présenté des râpes à l'usage des sculpteurs, qui sont d'une grande finesse, et qui ont la propriété de donner toujours, sur le marbre ainsi que sur le bois, une surface bien polie, exempte de toute rayure.

Nous aurons encore occasion de parler de M. *Contamine* en traitant de la bronzerie.

Le jury lui a décerné une médaille de bronze pour l'ensemble de ses produits.

---

Mentions honorables.

Les fabricans dont les noms suivent ont mérité d'être mentionnés honorablement, pour les limes de bonne qualité qu'ils ont exposées :

M. DEQUENNE, à Raveau (Nièvre),

Qui a obtenu le rappel d'une médaille d'or pour acier de cémentation.

M. FOUQUES, à Pont Saint-Ours, (Nièvre).

Sa fabrique a été montée récemment par le chef d'une maison anglaise de Sheffield.

M. RIVALS, aux forges de Gincla (Aude),

Qui a obtenu une médaille d'argent pour acier de cémentation.

MM. ROCHET-SIRODOT et compagnie, à Bèze (Côte-d'Or),

Qui ont obtenu le rappel d'une médaille d'argent pour acier naturel.

MM. AUBERT et SOMBORN, à Boulay (Moselle).

MM. LÉGER et ÉMON, à Châville (Seine-et-Oise).

M. PUPIL, à Paris, rue de l'Oursine, n.° 64.

M. RENARD, à Paris, rue Gervais-Laurent, n.° 1.

M. DESSOYE, à Brevannes (Haute-Marne). Mentions honorables.

MM. GARRIGOU, SANS et compagnie, à Toulouse (Haute-Garonne),

Déjà mentionnés en 1819, et qui ont obtenu le rappel d'une médaille d'or, pour acier propre à la coutellerie fine.

MM. MONTMOUCEAU père et fils, et compagnie, à Orléans (Loiret),

Qui ont obtenu le rappel d'une médaille d'or pour acier de cémentation.

M. RUFFIÉ, à Foix (Ariége),

Qui a obtenu une médaille d'or pour acier naturel et acier de cémentation.

## SECTION III.

### *Scies.*

MM. COULAUX et compagnie, à Molsheim (Bas-Rhin),

Déjà cités relativement aux limes et râpes,

Ont introduit, depuis 1819, dans leur usine, la fabrication des scies laminées et trempées en acier naturel et en acier fondu. Parmi ces produits, on a surtout remarqué de grandes scies dites *passe-partout*, qui sont destinées à couper les arbres en travers. (Voyez *Outils divers.*)

Médaille d'argent.

MM. PEUGEOT frères et SALIN, à Hérimoncourt (Doubs),

Fabriquent des lames de scies et d'autres objets laminés de fer et d'acier. Ils préparent aussi des ressorts pour l'horlogerie. En 1819, ils reçurent une médaille de bronze; leurs progrès depuis cette époque ont déterminé le jury à leur accorder une médaille d'argent.

---

Médailles de bronze.

MM. AUBERT et SOMBORN, à Boulay (Meurthe),

Déjà cité relativement aux limes,

Fabriquent de bonnes scies et d'autres outils, dans une usine qu'ils ont récemment établie. Le jury leur a décerné une médaille de bronze.

M. MONGIN, à Paris, rue Galande, n.° 63,

Fabrique des scies de forme circulaire et des scies mécaniques; au moyen de ces dernières, on obtient vingt-cinq feuilles de placage dans l'épaisseur d'un pouce de bois. Le jury décerne une médaille de bronze à M. *Mongin.*

## SECTION IV.

### *Aiguilles.*

Il y a peu de temps encore que la France ne possédait point de manufactures d'aiguilles; aujourd'hui l'on en compte trois : deux à l'Aigle, dans le département de l'Orne, et une à Paris. Un seul de ces établissemens a envoyé des produits à l'exposition; il a été créé en 1820. C'est celui dont nous allons parler.

---

MM. SEVIN DE BEAUREGARD et VANHOUTEM, à l'Aigle ( Orne ),

Médaille de bronze.

Ont exposé des aiguilles à coudre et à tricoter, qui sont cannelées et percées au moyen d'une machine. Ces aiguilles sont de bonne qualité et d'un prix modique.

Le jury décerne à MM. *Sevin de Beauregard* et *Vanhoutem* une médaille de bronze.

## SECTION V.

### *Cardes.*

La perfection des cardes en fil de fer qui sont employées dans nos manufactures de tissus, est attestée par les beaux produits de ces établissemens.

---

M. HACHE-BOURGOIS, à Louviers ( Eure ),
Qui obtint, en 1806, une médaille d'argent,

Médaille d'or.

Fabrique de belles cardes par des procédes mécaniques. Son établissement, qui fut encouragé par Louis XVI, occupe plus de 1000 ouvriers, au nombre desquels on compte les enfans et les femmes des hospices de plusieurs villes. Dans un ruban de carde, dit *numéro 28*, il place sur chaque pouce carré 360 dents de fil de fer. Ce fabricant a aussi exposé des cardes en fil de laiton, qui sont employées avantageusement dans la fabrication des couvertures de laine. M. *Hache-Bourgois* fournit des cardes à tous les fabricans de draps dont les tissus ont été honorablement distingués dans les diverses expositions de l'industrie française.

Le jury lui a décerné une médaille d'or.

---

Médailles de bronze.

MM. SCRIVE frères, à Lille (Nord),

Ont exposé des cardes superfines très-bien exécutées. Le jury leur a décerné une médaille de bronze.

M. MATIGNON, à Paris, rue de Charonne, n.° 41,

A obtenu la même récompense pour produits du même genre.

MM. le baron DE GENCY et METCALFE, à Meulan (Seine-et-Oise),

Mentionnés honorablement en 1819,

Ont reçu une médaille de bronze, pour des cardes bien fabriquées.

---

Mentions honorables.

Les fabricans ci-après dénommés ont mérité d'être mentionnés honorablement :

M. LAMBERT, à Paris, rue Fontaine-au-Roi.

M. GOHIN, à Paris, rue Neuve Saint-Jean, n.° 9.

M. HARMEY, à Paris, rue de Pontoise, n.° 10.

## SECTION VI.

### *Peignes et Rots.*

MM. BONNAND, LAVERRIÈRE et BOUDOT, à Lyon (Rhône), et à Paris, rue Pagevin, n.° 3, Médaille d'or.

Ont exposé un peigne sans ligature, pour le tissage de la soie, instrument remarquable, qui ne le cède en rien à ce que les fabriques anglaises ont produit de plus parfait en ce genre. Ce peigne, dont la longueur est de 19 pouces 3 lignes, offre 105 dents par pouce courant, et par conséquent 2021 dents sur toute sa longueur, qui correspond à 7/16 d'aune, c'est-à-dire, à la largeur des diverses étoffes précieuses.

Le jury a décerné une médaille d'or à MM. *Bonnand*, *Laverrière* et *Boudot*.

MM. JAPY frères, à Beaucourt (Haut-Rhin), Rappel de médaille d'or.

Fabriquent des peignes de tisserand à dents de cuivre et d'acier, et des peignes pour étoffes de soie et de coton, ainsi que pour les métiers à rubans. Tous ces objets, très-bien exécutés, prouvent que ces habiles fabricans, dont nous aurons occasion de parler encore, sont de plus en plus dignes de la médaille d'or qui leur fut décernée en 1819.

---

Les fabricans dont les noms suivent sont mentionnés honorablement : Mentions honorables.

M. MAINOT, à Rouen (Seine-Inférieure),

Pour beaux peignes d'acier propres au tissage.

Mentions honorables.

M. GILLE, à Paris, rue de la Coutellerie, n.° 15,

Pour produits du même genre.

M. VULQUINT, à Paris, rue de Charonne, n.° 159,

Pour bons peignes, propres à la fabrication des cachemires.

## SECTION VII.

### *Alènes.*

Rappel de médaille d'argent.

MM. BOILVIN frères, à Badonviller (Meurthe),

Qui obtinrent, en 1819, une médaille d'argent, pour la fabrication des alènes, se montrent de plus en plus dignes de cette distinction, pour des produits du même genre. Leur établissement mérite d'être distingué, tant à raison de son importance commerciale que de l'intelligence avec laquelle il est conduit.

---

Médaille de bronze.

MM. THIRION et JACQUEL, à Saint-Sauveur (Meurthe),

Ont établi récemment une manufacture d'alènes dont les produits sont de bonne qualité.

Le jury leur a décerné une médaille de bronze.

## SECTION VIII.

### *Toiles métalliques.*

M. ROSWAG fils, à Schelestadt ( Bas-Rhin ), Médaille d'or.

Qui obtint, en 1806 et en 1819, une médaille d'argent,

A exposé des tissus métalliques, d'un fini précieux. On a sur-tout distingué l'un de ces échantillons dans lequel chaque pouce carré contient 128 fils de métal sur la longueur, autant sur la largeur, et par conséquent, 16,384 mailles.

Le jury a décerné une médaille d'or à M. *Roswag* fils.

---

M. Henri STAMMLER, à Strasbourg ( Bas-Rhin ), Médailles d'argent.

A exposé un gilet de métal et plusieurs tissus qui attestent la perfection de son industrie. Ce fabricant reçut en 1819 une médaille de bronze ; le jury lui décerne une médaille d'argent.

M. SAINT-PAUL, à Paris, Petite rue Saint-Pierre,

Qui obtint une médaille de bronze en 1819,

A exposé de fort belles toiles en métal, qui prouvent les progrès de son industrie.

Le jury lui a décerné une médaille d'argent.

Rappel de médaille d'argent.

M. GAILLARD, à Paris, rue Saint-Denis, n.° 228,

Obtint, en 1819, une médaille d'argent. Les beaux échantillons de toiles en métal qu'il a présentés, prouvent qu'il est toujours digne de cette distinction.

---

Médaille de bronze.

M. George STAMMLER, à Strasbourg (Bas-Rhin),

A obtenu une médaille de bronze, pour tissus métalliques d'une belle exécution.

---

Mention honorable.

MM. DENIMAL et MINISCLOUX, à Valenciennes (Nord),

Ont exposé divers objets en tissu métallique, d'une exécution digne d'éloge. Le jury leur a décerné une mention honorable.

---

## SECTION IX.

### *Clouterie.*

Médaille d'argent.

M. FONTAINE, à Authie (Somme),

A présenté une série très-étendue de clous fabriqués par les procédés ordinaires. La modicité des prix de ces produits, jointe à leur bonne confection, prouve un bon ensemble de procédés et une industrie perfectionnée.

Le jury a décerné une médaille d'argent à M. *Fontaine.*

MM. BOILVIN frères, à Badonviller (Meurthe), Médaille d'argent.

Déjà cités pour les alènes,

Ont exposé des clous à *monter*, dont la bonne fabrication confirme les éloges qui ont été donnés plus haut à leur établissement. La médaille d'argent, dont on les reconnaît toujours dignes, porte sur l'ensemble de leurs produits.

---

MM. LAROCHE, MONNIER et compagnie, à Paris, rue de Rochechouart, n.° 61, Mention honorable.

Ont exposé des clous dits *pointes*, de toutes sortes, dont la pointe est façonnée à l'aide d'une machine.

Le jury décerne une mention honorable à ces fabricans.

## SECTION X.

### *Serrurerie.*

MM. MAQUENNEHEN (Armand et Manassès), à Escarbotin (Somme), Médailles d'argent.

Fabriquent, dans deux établissemens distincts, des serrures de sûreté, des serrures à secret, et divers autres objets de serrurerie, parmi lesquels on distingue des cylindres cannelés pour le service des filatures. Tous ces produits sont remarquables par une bonne exécution et par des prix modérés.

Le jury décerne une médaille d'argent à chacun de ces deux fabricans.

Rappel de médailles d'argent

M. HURET, à Paris, rue de Castiglione, n.° 3,

Qui obtint en 1819 une médaille d'argent,

A exposé des serrures de porte-cochères, susceptibles, quelles que soient leurs dimensions et la course du pène, d'être ouvertes par un simple tour, au moyen d'une clef d'un pouce de longueur, qui ne pèse pas plus d'un gros, et que l'on peut suspendre à une chaîne ou à un cordon de montre. Il a exposé aussi des serrures dites *à combinaisons mentales*, dont la construction est fort ingénieuse. En général, les serrures fabriquées par cet artiste sont d'un usage commode, et offrent l'emploi de plusieurs nouveaux moyens de sûreté. Le jury pense qu'il est toujours très-digne de la médaille d'argent qui lui a été décernée en 1819.

M. GEORGET, à Paris, rue de Castiglione, n.° 12,

Qui obtint une médaille d'argent en 1819,

Continue à mériter cette distinction par divers objets de haute serrurerie qu'il a exposés.

---

Médailles de bronze.

M. TOUSSAINT, à Paris, rue Basse du Rempart, n.° 64,

A exposé de belles pièces de serrurerie, parmi lesquelles on remarquait un coffre-fort en fer, dont la serrure est armée de trente pènes. Il a exposé aussi un hippomètre, instrument de précision propre à mesurer les chevaux de course. Cet instrument a été acheté par la ville de Paris.

Le jury a décerné une médaille de bronze à M. *Toussaint.* Médailles de bronze.

Une semblable médaille a été décernée à chacun des fabricans dont les noms suivent :

M. OUBLETTE, de Bar-sur-Aube (Aube).

Il a exposé une serrure à quatre clefs, et divers mécanismes en fer.

M. LEIRIS, à Paris, cul-de-sac du Paon, n.° 7.

Il a exposé des châssis de fenêtre en tôle, qui sont, dans beaucoup de circonstances, préférables aux châssis de bois. On les emploie avec succès dans les casernes, les prisons, les étuves, les salles de bain, et en général dans les lieux humides. Ces châssis peuvent être aussi très-bien employés dans l'exécution des grands vitraux d'église. La tôle avec laquelle ils sont fabriqués, provient de l'usine de Pont-Saint-Ours.

M. DIDIÉ, à Paris, rue d'Enfer, n.° 32.

Il a exposé un compas de son invention, propre au tracé des volutes, et le modèle d'un atelier de serrurerie. On doit à cet artiste le rideau de tôle de la salle de l'Odéon, et le mécanisme en fer du gazomètre de l'usine royale d'éclairage par le gaz.

---

Les fabricans dont les noms suivent sont mentionnés honorablement : Mentions honorables.

MM. JAPY frères, à Beaucourt (Haut-Rhin),

Pour des serrures à pène circulaire, de leur invention.

Mentions honorables.

M. BOREL, à Gap (Hautes-Alpes),

Pour un cache-entrée de serrure dont il est l'inventeur, et pour des espagnolettes de fenêtre.

M. ALBOUY, à Paris, rue de Paradis, n.° 20.

Pour divers modèles en serrurerie.

---

Citation.

Le jury a décidé qu'une citation serait faite de

M. POTTIÉ, à Paris, rue de Tournon, n.° 31,

Qui a exposé un mausolée en fer poli, consacré à la mémoire de S. A. R. M.gr le duc de Berry. La belle exécution de ce produit atteste une main exercée aux travaux les plus délicats de la serrurerie.

## SECTION XI.

### *Coutellerie.*

Les produits de l'art du coutelier se divisent en coutellerie fine et en coutellerie commune. Dans l'une et dans l'autre, on desire de bonnes lames, dont le tranchant, plus ou moins vif, selon sa destination, soit égal, durable, et facile à renouveler sur le cuir, sur la pierre ou sur le bois. Dans la coutellerie fine, on recherche de plus un beau poli, une forme élégante, une riche monture. Dans la coutellerie commune, on renonce au luxe, mais non pas à la qualité des lames, à la commodité des agencemens, et surtout à la modicité du prix. A cet égard, les consommateurs sont devenus difficiles. Il est bien loin de nous, le temps où de petits couteaux, grossièrement fabriqués, suffisaient à la conquête des riches contrées d'un nouveau monde. Tout porte même à croire que bientôt on sentira la nécessité de perfectionner les produits dans certaines manufactures d'où, suivant l'ancien usage, il sort encore des couteaux et des rasoirs de pacotille; objets informes, qui ne se vendent à la vérité que 18 francs les douze douzaines, mais que les peuples les moins civilisés commencent à trouver trop chers pour le service qu'on en peut obtenir.

Les produits exposés par nos couteliers étaient en général recommandables, et par des prix modiques, et par une bonne fabrication.

---

M. SIR-HENRY, à Paris, place de l'École-de-Médecine, n.° 6,

Médailles d'argent.

A exposé des instrumens de chirurgie, des trousses de dentiste, des lames damassées, et d'autres articles de coutellerie qui prouvent que son industrie, depuis long-temps renommée, a fait de nouveaux progrès.

M. *Sir-Henry* fut mentionné honorablement en 1819 : le jury lui décerne une médaille d'argent.

M. PRADIER, à Paris, rue Bourg-l'Abbé, n.° 22,

A exposé de beaux ouvrages de coutellerie, tant fine que commune, provenant des ateliers qu'il a établis depuis 1819, non-seulement à Paris, mais encore à Châville près Versailles, et à Poissy. Ce fabricant applique avec succès à la coutellerie le principe de la division du travail. Les divers ouvrages

Médailles d'argent.

de M. *Pradier* sont mis à la portée de toutes les fortunes, par la variété de leurs ornemens et de leurs prix ; en même temps ils satisfont à tous les besoins par leur bonne qualité. A côté d'un magnifique nécessaire de 8 à 10,000 francs, et d'un canif à plusieurs lames, qui est estimé 1,200 francs, on voit figurer, parmi les produits de ce fabricant, de bons rasoirs à 9 francs la douzaine, de bons couteaux de table à 10 francs la douzaine, et d'autres objets du même genre, qui se recommandent aux consommateurs, et par la bonne qualité de la matière, et par l'élégance des formes.

Le jury a décerné une médaille d'argent à M. *Pradier.*

M. GAVET, à Paris, rue Saint-Honoré, n.° 138,

Mentionné honorablement en 1806 et en 1819,

A exposé des rasoirs, des couteaux, et une grande variété de produits de coutellerie, exécutés en acier français. Bonne qualité des lames, solidité des montures, élégance des formes, modicité du prix, tout se réunit pour attester la perfection de l'industrie de M. *Gavet.*

Le jury lui a décerné une médaille d'argent.

M.me DEGRAND, née GURGEY, à Marseille (Bouches-du-Rhône),

Est la première qui ait employé l'alliage du platine et de l'acier dans la fabrication des armes blanches. Elle a exposé des armes en damas d'étoffe, des rasoirs trempés à la manière des damas, des couteaux à revers, destinés aux tanneurs, et d'autres objets de coutellerie très-bien exécutés. Médailles d'argent.

Le jury lui a décerné une médaille d'argent.

M. DUMAS, à Thiers (Puy-de-Dôme),

Fabrique, avec de l'acier fondu de France, des rasoirs de bonne qualité, dont le prix varie, d'après les montures, entre 9 francs et 48 francs la douzaine.

Le jury lui a décerné une médaille d'argent.

M. BOST-MEMBRUN, à Saint-Remy, près Thiers (Puy-de-Dôme),

Mentionné honorablement en 1819,

Fabrique, avec l'acier fondu de France, de bons couteaux de table, dont le prix varie, d'après les montures, de 3 fr. 50 cent. à 56 fr. la douzaine. Il fabrique aussi des couteaux de cuisine et d'autres produits de coutellerie d'une très-bonne exécution.

Le jury lui a décerné une médaille d'argent.

---

Une médaille de bronze a été accordée à chacun des fabricans dont les noms suivent : Médaille de bronze.

M. GRANGERET, à Paris, rue des Saints-Pères, n.° 145.

Il a exposé de la coutellerie fine, et notamment des instrumens de chirurgie, qui sont d'une belle exécution. Ce fabricant fut mentionné honorablement en 1819.

Médailles de bronze.

M. GILLET, à Paris, rue de Charenton, n.° 41.

Il a exposé des rasoirs de bonne qualité et d'un beau poli, fabriqués avec de l'acier fondu de France.

M. SÉNÉCHAL, à Paris, rue Saint-Sauveur, n.° 17,

Mentionné honorablement en 1819.

Il a exposé de beaux ouvrages de coutellerie, tant fine que commune, parmi lesquels on remarque d'excellens ciseaux de tailleur et autres.

M.me veuve CHARLES, à Paris, rue du Petit-Lyon-Saint-Sauveur, n.° 20.

Elle a exposé des rasoirs d'acier fondu, à dos métallique, à lame de rechange, et à lame façon de damas.

M. BERGOUGNAN, à Paris, rue Saint-Denis, n.° 308.

Il a exposé des rasoirs damassés, et d'autres objets de coutellerie, tant fine que commune, très-bien fabriqués.

M. CARDEILHAC, à Paris, rue du Roule, n.° 30.

Il a exposé de la coutellerie fine, d'une belle exécution, et des lames en damas fabriquées par le procédé de M. *Bréant.*

M. TREPPOZ, à Paris, rue du Coq-Saint-Honoré, n.° 3. Mentions honorables.

Il a exposé des rasoirs et couteaux en damas, et en général de belle coutellerie, tant fine que commune.

M. GUERRE, à Langres (Haute-Marne).

Il a exposé divers produits de coutellerie dont les prix modiques et la bonne exécution accroissent encore la renommée qui depuis long-temps est acquise à la coutellerie de Langres.

---

Les fabricans ci-après dénommés ont mérité d'être mentionnés honorablement :

M. CHERVET-VACHER, à Thiers (Puy-de-Dôme),

Pour assortiment de couteaux, tire-bouchons et tire-bottes.

M. AUDENBRON, à Thiers (Puy-de-Dôme),

Pour assortiment de spatules, couteaux, ciseaux, rasoirs et fourchettes.

M. BUISSON-MARTIGNAT, à Thiers (Puy-de-Dôme),

Pour couteaux et serpettes à manche d'os, imitant la corne de cerf; objets bien exécutés et d'un prix modique.

Mentions honorables.

M. ROUSSIN, à Paris, rue de la Place-Maubert, n.° 1,

Pour bons rasoirs d'acier fondu, et autres objets de coutellerie, tant fine que commune.

M. MORIZE, à Paris, rue Saint-Antoine, n.° 13,

Pour bons rasoirs, d'un beau poli, fabriqués avec de l'acier français du département de la Loire, et autres objets de coutellerie, tant fine que commune.

M. BOULAY, à Paris, rue du Four-Saint-Germain, n.° 41,

Pour bons rasoirs de tôle d'acier, fabriqués par le moyen d'une machine.

M. FRESTEL, à Saint-Lô (Manche),

Pour rasoirs et objets de coutellerie, tant fine que commune.

M. NEEL, à Saint-Lô (Manche),

Pour rasoirs et objets de coutellerie, tant fine que commune.

M. GOURÉ, à Caen (Calvados),

Pour objets de coutellerie commune, semblables à ceux qui proviennent des fabriques anglaises, et d'un prix modéré.

M.[me] FLEURY, à Senlis (Oise), Vieille rue de Paris, et à Paris, chez M. *Parquoy*, tabletier, rue Saint-Denis, n.° 217; — Mention honorable.

Pour un instrument en bois destiné à donner le fil aux rasoirs, et nommé *ligniguise*. Ce petit meuble remplit bien son utile objet; il a de plus l'avantage d'être d'un prix modique.

Le ligniguise a été présenté à l'exposition par MM. *Normandin* frères, qui étaient alors associés avec M.[me] Fleury, mais qui n'ont plus aucune communauté d'intérêts avec cette dame.

---

Le jury a décidé que les fabricans dont les noms suivent seraient cités au rapport: — Citations.

M. MARQUET, à Thiers (Puy-de-Dôme),

Pour assortimens de bons couteaux de poche, d'un prix modique.

M. PERRET-VACHERIAS, à Thiers (Puy-de-Dôme),

Pour assortimens de ciseaux et de canifs d'un prix modique.

MM. LASSERRE et LENORMAND, à Paris, rue de Montmorency-Saint-Martin, n.° 40,

Pour rasoirs et autres objets de coutellerie, fabriqués avec de l'acier fondu français, et avec de l'acier brut dont ils améliorent la qualité par la cémentation.

Citations. M. TIXIER fils, à Thiers (Puy-de-Dôme),

Pour assortimens de bons ciseaux d'un prix modique.

M. LEMAIRE, à Paris, rue du Roule, n.° 8,

Pour bons rasoirs, qu'il vend à l'épreuve, et pour bons cuirs à rasoirs.

M. LEGRAND, à Paris, rue du Bac, n.° 12,

Pour coutellerie fine et rasoirs qu'il vend à l'essai.

M. CHENEAUX, à Paris, rue Sainte-Anne, n.° 5,

Pour coutellerie fine et rasoirs qu'il vend à l'essai.

M. LAPORTE, à Paris, rue des Filles-Saint-Thomas, n.° 20;

Pour bonne coutellerie fine.

M.me V.e DUMAY, à Paris, rue de la Vieille-Bouclerie, n.° 12,

Pour instrumens de chirurgie et autres objets de coutellerie fine.

M. CHOQUET, à Paris, rue des Jardins-Saint-Paul, n.° 25,

Pour rasoirs à double rabots, et pour rasoirs communs d'un prix modique.

M. MONIN, à Paris, rue Dauphine, n.° 12,

Pour rasoirs d'un prix modéré, qu'il vend à l'essai.

M. LESUEUR jeune, à Paris, rue des Mathurins-Saint-Jacques, n.° 16, Citations.

Pour instrumens de chirurgie.

M. LAMOTTE, à Saint-Étienne (Loire),

Pour coutellerie commune d'un prix très-modique et destinée au commerce du Levant.

M. BARRIOL, à Paris, rue de Bourgogne, n.° 18,

Pour articles de coutellerie et pour un modèle de projectile dit *boulet à lames.*

## SECTION XII.

### *Outils divers.*

MM. COULAUX et compagnie, à Molsheim (Bas-Rhin), Médaille d'or.

Déjà cités relativement aux limes et aux scies, ont présenté un grand nombre de nouveaux objets de quincaillerie, dont ils ont établi la fabrication depuis 1819. On estime que ces fabricans produisent à-peu-près la huitième partie des outils qui se consomment en France. En 1819 ils reçurent une médaille d'or : le jury, prenant en considération le grand développement donné à leur industrie depuis cette époque, leur a décerné une nouvelle médaille du même genre.

Médaille d'or.

MM. JAPY frères, à Beaucourt (Haut-Rhin),

Déjà cités relativement aux peignes et rots, et à la serrurerie, sont renommés depuis long-temps pour une belle manufacture de mouvement d'horlogerie, dont leur père fut le fondateur. Outre les produits de ce genre, ils ont exposé un grand nombre d'articles de quincaillerie qu'ils fabriquent par des moyens mécaniques qui leur sont propres.

MM. *Japy* obtinrent, en 1819, une médaille de bronze : le jury leur décerne une médaille d'or.

---

Rappel de médaille d'argent.

M. D'HERBECOURT, à Paris, rue des Grands-Augustins, n.° 55,

A exposé des assortimens d'outils à l'usage des charrons et autres artisans. Il a fabriqué, pour S. A. R. M.gr le duc de Bordeaux, un brillant nécessaire d'outils : heureux présage de la protection dont l'auguste enfant saura bientôt honorer tous les arts utiles.

M. *d'Herbecourt* obtint, en 1819, une médaille d'argent; il se montre de plus en plus digne de cette distinction.

---

Médailles de bronze.

M. DEHARME, à Paris, rue de la Fidélité, n.° 5,

Fut mentionné honorablement, en 1819, pour assortiment d'articles de quincaillerie fabriqués avec le plus grand soin.

Il a exposé, en 1823, un grand nombre d'objets du même genre, et quelques produits nouveaux, qui attestent les progrès de son industrie. Médailles de bronze.

Le jury lui a décerné une médaille de bronze.

M. HUE, à l'Aigle (Orne),

A exposé un marteau de son invention, lequel est propre à la taille des meules de moulin, et qui attaque le porphyre oriental sans s'égrainer ni éprouver aucun refoulement. M. *Hue* a présenté aussi des filières destinées à l'étirage des fils des cardes.

Le jury lui décerne une médaille de bronze.

M. BERTRAND-FOURMAND, à Nantes (Loire-Inférieure),

A exposé des câbles en fer à l'usage de la marine; objet dont l'exécution est satisfaisante.

Le jury a décerné une médaille de bronze à M. *Bertrand-Fourmand.*

M. HILDEBRAND, à Paris, rue Jean-Robert, n.° 26,

Fabrique, en alliage métallique, dit *composition de timbre de pendule*, des cloches, des grelots et des sonnettes de table et d'appartement. La composition dont il s'agit est dure, sonore, et susceptible de prendre un beau poli; elle n'avait point encore été employée à cet usage.

Le jury décerne une médaille de bronze à M. *Hildebrand.*

Médaille de bronze.

M. Billiard, serrurier-mécanicien de l'inspection générale des carrières, à Paris, rue des Maçons-Sorbonne, n.° 3,

A présenté les diverses pièces d'une grande sonde propre à la recherche des substances minérales ou des sources souterraines. Les tiges de cette sonde sont en fer carré, de quatorze lignes; les outils, au nombre de dix-huit, en très-bon acier ou en *étoffes*, suivant le service auquel ils sont destinés. Elle peut exécuter des sondages de cent cinquante mètres et au-delà.

Le jury a décerné une médaille de bronze à M. *Billiard.*

---

Mentions honorables.

Les fabricans et artistes dont les noms suivent ont mérité d'être mentionnés honorablement:

M. Magallon jeune, à Gap (Hautes-Alpes),

Pour un outil dit *boucharde*, à l'usage des tailleurs de pierre.

L'École royale d'arts et métiers de Châlons-sur-Marne,

Pour étaux, enclumes, filières et autres outils.

L'École royale d'Angers,

Pour étaux, bigornes et autres outils.

M. Henri Didot, à Paris, rue du Petit-Vaugirard, n.° 13,

Pour règles d'acier faites à la mécanique.

M. THIÉBAULT fils, à Paris, rue du Ponceau, n.° 42, — Mentions honorables.

Pour cylindres de cuivre propres à l'impression des toiles peintes.

M. LEIGNADIER, à Paris, rue des Moineaux,

Pour tubes métalliques de tôle plaquée en laiton, et pour lits et barreaux de rampes d'escalier fabriqués avec ces tubes.

MM. PERRENET et MONGET, à Pontarlier (Doubs),

Pour ciseaux de menuisier et autres outils.

M. RUFFIÉ, à Foix (Ariége),

Déjà cité relativement à l'acier, aux faulx et aux limes,

Pour ciseaux propres à la ciselure des métaux.

M. DESSOYE, à Brévannes (Haute-Marne),

Pour burins.

M. RENARD, à Paris, rue Gervais-Laurent, n.° 1,

Pour burins.

MM. DELAPORTE, à Paris, rue des Deux-Portes-Saint-Sauveur, n.° 18,

Pour dés à l'usage des tailleurs, et pour dés doublés d'argent et d'or.

M. TRIDON, à Paris, au Gros-Caillou, n.° 50,

Pour vis à bois en fer forgé.

Mention honorable. M. HAMELIN-BERGERON, rue de la Barillerie, n.° 15,

Pour outils de tourneur, et autres de toutes espèces.

---

Citations. Le jury a décidé que les fabricans et artistes ci-après désignés seraient cités au rapport :

MM. ARNHEITER et PETIT, à Paris, rue des Boucheries-Saint-Germain, n.° 30,

Pour divers outils de jardinage.

M. DURAND, à Paris, rue de Bussy, n.° 19,

Pour divers outils de jardinage.

M. MORIZOT, à Tonnerre (Yonne),

Pour échenilloir de nouvelle invention.

M. MANCEAU, à Paris, rue du Temple, n.° 61,

Pour outils de cartonnier, et autres articles de quincaillerie.

MM. VANDEL et compagnie, à Morez (Jura),

Pour fers de bottes.

M. BEZANÇON, à Paris, rue Vivienne, n.° 24,

Pour divers objets de quincaillerie.

M. FONTAINE, à Paris, cul-de-sac Saint-Martial, n.° 8,

Pour des vis de différens numéros.

M. HENRI, à Paris, rue de l'Aiguillerie, n.° 7,

Pour des pelles et pincettes dorées et vernies.

## SECTION XIII.

### *Armes blanches.*

On sait que l'acier de Damas résulte, chez les Orientaux, du traitement direct d'un minerai de fer qu'on appelle aussi minerai d'acier. Cet acier se distingue de tous les autres par sa dureté, par sa résistance sous la lime, et par une surface moirée, ou parsemée de veines fines d'un gris cendré, que l'on nomme le *damassé.*

On a long-temps cherché, en France, à imiter le damassé oriental par le moyen de divers mélanges de fer et d'acier, qui sont connus sous le nom d'*étoffes.*

---

M. BRÉANT, vérificateur général des essais à la Monnaie de Paris, Médaille d'or.

Par une longue série d'expériences, vient enfin de démontrer que la matière du damas oriental est un acier fondu, qui est plus chargé de carbone que nos aciers d'Europe, et dans lequel, par l'effet d'un refroidissement convenablement ménagé, il s'est opéré une cristallisation ou une séparation de deux combinaisons distinctes de fer et de carbone. Le même savant a trouvé le moyen de convertir directement, par une seule opération, facile et peu dispendieuse, la fonte et le fer en acier fondu.

Ainsi M. *Bréant* obtient aujourd'hui de l'acier damassé, directement, par le moyen de la fonte de fer. Ses procédés se rapprochent de ce qu'on sait concernant la fabrication des meilleures lames orientales.

Déjà les services que M. *Bréant* a rendus aux arts métallurgiques lui ont fait décerner une médaille d'argent en 1819, notamment pour la purification en grand du platine, qu'il a rendu complétement malléable. Depuis cette époque, M. *Bréant* a purifié un nouveau métal, qui est connu sous le nom de *palladium*. On a vu à l'exposition une grande lame, une médaille et une coupe de ce nouveau métal. On y a vu aussi un grand nombre de lames de sabre damassées et d'autres objets du même genre, que M. *Bréant* a fabriqués par son nouveau procédé.

Le jury lui a décerné une médaille d'or.

---

Mentions honorables.

Les fabricans dont les noms suivent sont mentionnés honorablement, pour armes blanches en acier de damas obtenu par divers procédés :

M. SIRHENRY, à Paris, place de l'École-de-Médecine,

Déjà mentionné dans la coutellerie.

Il a fondé à Bougival un établissement qui est spécialement destiné à la fabrication du damas oriéntal.

M.me DEGRAND, née GURGEY, à Marseille (Bouches-du-Rhône),

Déjà mentionnée dans la coutellerie.

MM. COULAUX et compagnie, à Molsheim (Bas-Rhin),

Déjà cités relativement aux limes, scies et outils divers.

M. TREPPOZ, à Paris, rue du Coq-Saint-Honoré, n.° 3, Mention honorable.

Déjà cité relativement à la coutellerie.

## SECTION XIV.

### *Armes à feu.*

On distingue aujourd'hui les anciens fusils à pierre et les nouveaux fusils à percussion, à foudre, à piston, que l'on nomme, en général, fusils à *procédé* ou à *système*. Tirer, en un temps donné, un grand nombre de coups avec justesse, à une distance convenable, et sur-tout sans aucun danger pour la personne qui fait usage de l'arme, voilà ce que l'on exige de l'une et de l'autre espèce de fusils.

---

MM. LEPAGE père et fils, à Paris, rue de Richelieu, n.° 13, Médaille d'argent.

Ont exposé des armes à feu, tant anciennes que nouvelles, qui soutiennent et accroissent la réputation de leur manufacture. Parmi ces armes, on distinguait une carabine tournante, à brisure sur frottemens en platine, et une paire de pistolets dont les canons sont en acier fondu, produit nouveau qui a pour objet de retarder la détérioration de la rayure intérieure des canons.

Le jury a décerné une médaille d'argent à MM. *Lepage.*

---

M. LEFAURE père, à Presle (Seine-et-Oise), Médailles de bronze.

A exposé, entre autres objets très-bien exécutés, des canons à rubans d'acier et un fusil à système, dans

Médailles de bronze.

lequel un magasin d'amorces remplace la batterie. Ce magasin, qui est à l'abri du feu, se trouve disposé de telle manière, que l'arme n'est amorcée qu'au moment même où celui qui en fait usage veut tirer le coup.

Le jury a décerné une médaille de bronze à M. *Lefaure* père.

M. PRÉLAT, à Paris, rue de la Paix, n.° 26,

Mentionné honorablement en 1819,

A exposé des fusils à percussion qui prouvent que ce fabricant renommé s'occupe avec succès de perfectionner ses produits.

Le jury a décerné une médaille de bronze à M. *Prélat.*

M. Henri ROUX, à Paris,

A exposé un fusil de chasse à piston, qu'il nomme *fusil Pauly perfectionné.*

Avec ce fusil, M. *Henri Roux* a tiré plus de cent coups en présence d'ue grand nombre de témoins, sans qu'il ait été nécessaire de nettoyer l'arme pour tirer de nouveau : mais le temps seul pourra prononcer définitivement sur le mérite réel de l'arme dont il s'agit.

Le jury a décerné une médaille de bronze à M. *Henri Roux.*

M. Albert RENETTE, à Paris, rue Popincourt, n.° 50,

A exposé des canons de fusil damassés et autres, qui jouissent d'une grande réputation. On recherche ces canons dans la confection des armes à feu du plus grand prix.

Médailles de bronze.

Le jury a décerné une médaille de bronze à M. *Albert-Renette.*

M. CESSIER, à Saint-Étienne (Loire),

Mentionné honorablement en 1819,

A exposé un fusil de munition à magasin volant, arme qui est destinée à employer des amorces vernies.

Le jury lui a décerné une médaille de bronze.

M. LAMOTTE, à Saint-Étienne (Loire),

Déjà cité relativement à la coutellerie,

A exposé des pistolets d'un prix élevé, qui sont exécutés dans le goût oriental, et dont les canons offrent une heureuse imitation du damas turc.

Le jury lui a décerné une médaille de bronze.

---

Les fabricans dont les noms suivent ont mérité d'être mentionnés honorablement:

Mentions honorables.

M. DELEBOURSE, à Paris, rue Sainte-Avoie, n.° 53,

Pour un fusil à percussion.

M. JOURJON, à Rennes (Ille-et-Vilaine),

Pour un fusil double à pierre et à batterie ordinaire, orné de sculptures et ciselures.

M. NICOLAS, à Verdun (Meuse),

Pour un fusil à piston, d'une disposition particulière.

Mentions honorables.

M. Çastelle, à Lavelanet (Ariége),

Pour un fusil à deux coups.

M. PICHEREAU, à Paris, rue J.-J. Rousseau, n.° 5,

Pour fusils à percussion et autres.

M. LEBLANC, à Joigny (Yonne),

Pour capsules métalliques à amorce, et cartouches imperméables.

---

Citations.

Les fabricans dont les noms suivent ont mérité d'être cités au rapport :

M. PUIFORÇAT, à Paris, rue Mandar, n.° 16,

Pour diverses armes à feu.

M. PÉRIN-LEPAGE, à Paris, boulevart des Capucines,

Pour un nécessaire de pistolets à double détente.

M. GUILLEMIN-LAMBERT, à Autun (Saone-et-Loire),

Pour fusils à percussion.

M. GIRARD, à Moulin-la-Marche (Orne),

Pour un fusil de chasse à piston, sans chien apparent.

---

# CHAPITRE XXI.

## BRONZES ET DORURES, ORFÉVRERIE, PLAQUÉ D'OR ET D'ARGENT.

### SECTION I.re

### *Bronzes et Dorures.*

LE savant rapporteur du jury central de 1819 a déjà payé un juste tribut d'éloges à M. *d'Arcet*, pour les services qu'il a rendus aux doreurs sur métaux en imaginant l'appareil nommé *fourneau d'appel*. Au moyen de cet appareil, les ouvriers placés dans l'atelier n'ont plus à craindre l'influence meurtrière du mercure vaporisé, qu'un rapide courant d'air entraîne dans une cheminée commune, à mesure qu'il se dégage des fourneaux.

L'art du doreur, devenu moins malsain, est par-là même pratiqué à moins de frais et avec plus de soin ; les produits, moins coûteux et meilleurs, sont naturellement plus recherchés : de sorte que le fourneau d'appel est aussi profitable à l'industrie qu'il est précieux pour l'humanité.

Nos ateliers de ciselure et de dorure sont depuis long-temps renommés ; ils ne comptent point de rivaux en Europe : cependant ils ont encore quelques pas à faire pour paraître dignement à la suite de notre école de sculpture. Les bronzes qui proviennent de ces ateliers, se font souvent admirer par un choix heureux de sujets, un emploi convenable d'ornemens, un fini précieux d'exécution ; mais on y desire quelquefois plus de grandiose dans les conceptions, de style dans les figures, de naturel dans les poses, d'exactitude et de sévérité dans les formes. Le jury est porté à penser que le Gouvernement pourrait accélérer les progrès de cette brillante partie de notre industrie, s'il réunissait dans une collection particulière les objets remarquables qu'elle a produits et ceux qu'elle pourra produire encore. Cette sorte de musée aurait le double avantage d'offrir sans cesse à nos artistes de bons modèles à imiter, et d'indiquer aux chefs des maisons renommées les hommes qu'ils doivent attacher de préférence à leurs ateliers.

---

Rappel de médaille d'or.

M. THOMIRE, à Paris, boulevart Poissonnière, n.° 2,

A exposé plusieurs objets de la plus grande beauté, parmi lesquels on a sur-tout distingué une pendule, d'après un dessin de *Roland*, et deux enfans en bronze, d'après *Pigale*, qui ont été exécutés par M. *Thomire* père.

Il a aussi exposé deux surtouts de table, dont l'un est en cristal et en bronze doré. La taille des cristaux de ce beau service est d'un genre nouveau : elle a été exécutée dans les ateliers de M. *Chagot*, au moyen d'une machine à vapeur.

M. *Thomire* a reçu, en 1806 et en 1819, une médaille d'or : Le jury se plaît à reconnaître qu'il est, de plus en plus, digne de cette distinction.

Médailles d'or.

M. DÉNIÈRE, à Paris, rue Vivienne, n.° 15,

A exposé six lustres, des candelabres, une pendule en bronze uni, dont les proportions sont belles et gracieuses, et plusieurs autres objets d'un très-bon goût.

Médailles d'or.

M. *Dénière* obtint, en 1819, une médaille d'argent. Les progrès qu'il a faits depuis cette époque, particulièrement dans la dorure *mat*, l'ont rendu digne de la médaille d'or.

## M. GALLE, à Paris, rue Colbert, n.° 1,

Qui obtint, en 1819, une médaille d'argent, s'est fait remarquer à l'exposition par des produits très-beaux et très-riches. Il a présenté deux figures faisant pendans, *le Gladiateur* et un *Achille*, exécutées en bronze avec beaucoup de pureté; une très-belle pendule en jaspe fleuri, et un vase orné de bronzes dorés, dont la monture est appliquée par des agrafes qui ne percent pas le vase.

M. *Galle* emploie fort habilement la malachite. Ses ateliers sont justement renommés.

Le jury lui décerne une médaille d'or.

## L'ÉCOLE ROYALE D'ARTS ET MÉTIERS de Châlons-sur-Marne,

Rappel de médaille d'or.

A exposé deux *tamtam* en bronze, plusieurs ouvrages en bronze doré, et beaucoup d'autres produits qui prouvent que cet intéressant établissement continue à mériter la médaille d'or qu'il obtint en 1819.

---

## M. DE PUYMAURIN fils, à la monnaie royale des médailles, à Paris,

Médailles de bronze.

Est parvenu à exécuter des médailles coulées en bronze, dont la composition est la même que celle

Médailles de bronze.

des médailles antiques, et qui ont, sur les médailles frappées en cuivre, l'avantage d'une durée indéfinie.

L'alliage métallique duquel résultent les médailles coulées en bronze, est composé, pour cent parties, d'environ quatre-vingt-douze de cuivre et huit d'étain. Comme le métal coulé doit éprouver un retrait en se refroidissant, il faut que la médaille frappée en cuivre, que l'on emploie comme modèle pour préparer le moule, soit rendue un peu plus grande que la médaille de bronze qu'il s'agit d'obtenir. M. *de Puymaurin* est parvenu à compenser exactement cette légère différence de dimensions. Par exemple, pour une médaille dont le module est de 22 lignes, il suffit d'étamer la pièce de cuivre avant de la placer dans le sable. De cette manière, on obtient un moule qui est propre à reproduire exactement la même médaille coulée en bronze.

Le jury a décerné à M. *de Puymaurin* fils une médaille de bronze.

M. CHOISELAT, à Paris, rue de Richelieu, n.° 21,

A présenté six candélabres, une croix et une lampe, qu'il a exécutés pour la basilique de Saint-Denis. Ce fabricant s'occupe avec succès de la fabrication des ornemens d'église.

Le jury lui a décerné une médaille de bronze.

M. CHOPIN, à Paris, rue Saint-Denis, n.° 157,

A exposé deux lustres en bronze et en cristaux, et des lampes de bronze. Ces produits attestent le goût et la bonne fabrication de M. *Chopin*.

Le jury lui décerne une médaille de bronze.

M. CONTAMINE, à Paris, rue du Faubourg Saint-Antoine, n.° 105, — Médaille de bronze.

A exposé des bronzes ciselés et d·s bronzes dorés, or mat, qui font honneur à son goût et à son habileté. Il a présenté aussi des râpes à l'usage des sculpteurs, qui sont d'une grande finesse, et qui ont la propriété de donner toujours, sur le marbre ainsi que sur le bois, une surface bien polie, exempte de toute rayure.

Le jury a décerné à M. *Contamine* une médaille de bronze.

---

M. DEHÈQUE, à Paris, — Mention honorable.

A exposé deux figures en bronze, de petites dimensions, représentant Henri IV et M.gr le duc de Berry. Ces jolis ouvrages sont exécutés avec finesse. Le jury a décidé qu'ils seraient mentionnés honorablement.

## SECTION II.

### *Orfèvrerie.*

M. ODIOT, à Paris, rue de l'Évêque, n.° 1, — Rappel de médaille d'or.

A présenté diverses pièces d'orfèvrerie, au nombre desquelles une psyché de toilette, en argent et en or, se faisait distinguer par une forme élégante et par des ornemens du meilleur goût. M. *Odiot* a exposé aussi des modèles en bronze de plusieurs produits de sa fabrique dont il a fait hommage au Gouvernement.

Des couvre-plats, dont les formes vieillies contrastaient avec l'élégance des autres produits d'orfèvrerie, faisaient, en outre, partie de l'exposition de M. *Odiot.*

L'artiste a dû exécuter ces objets d'après les modèles qui lui ont été fournis pour compléter un service ancien appartenant à S. A. S. M.gr le duc d'Orléans.

M. *Odiot* maintient bien la réputation dont sa fabrique jouit depuis long-temps. Il mérite de plus en plus la médaille d'or qu'il a obtenue aux dernières expositions.

Rappel de médaille d'or.

M. CAHIER, orfèvre du Roi, à Paris, rue Saint-Honoré,

A exposé plusieurs produits très-remarquables de ses ateliers d'orfévrerie, entre autres, un reliquaire pour la sainte ampoule. L'exécution du bas-relief qui décore ce bel ouvrage annonce une main habile et très-exercée.

Le jury eût décerné à M. *Cahier* la médaille d'or, s'il ne l'eût pas déjà obtenue à la précédente exposition.

Médaille d'or.

M. FAUCONNIER, à Paris, rue du Bac, n.° 58,

A exposé la belle aiguière qui a servi pour le baptême de M.gr le duc de Bordeaux, et trois vases, dont un forme une fontaine à thé. Cet artiste s'occupe avec succès du perfectionnement de son art; on lui doit une collection de bons modèles pour l'imitation de divers animaux.

Le jury lui a décerné une médaille d'or.

---

Médaille d'argent.

M. LEBRUN, à Paris, rue de Richelieu, n.° 55,

A exposé une fontaine à thé, ainsi que plusieurs objets d'orfévrerie, d'une exécution très-soignée. Les ornemens, qui sont tous d'un bon choix, sont modelés par lui-même, et il les emploie avec beaucoup de goût.

Le jury lui a décerné une médaille d'argent.

## SECTION III.

### *Plaqué d'or et d'argent.*

La fabrication du plaqué d'or et d'argent a pris, depuis quelques années, une très-grande extension. Elle produit des objets remarquables, tantôt par leur délicatesse, tantôt par le développement de leurs dimensions, et dans lesquels on admire toujours un parfait accord de jointure et un poli très-brillant.

On desire généralement que le plaqué porte avec lui une marque distinctive de la proportion de métaux fins qu'il renferme. Le jury pense que, pour la garantie du public, il serait convenable de soumettre cet article au contrôle, comme on y soumet tous les produits d'orfévrerie et de bijouterie.

---

M. TOURROT, à Paris, rue Sainte-Avoie, n.° 53, — Médaille d'or.

Qui obtint, en 1819, une mention honorable,

A exposé un ostensoir, des chandeliers d'église, et divers autres objets en plaqué d'argent, parmi lesquels on remarquait un ornement à jour, ajusté à un surtout de table. Ces beaux produits prouvent que M. *Tourrot* a fait, depuis la dernière exposition, des progrès rapides.

Le jury lui décerne une médaille d'or.

---

Rappel de médaille d'argent.

M. LEVRAT, à Paris, rue Popincourt, n.° 66,

Est un des premiers fabricans qui aient exécuté en grand le plaqué d'argent et d'or, et qui aient substitué la soudure d'argent à la soudure d'étain. En 1819, ce fabricant obtint une médaille d'argent : les produits qu'il a présentés en 1823, prouvent qu'il est toujours digne de cette distinction.

---

Rappel de médaille de bronze.

M. PILLIOUD, à Paris, rue des Juifs, n.° 11, au Marais,

Qui obtint une médaille de bronze en 1819,

A exposé une figure de Sainte-Vierge, en plaqué d'argent, dont l'exécution a dû présenter beaucoup de difficultés. Ce fabricant est toujours digne de la distinction qui lui a été accordée.

---

# CHAPITRE XXII.

## *BIJOUTERIE, JOAILLERIE, MOSAÏQUES EN MINIATURE, TABLETTERIE.*

### SECTION I.^re

### *Bijouterie.*

#### ARTICLE I.^er

#### *Bijouterie d'acier.*

ON estime, dans la bijouterie d'acier, un certain éclat net et limpide, au sein duquel toute lumière environnante semble se noyer. Ce que l'on y cherche le plus, c'est un assemblage brillant et solide des pièces ou grains d'acier dont se composent les bijoux, un jeu vif de lumière, un goût qui soit sanctionné par la mode.

La taille des bijoux d'acier a été récemment perfectionnée; chaque facette est maintenant formée au moyen d'une seule opération, tandis qu'auparavant elle en exigeait deux.

---

M. FRICHOT, à Paris, rue des Gravilliers, n.° 42, Médaille d'or.

A exposé un bouquet de fleurs artificielles, une écharpe imitant le tulle, et d'autres ouvrages en acier poli, que ce fabricant exécute à l'emporte-pièce. Il a présenté aussi des parures et des bijoux en acier poli d'une rare beauté. Ces produits prouvent que l'industrie de M. *Frichot* a fait des progrès depuis 1819, époque à laquelle il obtint une médaille d'argent.

Le jury lui décerne une médaille d'or.

---

Médaille d'argent.

M. PROVENT, à Paris, rue Salle-au-Comte, n.os 4 et 6,

Qui fut mentionné honorablement en 1819,

A exposé des gardes d'épées, des médaillons, des clefs et des parures en acier poli, dont l'exécution atteste une industrie perfectionnée.

Le jury lui a décerné une médaille d'argent.

---

Médaille de bronze.

M. HISETTE, à Metz (Moselle),

A exposé une pendule et des vases en acier, qui sont remarquables par une grande pureté de lignes et de contours, ainsi que par un poli parfait.

Le jury a décerné à M. *Hisette* une médaille de bronze.

---

Mentions honorables

Les fabricans dont les noms suivent ont mérité d'être mentionnés honorablement :

M. POLY, à Paris, faubourg Saint-Martin, n.° 113,

Pour de beaux peignes et de belles parures en acier poli.

M. HENRY-STAMMLER, à Strasbourg (Bas-Rhin), Mentions honorables.

Pour bijouterie d'acier bien confectionnée.

M. JEANDET, à Paris, faubourg du Temple, n.° 67,

Pour bijoux et portefeuilles en acier poli qui dénotent une grande habileté.

M. FOUQUIER fils, à Roubaix (Nord),

Pour de beaux peignes en acier poli.

M. DUMÉRIL, à Saint-Julien-du-Sault (Yonne),

Pour éventails en acier poli, et autres objets du même genre, parfaitement exécutés.

### ARTICLE 2.

### *Bijouterie dorée.*

M. LELONG, à Paris, rue Montorgueil, n.° 71, Médailles de bronze.

A exposé des chaînes en bronze doré, imitant parfaitement les chaînes en or du Mexique. Il a aussi présenté des chaînes légères, à l'imitation de celles qui proviennent d'Italie, et qui sont connues dans le commerce sous le nom de *jaseron*. Ces produits, dont les prix sont très-modérés, sont en outre recommandables par des formes élégantes et par une grande solidité.

Le jury a décerné une médaille de bronze à M. *Lelong*.

Médaille de bronze. M. ORBELIN fils, à Paris, rue aux Ours, n.° 23,

Fabrique des bijoux en cuivre doré, imitant les bijoux en or, et auxquels il parvient à donner les couleurs variées que prend l'or dans la bijouterie fine.

Le jury lui a décerné une médaille de bronze.

---

Citation. M. LELONG-NORBERT, à Paris, rue Greneta, n.° 19,

A mérité d'être cité pour des chaînes dorées d'une exécution convenable.

ARTICLE 3.

*Bijouterie en platine.*

Médaille de bronze. M. BERNADDA, à Paris, place Dauphine, n.° 19,

Parvient à donner au platine, par un alliage convenable avec d'autres métaux, des couleurs variées et un aspect agréable dont ce métal n'est point susceptible à l'état de pureté. Des bijoux résultant de ces alliages ont été présentés par M. *Bernadda;* ils étaient d'une exécution soignée et d'un effet satisfaisant.

Le jury a décerné une médaille de bronze à ce fabricant.

SECTION II.

*Joaillerie.*

Médaille de bronze. M. BARTHÉLEMY, à Paris, Palais-Royal, n.° 111,

A exposé divers produits de joaillerie fausse, imitant le diamant et les pierres gemmes. Ces bijoux étaient taillés avec soin, et montés avec beaucoup de goût.

Le jury a décerné une médaille de bronze à M. *Barthélemy.*

---

M. MARÉCHAL, à Paris, rue Sainte-Avoie, n.° 47, Mentions honorables.

A perfectionné la taille du strass au moyen d'une machine de son invention, qui procure une imitation parfaite du brillant et de la rose de Hollande. Le jury lui a décerné une mention honorable.

Une semblable distinction a été accordée à

MM. les Lapidaires de SEPT-MONCEL (Jura),

Qui ont présenté collectivement une suite d'échantillons de joaillerie en pierres fines et en pierres fausses, dont la taille annonce une industrie bien dirigée.

## SECTION III.

### *Mosaïques en miniature.*

Peu de personnes cultivent à Paris l'art de faire des mosaïques en miniature. Les petits tableaux de ce genre que l'on emploie pour décorer des tabatières, ou que l'on porte en bijoux, sont tirés presque toujours de l'Italie, ou sont fabriqués par des Italiens qui viennent chez nous exercer leur industrie.

Cette partie des arts d'imitation est recommandable par la vigueur et par la durée des effets qu'elle parvient à produire; elle mérite d'attirer l'attention de nos jeunes artistes.

Mention honorable.

M. SIMONETTI, à Paris, rue Saint-Sébastien, n.° 46,

A exposé des sujets en mosaïque, représentant le Panthéon d'Agrippa, la grotte de Neptune, et Mercure et Argus. Ces trois petits tableaux sont exécutés avec beaucoup de soin et de précision; ils prouvent que M. *Simonetti* est fort habile dans son art. Le jury lui a décerné une mention honorable.

## SECTION IV.

### *Tabletterie et Nécessaires.*

La tabletterie transforme en petits meubles, en jouets d'enfans ou en bijoux, des substances, tantôt rares, telles que la nacre de perle, l'ivoire, l'écaille, certains bois précieux; tantôt de peu de valeur, comme l'os, la corne, les bois ordinaires; elle est *fine* ou *commune*, en raison de la qualité de la matière qu'elle met en œuvre, et dont elle augmente beaucoup le prix par les procédés qui lui sont propres. La tabletterie fine est fabriquée à Paris avec beaucoup de recherche et même de luxe; elle procure au riche des jouissances variées comme ses caprices, et, dans plusieurs quartiers de cette immense capitale, elle est, pour la classe ouvrière, une occupation constante et lucrative.

Plusieurs de nos départemens fabriquent avec avantage de la tabletterie commune. Dans le canton du Mas-d'Azil (Ariége), cette industrie occupe deux mille individus, et l'on estime à près de 400,000 fr. la valeur totale des produits qu'elle livre au commerce dans la seule petite ville de Saint-Claude (Jura).

MM. AUCOC et GAVET, à Paris, rue Saint-Honoré, n.° 154, Rappel de médaille d'argent.

Sont les successeurs de M. *Lemaire*, auquel une médaille d'argent fut décernée aux précédentes expositions de 1806 et de 1819, pour la belle fabrication de ses nécessaires. Les produits de ce genre qui ont été exposés par MM. *Aucoc* et *Gavet*, ont prouvé que ces fabricans soutiennent bien la réputation dont jouit leur établissement, et qu'ils continuent à mériter la distinction qui fut accordée à leur prédécesseur.

---

MM. COULON père et fils, à la Bastide-sur-l'Her (Ariége), Médaille de bronze.

Déjà cités relativement au jayet,

Livrent au commerce une immense quantité de peignes en buis et en corne, qu'ils font fabriquer par les habitans des campagnes. Leurs produits sont remarquables par une extrême modicité de prix.

Nous avons déjà dit que ces fabricans avaient reçu une médaille de bronze. Cette distinction leur a été accordée pour l'ensemble de leurs produits.

---

Le jury a décidé qu'il serait fait mention honorable des fabricans ci-après désignés : Mentions honorables.

M. COLLETTA-LEFEBVRE, à Paris, rue Mandar, n.° 18.

Ce fabricant imite avec beaucoup de succès les tabatières dites *écossaises*, et il les livre au commerce

Mentions honorables.

à moindre prix que celles qui proviennent de l'Angleterre. Il se sert du bois d'érable, sur lequel il parvient à imprimer divers sujets, et même des tableaux, au moyen d'un procédé particulier dont il est l'inventeur.

M. LEBRUN, à Paris, rue de Richelieu, n.° 155.

Pendule et vases en nacre, parfaitement exécutés.

M. ALLOMBERT, à Paris, rue Fontaine-au-Roi, n.° 22.

Peignes en écaille et en corne, de formes très-élégantes.

M. HÉNON, à Paris, rue Saint-Denis, n.° 178.

Peignes en écaille et en corne, très-bien confectionnés et courbés avec beaucoup de grâce.

M. LIBERT, à Paris, rue des Billettes, n.° 9.

Ouvrages en nacre bien exécutés.

M. CHÉRON, à Paris, rue Neuve des Petits-Champs, n.° 55.

Différens produits exécutés au tour avec beaucoup d'adresse.

M. ALLIZEAU, à Paris, quai Malaquais.

Cet artiste exécute très-bien, en bois, des modèles de solides polyédriques; il est bon mathématicien, et auteur de plusieurs ouvrages destinés à la jeunesse.

M. NICOD, à Oyonnax (Ain), et MM. LACOUR, MAISSIAT, JULLIARD, BOLLEY, ODEBET, JACQUEMARD, ÉVRARD, PICHON, du même département. Mentions honorables.

Jolis ouvrages exécutés au tour.

M. ROYDOR, au Bois-d'Amont (Jura).

Bonne tabletterie et boîtes de sapin bien exécutées.

---

Les fabricans dont les noms suivent ont mérité d'être cités au rapport : Citations.

M. BERNARD, à Paris, rue de Montmorenci.

Jolies corbeilles en bois sculpté, et tabletterie dorée.

M. MORIN DE GUÉRIVIÈRE, à Paris, rue Chapon, n.° 2 *bis*.

Tabletterie plaquée, en cuivre doré et en cuivre argenté.

M. REFFAY-DUPARCHY, à Saint-Claude (Jura),

Et MM. DALLOZ-GAILLARD et LANÇON, du même département.

Tabatières, nécessaires et flûtes.

Citations. M. BALON, à Paris, Palais-Royal, galerie des Bons-Enfans, n.° 161.

Nécessaires bien exécutés.

M. DUBOURG, à Paris.

Sacs et corbeilles, et divers produits de tabletterie recouverts en maroquin.

M. DECANNECAUDE, à Andeville (Oise).

Éventails et divers ouvrages en corne.

---

# CHAPITRE XXIII.

## *MACHINES ET INSTRUMENS PROPRES A L'AGRICULTURE.*

M. MOLLARD neveu, à Paris, rue Grange-aux-Belles, n.° 15, Rappel de médaille d'argent.

Est maintenant à la tête de l'établissement fondé par M. *F. E. Mollard* jeune, son oncle, et qui a mérité en 1819 une médaille d'argent.

Cette belle usine est destinée à la fabrication des instrumens aratoires perfectionnés, tels que les charrues en fer et en fonte, les semoirs, les herses et rouleaux, &c. &c.

Parmi les objets exposés par M. *Mollard*, le jury a sur-tout distingué, comme dignes de beaucoup d'éloges, plusieurs charrues qui diminuent considérablement le tirage qu'exigent la plupart des anciennes machines de cette sorte, et la charrue destinée aux défrichemens, à laquelle on a donné la force nécessaire pour résister à ce pénible travail.

Il serait à desirer que les instrumens aratoires de M. *Mollard* neveu fussent généralement adoptés; mais pour cela il faudrait que les prix fussent assez modérés pour que le simple cultivateur pût y atteindre. Ces machines ne sont encore à la portée que des propriétaires aisés, dont l'exemple sera naturellement suivi, lorsque les prix de la fonte et du fer, qui sont les principales matières qu'on y emploie, seront diminués, ainsi qu'on a lieu de l'espérer.

Le jury se plaît à reconnaître que l'établissement de M. *Mollard* continue à mériter la distinction qui lui a été accordée en 1819.

Médaille d'argent.

M. LEBLANC, dessinateur au Conservatoire des arts et métiers, à Paris,

A produit plusieurs livraisons d'un ouvrage qu'il publie pour représenter les meilleurs instrumens à l'usage de l'agriculture et de l'économie rurale. Les dessins sont faits avec une intelligence rare, et sur une assez grande échelle pour que les ouvriers puissent reconnaître toutes les parties de chaque machine, et en prendre les dimensions exactes.

M. *Leblanc* a obtenu, en 1819, une médaille de bronze. Le jury, prenant en considération les services que cet artiste distingué rend à l'agriculture, lui décerne une médaille d'argent.

---

Médailles de bronze.

M. GUILLAUME, constructeur d'instrumens aratoires, à Paris, rue du Faubourg Saint-Martin, n.° 97,

Mentionné honorablement en 1819,

A exposé six machines et instrumens de son invention, à l'usage de l'agriculture et de l'économie domestique; savoir : une charrue propre à toutes sortes de labours, quelles que soient la nature du sol et la profondeur du sillon; un instrument propre à défoncer les terres dans lesquelles on se propose de semer des plantes à racines pivotantes, sans être exposé à ramener les mauvaises terres sur les bonnes; un cultivateur à trois lames, suivi d'une petite herse propre à la culture de toutes sortes de plantes; un binet à sept socs pour le petit labour, à la profondeur de huit à dix centimètres; un hache-paille dont le tranchant des lames s'affûte par le frottement qu'il éprouve dans les coulisses, tout en coupant la paille et le fourrage; enfin une machine qu'il nomme *pierrier-raval*, destinée à ramasser les pierres d'un petit volume, et pouvant en même temps servir au transport des terres.

Médailles de bronze.

Tous ces instrumens sont bien exécutés, et construits d'après de bons modèles.

Le jury décerne une médaille de bronze à M. *Guillaume*.

M. Paul Hanin, à Saint-Romain (Seine-inférieure),

A exposé une charrue armée d'un avant-soc qui a la propriété de couper et soulever les gazons, herbes et racines, et de les rejeter dans le sillon que le soc ordinaire doit ouvrir ensuite et immédiatement, de telle sorte que ces débris végétaux, nuisibles quand ils demeurent à la surface de la terre, se trouvent extirpés et enfouis par une seule et même opération. De nombreux certificats authentiques constatent la bonté du procédé imaginé par M. *Paul Hanin*.

Le jury lui a décerné une médaille de bronze.

M. Burette, à Paris, rue des Marais-Saint-Martin,

A exposé une machine à extraire la fécule de pomme de terre. Cette machine produit tous les résultats desirables; elle est généralement employée. M. *Burette* avait été mentionné honorablement en 1819 : les perfectionnemens qu'il a apportés à sa machine, ont déterminé le jury à lui décerner une médaille de bronze.

---

Mentions honorables.

Le jury a décidé qu'il serait fait mention honorable des fabricans dont les noms suivent:

M. ÉCOUCHARD, à Dôle (Jura),

Qui a exposé une herse-râteau, un hache-paille et un valet-étau.

M. DURAND, directeur du magasin des inventions, à Paris, rue de Bussy, n.° 19,

Qui a exposé divers moulins à blé, des outils de jardinage et plusieurs objets d'économie domestique.

M. Claude-Antoine CAIRE, mécanicien à Besançon (Doubs),

Qui a exposé une presse de forme cylindrique pour les marcs de vendange.

M. le vicomte DE BARDE, à Paris, rue de Chartres, n.° 14,

Qui a exposé un moulin à broyer des pommes.

---

Citation.

M. MORIZOT, à Tonnerre (Yonne),

A mérité d'être cité pour un échenilloir de son invention.

---

# CHAPITRE XXIV.

## *MACHINES HYDRAULIQUES, POMPES; MONTURES ET APPAREILS Y RELATIFS.*

M. Joseph-François GENSOUL, à Lyon (Rhône), Rappel de médaille d'or.

A exposé plusieurs machines hydrauliques d'une belle exécution, et d'autres produits parmi lesquels le jury a surtout distingué:

1.° Des appareils pour chauffer à l'aide de la vapeur l'eau des bassines dans lesquelles on opère le tirage des cocons. On doit à cette heureuse innovation, ainsi que nous l'avons déjà fait connaître dans le chapitre III de ce rapport, le perfectionnement du filage de la soie, un moindre emploi de combustible, une économie de temps, le maintien constant de la chaleur à un degré convenable, et le renouvellement continuel de l'eau dans les bassines.

2.° Des appareils pour étouffer les cocons par l'action de la vapeur, procédé qui offre de grands avantages sur l'ancien. Autrefois il fallait une heure et demie pour étouffer la chrysalide dans le cocon; il ne faut plus que quinze minutes, et l'on ne perd pas de temps pour échauffer le four. Le modèle exposé faisait voir avec quelle rapidité les opérations peuvent se succéder. L'étouffoir est en cuivre et de forme conique, afin que la vapeur condensée ne retombe point sur les cocons; elle s'écoule le long des parois intérieures, jusqu'à la base, où elle est recueillie pour être ensuite vidée à l'aide d'un robinet.

Les services rendus à l'industrie par M. *Gensoul* lui méritèrent, à l'exposition de 1806, une médaille d'or : le jury se fait un devoir de rappeler cette distinction en faveur d'un artiste qui s'en montre de plus en plus digne.

---

Médailles d'argent.

M. Jean-Christian DIETZ, à Paris, rue Coquenard, n.° 60,

A exposé une machine à vapeur qui diffère essentiellement de toutes celles qui ont été construites jusqu'à ce jour. L'auteur la nomme *roue à vapeur.* Elle consiste dans une double roue de fonte, creuse et fixe, qui renferme tout le mécanisme. Cette machine paraît simple et solide. Un homme intelligent suffit pour la conduire, entretenir le feu et manœuvrer le levier qui sert à établir ou à interrompre la communication de la vapeur entre la machine et la chaudière.

M. *Dietz* a exposé en même temps une roue-pompe pour l'élevation des eaux. Cette roue contient un mécanisme nouveau, qui réunit à la force une forme simple, commode et élégante, et qui tient peu de place. Elle peut à-la-fois servir à l'agriculture, à l'économie domestique et dans les incendies.

M. *Dietz* avait obtenu, en 1819, une médaille de bronze : le jury lui décerne une médaille d'argent.

M. GENGEMBRE, à Paris, rue Vivienne, Médailles d'argent.

A exposé une machine à vapeur et une presse hydraulique. La machine à vapeur est de la force de quatre chevaux. L'auteur s'est particulièrement attaché à perfectionner les pièces sujettes à s'user, ainsi que la chaudière d'où dépend l'économie et la sûreté. Les soupapes d'admission et d'émission de la vapeur peuvent s'ouvrir et se fermer sans frottement.

Pour les petites machines, M. *Gengembre* emploie des chaudières d'une seule pièce; mais pour celles qui sont au-dessus de la force de six chevaux, il les compose de deux parties qu'il assemble sans boulons ni écroux, au moyen de clavettes et de mastic tellement bien disposé que les deux morceaux semblent ne faire qu'un seul et même corps; avantage qu'on ne peut obtenir avec des boulons d'assemblage, toujours sujets à se lâcher, et dont la durée n'égale pas à beaucoup près celle de la fonte.

La presse hydraulique est disposée de manière que la pression s'exerce de haut en bas, ce qui en rend l'usage plus commode dans certains cas.

M. *Gengembre* a déjà obtenu une médaille d'argent en 1802 [an X]; mais, eu égard aux améliorations et perfectionnemens qui sont dus à ses efforts continus, le jury lui décerne une nouvelle médaille du même ordre.

M. ARNOLLET, ingénieur au corps royal des ponts et chaussées, à Dijon (Côte-d'Or),

A exposé des pompes de son invention, construites dans le système qui a été couronné par la

Médailles d'argent.

société royale d'agriculture. Plusieurs pompes de ce genre ont été exécutées en divers lieux par M. *Arnollet*, et toujours avec succès. Cet ingénieur a fait de nouvelles recherches, et il est parvenu à disposer son appareil de manière à pouvoir l'appliquer facilement aux puits des mines et aux grands épuisemens qui ont lieu pour les constructions hydrauliques.

Le jury décerne à M. *Arnollet* une médaille d'argent.

M. Jacques-François SAULNIER, à Paris, hôtel des monnaies,

A exposé une petite machine à vapeur qui n'est, en quelque sorte, que le modèle de celles qu'il exécute en grand, et, pour lesquelles la société d'encouragement lui a décerné une médaille d'argent. Dans la composition de ces machines, l'auteur s'est proposé d'en rassembler toutes les parties dans un petit espace, et d'en supprimer les pièces qui ne sont pas nécessairement utiles. Il a construit, pour la compagnie des mines de houille de Schœneckein, une pompe à vapeur de la force de dix chevaux, qui donne la possibilité de changer, presque subitement, le mouvement de rotation du volant en sens contraire. Cette machine enlève une tonne du poids de six cents kilogrammes, avec une vîtesse d'un mètre par seconde, en consommant dix quintaux métriques de houille par vingt-quatre heures.

M. *Saulnier* avait obtenu, en 1819, une médaille de bronze : le jury lui décerne une médaille d'argent.

M. GRAVIER, mécanicien, à Villeneuve-sous-Dammartin (Seine-et-Marne), Médaille d'argent.

A construit, pour l'approvisionnement de Paris, et sous la direction de M. *Busche*, différentes machines dont il a exposé les modèles; savoir: un moulin à eau pour la mouture économique, un tarare à simple volant, un tarare à double volant, une trémie roulante pour le mesurage des grains, un crible cylindrique et d'autres petits appareils d'un moindre intérêt. Toutes ces machines sont conçues et exécutées avec beaucoup d'art et d'intelligence.

Le jury décerne à M. *Gravier* une médaille d'argent.

---

M. DARET, à Paris, rue de Babylone, n.° 21, Médailles de bronze.

A exposé une machine à vapeur à haute pression, de la force de deux chevaux. Il a formé un grand établissement dans lequel il peut construire des machines de toutes dimensions. C'est lui qui a construit la petite machine à broyer le chocolat qui se fait remarquer, rue de Richelieu, tant par sa belle exécution, que par la régularité et par la précision de ses effets.

M. *Daret* a établi une machine à vapeur à haute pression, de la force de six chevaux, à la verrerie de Prémontré, auprès de Soissons, et il en a placé de différentes grandeurs dans plusieurs autres établissemens.

Le jury lui a décerné une médaille de bronze.

Médailles de bronze.

M. Jean-François GAILARD, garde-magasin du corps des sapeurs-pompiers, à Paris, rue du Marché-Neuf, n.° 20,

A exposé quatre pompes à incendie et leurs accessoires. On y a remarqué : 1.° Une pompe à deux corps et à double effet, qu'on peut établir dans les puits de toute profondeur, et qui peut servir au besoin comme pompe à incendie. Elle produit un jet d'eau de 40 pieds d'élévation, par un orifice de 4 lignes de diamètre. — 2.° Une pompe sur plateau dont le corps est placé horizontalement. Un seul homme peut la manœuvrer facilement; elle sert particulièrement à l'épuisement des mines et des puits profonds. — 3.° Une pompe à incendie, du grand modèle adopté pour le service des sapeurs-pompiers de Paris. — 4.° Une pompe du second modèle destinée au service des communes. Elle est plus facile à transporter que les autres; son jet d'eau est de 60 pieds, par un orifice de 4 lignes 1/2.

M. *Gailard* a produit, en outre, des tuyaux de cuir non cousus, mais joints par des clous de bronze qui ne s'oxident point et n'altérent pas le cuir. Ce procédé a paru préférable aux coutures, dont les fils sont sujets à se pourrir promptement.

Les nombreux et heureux efforts de M. *Gailard* l'ont fait juger digne d'obtenir une médaille de bronze.

M. CAPRON, à Paris,

A exposé une pompe dite *norpac*, élevant les eaux à une grande hauteur. Cette pompe, dont les effets ont été plusieurs fois expérimentés en grand, notamment dans une des cours du Palais-de Justice, est remarquable, en outre, par les soins qui ont été apportés à son exécution.

Médailles de bronze.

Le jury décerne une médaille de bronze à M. *Capron.*

## M. Kermarec, second maître pompier, au port de Brest (Finistère),

A exposé un modèle de pompe foulante et aspirante, pour le service des bâtimens du Roi; un modèle de différenciomètre, pour prendre le tirant d'eau intérieur des vaisseaux; et un modèle de pompe à incendie, avec ses échelles et autres accessoires, disposés sur un chariot. Ce dernier modèle a été exécuté par ordre du ministre de l'intérieur, et sur la proposition de la société d'encouragement, pour être déposé au conservatoire des arts et métiers.

Les machines de M. *Kermarec* ont été adoptées pour le service de l'arsenal maritime et pour celui de la ville de Brest. Diverses expériences ont constaté la bonté de leur emploi.

Le jury décerne une médaille de bronze à M. *Kermarec.*

## M. François Gancel, à Cambray (Nord),

A exposé une pompe portative à incendie, encaissée dans sa bâche, d'un très-petit volume et d'un transport facile, pour les campagnes et les habitations éloignées ou isolées. Un seul homme manœuvre facilement cette pompe, qui ne pèse que 52 kilogrammes, et qui, à raison de la petitesse de son volume, peut

Médailles de bronze.

être introduite dans les passages et les escaliers les plus étroits. Toutes les soupapes sont montées en cuir et à vis, afin que le premier ouvrier venu puisse les réparer. Elle est d'ailleurs d'un prix modique.

Le jury décerne à M. *Gancel* une médaille de bronze.

M. GUILLEBAUD, à Nantes (Loire-inférieure),

A exposé le modèle d'un bateau qu'il appelle *zoolique*, et qui est destiné au transport des marchandises. Des expériences faites sur la Seine, entre le pont Neuf et les Invalides, ont constaté l'utile application du procédé adopté par M. *Guillebaud*, et qui consiste dans une roue à aubes ou palettes mise en mouvement par le poids des chevaux qui marchent, sans avancer, sur un plan incliné flexible et tournant sans fin, à l'aide de deux treuils placés à ses extrémités.

Quoique cette application du plan incliné flexible présente une diminution de force, comparativement aux roues à tympans et aux manéges, et plus encore aux machines à vapeur, on peut cependant y recourir utilement toutes les fois que la célérité n'est pas une condition exclusive, ou lorsque des circonstances de localité et de fortune ne permettent pas d'employer des moteurs qui occupent trop de place ou qui sont plus dispendieux.

Le jury a décerné une médaille de bronze à M. *Guillebaud*.

---

M. LEBLANC-PAROISSIEN, à la Chambrette, près Tours (Indre-et-Loire), Mentions honorables.

A monté une scierie hydraulique dans laquelle il débite le bois de placage en feuilles minces, et avec très-peu de déchet.

Le jury lui décerne une mention honorable.

La même distinction est accordée à

M. Pierre-Jacques BINET, à Paris, rue du Faubourg Poissonnière, n.° 124,

Qui a exposé des pompes à tubes mobiles, sans garnitures et ayant peu de frottement.

---

Les artistes dont les noms suivent ont mérité d'être cités au rapport : Citations.

M. Robert RANSON fils, à Lille (Nord),

Pour un engrenage de pompe à feu et divers engrenages de cardes et de roues coniques, en fonte de fer.

M. Charles CONSTANTIN, à Châteauroux (Indre),

Pour une échelle propre au service de la marine.

M. LÉORIER, à Tonnerre (Yonne),

Pour une roue oblique destinée aux irrigations et déjà couronnée par la société royale d'agriculture.

Citations. M. VASSE DE SAINT-OUEN, à Aix (Var),

Pour un belier marin mis en mouvement par les vagues de la mer.

M. François SCHMITZ jeune, à Nancy (Meurthe),

Pour un plumart et une soupape mobiles propres à être adaptés au récipient et aux cylindres d'une pompe à incendie.

M. BILLET aîné, à Besançon (Doubs),

Pour diverses pompes et compartimens de pompes.

M. BILLET jeune, à Besançon (Doubs),

Pour un sceau d'incendie en tôle vernie, des brides de pompe en fer coulé et étamé, et des gobelets à soupape, en fonte étamée.

# CHAPITRE XXV.

## *MACHINES PROPRES À LA FABRICATION DES TISSUS; MÉCANISMES DIVERS.*

### SECTION I.re

### *Machines propres à la fabrication des tissus.*

M. John Collier, à Paris, rue Richer, n.° 20, Médailles d'or.

A exposé deux machines à tondre les draps, dites *tondeuses*, l'une qui avait déjà été couronnée en 1819, l'autre qui offre un perfectionnement de la première.

La tondeuse présentée en 1819 agissait sur la longueur des draps : M. *Collier* a modifié cette machine et en a diminué le prix. Il a ensuite construit une tondeuse transversale, qui a obtenu plus de faveur, parce que le drap se présente à l'action des lames de la même manière qu'aux forces ou ciseaux ordinaires, c'est-à-dire, d'une lisière à l'autre.

M. *Collier*, en société avec MM. *Poupart de Neuflize* et *Sevenne*, a obtenu, en 1819, une médaille d'or pour la première tondeuse; mais attendu qu'il présente seul aujourd'hui de grandes améliorations à cette importante machine, le jury lui décerne de nouveau une médaille d'or. Cet artiste a aussi exposé un *fumivore*, dont nous ferons mention en traitant des appareils de chauffage.

Médailles d'or.

M. ABRAHAM-POUPART, fabricant de drap à Sedan ( Ardennes ),

A exposé une machine à tondre les draps sur la largeur, ou d'une lisière à l'autre. L'auteur nomme cette machine *tondeuse à mouvement oscillatoire et à double effet*, parce que la lame mobile coupe le poil en allant et venant. On conduit la tonte à volonté, suivant la nature et la qualité des étoffes. Le drap n'est pas exposé, comme dans le procédé du tondage à la main, aux efforts d'un crochetage souvent réitéré. Il n'est point altéré et ne perd rien de son aunage. Les lisières sont préservées de l'action des couteaux, au moyen des coulisses qui les retiennent en faisant l'effet d'un crochetage continu, sans en avoir les inconvéniens. Tous les moteurs peuvent s'appliquer à cette tondeuse, qui peut être établie sur l'emplacement de deux tables à tondre.

L'expérience ayant constaté le mérite de cette importante machine, le jury a décerné à *M. Abraham-Poupart* une médaille d'or.

MM. RISLER frères et DIXON, à Cernay (Haut-Rhin),

Ont exposé une machine à éplucher le coton. L'usage en est déjà répandu dans un très-grand nombre de manufactures, dont les chefs s'en sont approvisionnés dans les ateliers de MM. *Risler et Dixon*. On a constaté le bon effet ainsi que l'économie qu'elles produisent sur la main-d'œuvre. Elles sont favorables à la santé des ouvriers, en ce qu'elles séparent du coton un sable fin que le battage répandait dans l'air, et dont l'extraction rend le coton plus facile à carder. Ces avantages sont considérables. Médailles d'or.

Le jury décerne à MM. *Risler* et *Dixon* une médaille d'or.

## M. Viard, à Rouen ( Seine-inférieure ),

A exposé un grand nombre de machines de son invention, qui sont appliquées au perfectionnement de la filature et de la fabrication des tissus. La plupart de ces machines sont en activité depuis plusieurs années, dans quelques-unes des principales fabriques des départemens de la Seine-inférieure, de l'Eure et de la Somme. Nous nous bornerons à énumérer les diverses machines qui ont fixé l'attention du jury :

1.° Une bobineuse de soixante broches pour des fils en fusées;

2.° Une bobineuse de douze broches pour des fils en écheveaux;

3.° Un dévidoir complexe, c'est-à-dire, à plusieurs usages, quand on le monte convenablement;

4.° Un porte-bobines pour les ourdissoirs;

5.° Un secteur pour classer les fils en doux et les fils en fusées et dans tous les systèmes;

6.° Un autre secteur pour avoir le compte du fil de chaque fusée dans la fabrication des draps;

7.° Un compteur différentiel qu'on peut monter de plusieurs manières et dont la sonnerie part à un nombre quelconque, compris entre deux limites;

8.° Un compteur différentiel à trois différences;

9.° Une table d'étirages calculée pour une quadrature de continu;

10.° Une autre table d'étirage calculée pour une quadrature de *jenny-mull ;*

11.° Deux navettes perfectionnées pour la draperie ;

12.° Une table pour déterminer le numéro moyen du fil des levées faites sur des métiers *jenny-mull* de cent soixante-huit broches ;

13.° Une table pour déterminer le compte du fil sur des métiers de cent vingt broches, le poids des levées étant exprimé en livres, onces et gros ;

14.° Une table pour déterminer le compte du fil sur des métiers de quatre-vingts broches, le poids des levées étant exprimé en kilogrammes et fractions décimales ;

15.° Une table du poids des paquets, de dix livres de compte ou de trente mille aunes ;

16.° Une machine complexe, offrant la réunion d'un grand nombre de moyens de faire des trames de toutes espèces et de toutes longueurs, des bobines du même genre pour la fabrication des calicots, des draps, des couvertures, des tissus de mérinos et de cachemire.

Cette liste suffit pour faire voir que M. *Viard*, joint à l'esprit d'invention de grandes connaissances mathématiques, qu'il a puisées à l'école polytechnique, et dont il sait faire une heureuse application.

Le jury lui a décerné une médaille d'or.

---

Médailles d'argent.

M. LAPORDE, à Paris, rue Saint-Maur, n.° 50.

A exposé un batteur-éplucheur, une carde et une tête d'étirage, exécutés avec beaucoup de soin et d'après les meilleurs principes que l'expérience ait consacrés jusqu'à ce jour. A ses machines M. *Laborde* a joint le plan et la description d'un mécanisme qu'il nomme *régulateur des vannes*, et qui a pour objet de n'admettre que la quantité d'eau nécessaire pour imprimer à la roue une vîtesse uniforme et constante, qu'on détermine à volonté. Il a pareillement présenté le plan du mécanisme qui porte le plancher tournant du *Diorama*, et dont on règle le mouvement de manière que les spectateurs changent de position sans s'en apercevoir. Cet artiste réunit au génie inventif les talens nécessaires pour l'exécution.

Le jury lui a décerné une médaille d'argent.

---

M. Jacques-Marie AGNERAY, à Rouen (Seine-inférieure), **Médailles de bronze.**

A exposé un batteur-éplucheur de coton, composé de trois vôlans; un banc d'étirage et de boudinoire dont les têtes sont garnies, chacune, de quatre cylindres cannelés; une carde simple avec communication de mouvement, par engrenage et tambour en mastic, et un *jenny-mull* de deux cent seize broches. Ces diverses machines sont d'une bonne exécution et d'un prix modéré.

Le jury décerne à M. *Agneray*, une médaille de bronze.

M. Eugène PIHET, à Paris, cour de l'Orme, n.° 2, près la place Saint-Antoine,

A exposé un batteur-éplucheur de coton, divers modèles de roues d'engrenage, d'angle et cylindriques de différentes dimensions, taillées sur une machine à fendre de son invention. M. *Pihet* est le premier qui ait fait tourner les axes des volans sur des galets

Médailles de bronze.

doubles, pour en diminuer le frottement et éviter sur-tout la chaleur produite par la grande vîtesse qu'on leur imprime. Par son procédé, on peut sans inconvénient donner au volant une vîtesse de mille tours par minute, vîtesse nécessaire pour obtenir un bon effet du batteur-éplucheur.

Le jury décerne à M. *Eugène Pihet* une médaille de bronze.

## M. FOSSEY, à Paris, rue du Caire, n.° 34,

A exposé une machine propre à cylindrer et repasser les chapeaux de paille. Elle est combinée de manière que les chapeaux montés sur leur forme se présentent dans tous les sens sous un fer à repasser en forme de réchaud porté par un levier fixé à charnières par l'une de ses extrémités, et muni d'un manche à l'aide duquel un ouvrier promène et presse le fer contre le chapeau, qu'il fait en même temps changer de position, au moyen d'un mécanisme solide et très-bien approprié à cet effet.

Le jury décerne à M. *Fossey* une médaille de bronze.

## M. CARTIER, à Paris, rue du Faubourg Saint-Denis, n.° 21,

A exposé une machine à carder la laine des matelas. Cette machine est montée sur deux roues pour pouvoir être conduite aux différens domiciles. L'ouvrier qui s'en sert, peut, à lui seul, carder en douze heures cent quatre-vingts livres de laine neuve, ou trois cent soixante livres de laine ayant déjà été cardée. Son emploi assure la régularité du travail, préserve les ouvriers des incommodités de la poussière de laine ou de crin, et permet de diminuer les prix de façon des matelas.

Le jury décerne à M. *Cartier* une médaille de bronze.

---

Les fabricans dont les noms suivent sont mentionnés honorablement : Mentions honorables.

L'ÉCOLE ROYALE D'ARTS ET MÉTIERS d'Angers (Maine-et-Loire), dirigée par M. *Billet*,

Qui a exposé des pelotteuses.

MM. GUENET et LANTAIN, de Reims (Marne),

Qui ont exposé un compteur ou régulateur applicable à tous les métiers à filer.

M. DAVID, à Paris, rue Saint-Antoine, n.° 195,

Qui a exposé un métier mécanique pour la fabrication des lacets.

---

Les fabricans dont les noms suivent ont mérité d'être cités au rapport : Citations.

MM. DALLEMAGNE et GUIBOUT, à Paris, rue des Deux-Portes Saint-Sauveur, n.° 12,

Qui ont exposé un métier à fabriquer les galons.

MM. LAMI et STOCKER, à Saint-Aubin-lès-Rouen (Seine-Inférieure),

Qui ont exposé une machine pour élargir les toiles destinées à l'impression.

Citation. M. CHAUVET, de Vesoul (Haute-Saone),

Qui a exposé une mécanique pour le filage du chanvre et du lin.

---

## SECTION II.

### *Mécanismes divers.*

Rappel de médaille d'argent. M. DIDOT SAINT-LÉGER, à Paris, rue Sainte-Anne, n.° 31,

A exposé plusieurs modèles de machines. Les progrès qu'il a fait faire à l'art de fabriquer le papier par des procédés mécaniques, lui ont mérité à l'exposition de 1819 une médaille d'argent. Les modèles qu'il a présentés en 1823 étaient exécutés avec autant de recherches que d'intelligence ; et quels que soient les nouveaux progrès que ce genre de fabrication puisse faire par la suite, ainsi qu'on a lieu de l'espérer, du moins pourra-t-on consulter les modèles de M. *Didot* comme des monumens qui attesteront ses premiers efforts et les perfectionnemens qui les auront suivis.

Le jury pense que M. *Didot Saint-Léger* continue à mériter la distinction qui lui a été accordée en 1819.

Médailles d'argent M. Isaac SARGEANT, à Paris, allée d'Antin, n.° 19,

A exposé des roues de voiture et autres objets de charonnage en bois plié et courbé à la vapeur. Les procédés suivis par M. *Sargeant* ont la propriété de donner aux bois verts l'avantage de pouvoir être employés avec le même succès que les bois secs, et

Médailles d'argent.

de rendre à ceux-ci la force et l'élasticité des jeunes arbres, toutes choses égales d'ailleurs; en sorte qu'il n'est plus nécessaire de faire une aussi grande consommation de jeunes plantes, dont la destruction était si préjudiciable à l'économie forestière.

M. *Sargeant* parvient à faire prendre à toute espèce de bois les courbes et formes qui peuvent convenir à l'usage de la marine, du charonnage, de la charpente et de la menuiserie. Le bois conserve pendant toute sa durée les nouvelles formes qu'il a reçues, tandis que la courbe obtenue à la scie coupe et tranche les fibres du bois, et le rend plus cassant.

On peut, il est vrai, courber les bois par l'action du feu; mais ce moyen offre des inconvéniens et des déchets dont le procédé de M. *Sargeant* est exempt. Ses ateliers sont bien montés; il en sort des productions remarquables par la solidité et par l'élégance des formes.

Le jury décerne à M. *Sargeant* une médaille d'argent.

## M. DOBO, à Paris, rue Saint-Laurent, n.° 1,

Est un des créateurs de l'art de filer par mécanique la laine peignée. Il avait présenté en 1819 un encliquetage de son invention; en 1823, il a présenté un nouvel encliquetage circulaire et rectiligne, qui ne fait aucun bruit, et qui agit sans temps perdu ni recul. L'auteur a beaucoup simplifié ce mécanisme élémentaire; il en a rendu l'exécution facile. Plusieurs mécaniciens en ont fait de très-utiles applications.

M. *Dobo* avait été mentionné honorablement en 1819; le jury lui décerne une médaille d'argent.

Médailles d'argent.

MM. SEGUIN frères, à Annonay (Ardèche),

Ont exposé le modèle d'un pont suspendu en fil de fer, qu'ils se proposent de construire sur le Rhône, entre Tain et Tournon. De premiers essais ont été faits par MM. *Seguin*, ou d'après leurs dessins, à Annonay, à Genève, aux environs d'Amberieux et ailleurs ; ils ont été précédés d'expériences nombreuses sur la ténacité de la fonte de fer, des petites barres et du fil tiré de tous les numéros. Les auteurs en ont déduit des observations utiles sur les causes qui constituent la plus ou moins grande ténacité du fer.

Ce nouveau système de pont n'est pas de nature à recevoir une application aussi étendue ou aussi générale que les constructions ordinaires des ponts de maçonnerie ou de charpente ; mais il est un grand nombre de circonstances où l'on pourra s'en servir utilement, soit à raison de la diminution des dépenses, soit à cause de la grande facilité d'exécution. Les ponts sur fils de fer conviendront particulièrement pour tous les cas où de simples passerelles suffisent, et même pour les transports concernant l'agriculture. L'expérience seule prouvera s'ils peuvent sans inconvénient supporter le gros roulage.

Le jury décerne à MM. *Seguin* frères une médaille d'argent.

M. SENEFELDER, à Paris, rue Servandoni, n.° 13,

A exposé des presses portatives renfermant tous les accessoires et ustensiles lithographiques. Il appartenait à M. *Senefelder*, inventeur de la lithographie, et son importateur en France, de rechercher les

moyens d'en rendre l'usage plus facile et plus général. Médailles d'argent.
A cet effet, il a substitué aux pierres lithographiques des cartons préparés, et des planches métalliques qui réunissent tous les avantages de ces mêmes pierres sans en avoir les inconvéniens. Les planches lithographiques ne sont ni lourdes, ni épaisses, ni dispendieuses; elles ne cassent pas sous la presse; leur surface est parfaitement unie; l'impression en est plus facile; le transport des dessins et des écritures s'y fait mieux que sur la pierre, et, même à l'aide des planches lithographiques, on peut imprimer des deux côtés à-la-fois, avantage qu'aucun autre mode d'impression n'a offert jusqu'ici.

Les services rendus par l'auteur à la lithographie sont de plus en plus appréciés. Cette nouvelle branche d'industrie a fait en France d'immenses progrès.

Le jury décerne à M. *Senefelder* une médaille d'argent.

## M. MOTTE, à Paris, rue des Marais, n.° 13,

A exposé une presse lithographique dont le mécanisme est disposé de manière qu'il suffit d'abattre le porte-racle pour tout disposer à l'impression. Quand l'impression est opérée, une détente fait échapper le porte-racle, et l'enlève, ainsi que le châssis. Ce changement s'opère pendant que l'imprimeur charge d'encre son rouleau. Cette presse a l'avantage de doubler la force de la pression par la longueur du levier, et d'éviter la mobilité de la racle, ce qui donne aux épreuves de dessin au crayon une fermeté et une pureté remarquables. Il y a de plus économie de temps et diminution de fatigue.

Le jury a décerné à M. *Motte* une médaille d'argent.

---

Rappel de médaille de bronze.

M. TISSOT aîné, à Paris, quai de la Grève, n.° 80,

S'est particulièrement occupé de la recherche des moyens de diminuer les frottemens des arbres tournans. Cet artiste a présenté à l'exposition trois modèles de mécanismes dont le premier a pour objet de transformer le frottement du premier genre en frottement du second. L'autre est sur-tout applicable à l'axe d'un pendule d'horloge; il rend la durée de l'axe des tourillons indéfinie. Le troisième diminue le frottement des treuils menés par des vis sans fin. Les procédés de M. *Tissot* sont neufs et ingénieux, et d'une exécution facile; leur effet est certain. En 1819 il obtint une médaille de bronze; le jury se plaît à déclarer qu'il est toujours digne de cette distinction.

Médailles de bronze.

M. HAMELIN-BERGERON, à Paris, rue de la Barillerie, n.° 15,

Est auteur d'un ouvrage utile, intitulé *Manuel du tourneur.* Il a exposé deux tours, l'un de la plus petite force, l'autre de la moyenne. Le premier est en cuivre avec arbre d'acier à pas de vis sur lequel s'adaptent toutes les machines gravées et décrites dans son ouvrage. Le second est un tour en fer sans pas de vis, mais avec des manchons pour prendre des pas de vis à volonté. Son arbre est en acier, ainsi que les deux collets et les coussinets. Le mouvement est doux et s'exécute sans effort. La roue de volée est portée sur galets tournans, qu'on monte et descend à volonté, au moyen d'une vis. Ces deux tours, ainsi que toutes les parties qui en dépendent, sont établis d'après de très-bons modèles, et exécutés avec beaucoup de soin et de précision.

Médailles de bronze.

M. *Hamelin-Bergeron* avait été mentionné honorablement en 1819; le jury lui décerne une médaille de bronze.

## M. SCHWILGUÉ, à Schelestadt (Bas-Rhin),

A exposé le modèle d'un pont à bascule, dans lequel il s'est proposé d'éviter les inconvéniens attribués aux verrins qui sont employés dans les anciens ponts de ce genre. Le mécanisme proposé par M. *Schwilgué*, est à-la-fois simple et ingénieux; il a été jugé favorablement par l'administration des ponts et chaussées, qui se propose d'en faire l'essai en grand.

Le jury décerne à M. *Schwilgué* une médaille de bronze.

## M. Frédéric ROLLÉ, à Strasbourg (Bas-Rhin),

A exposé une balance portative du genre de *Sentorius*, avec des perfectionnemens qui consistent dans la combinaison des bras de levier disposés pour établir le rapport exact de 1 à 10, ce qui restreint le poids à un dixième, et diminue en proportion la dépense de première acquisition. Cette balance simple, commode et solide, est destinée plus particulièrement à la pesée des lourds fardeaux.

Le jury décerne à M. *Rollé* une médaille de bronze.

Médailles de bronze.

M. RÉVILLON, à Mâcon (Saone-et-Loire),

A exposé le modèle d'une machine à piler les drogues, et le modèle d'une sonnette à déclit pour battre les pieux. Son moyen consiste dans l'emploi d'un mouvement continu de rotation dans le même sens. Ce mécanisme peut être facilement appliqué aux pressoirs et aux moulins à foulon, et sur-tout à la sonnerie des grosses horloges, dont M. *Révillon* s'est plus particulièrement occupé. (*Voyez* l'article *Horlogerie*).

Le jury décerne à M. *Révillon* une médaille de bronze.

M. PORLIER, à Paris, rue de la Bûcherie, n.° 10,

A exposé une forme à papier tissu vergeure, grandeur de carré, un tissu vergeure coquille, et deux petites formes à filigranes. Il est inventeur d'une machine à fabriquer les toiles métalliques avec vergeure, servant à la fabrication du papier. Ses tissus en ce genre sont très-réguliers, et permettent d'obtenir un papier parfaitement uni.

Le jury décerne à M. *Porlier* une médaille de bronze.

M. Amédée DURAND, à Paris, rue du Colombier, n.° 27,

A exposé une presse d'imprimerie disposée de manière que la feuille de papier est saisie, descendue et imprimée graduellement sur les caractères, par un cylindre de pression qui parcourt toute la superficie de la forme.

Au moyen de cette presse, dont le mécanisme est plus amplement décrit au Bulletin de la société d'encouragement, n.os 212 et 222, un seul ouvrier peut imprimer par heure cinq cents feuilles des Petites Affiches, qui ont une dimension double de celles des journaux ordinaires; et comme elle offre l'avantage de pouvoir imprimer en même temps sur deux formes réunies, le nombre des feuilles tirées pourrait être de mille par heure. Médailles de bronze.

On trouve dans l'emploi de cette presse l'économie du temps jointe à celle de l'un des deux ouvriers dont on se sert pour l'usage des anciennes presses.

Le jury décerne à M. *Amédée Durand* une médaille de bronze.

M. BEUGÉ, à Paris, rue des Vieux-Augustins, n.° 62,

A exposé plusieurs presses à timbre sec, où la boîte coulante est remplacée par deux tringles rondes que l'auteur nomme *conducteurs parallèles*. Par cette disposition, on peut appliquer le timbre à une plus grande distance du bord du papier, sans le plier. La construction de ces presses est solide. Le prix en est modéré.

Le jury décerne à M. *Beugé* une médaille de bronze.

M. WOHLGEMUTH, à Paris, rue des Sept-Voies, n.° 8,

A exposé un tour à graver et à réduire les médailles et portraits. Cette machine a été portée par M. *Wohlgemuth* à un haut degré de perfection. Elle est d'une ressource précieuse pour les arts d'imitation, en ce qu'elle donne la facilité de réduire à une dimension voulue les objets d'un format disproportionné, sans altérer la ressemblance ou le rapport des dimensions primitives.

Le jury décerne à M. *Wohlgemuth* une médaille de bronze.

---

Mentions honorables.

Les artistes et manufacturiers dont les noms suivent ont été mentionnés honorablement par le jury :

M. RABIER, à Rennes (Ille-et-Vilaine),

Qui a exposé un soufflet de forge à double courant d'air. Ce soufflet a été très-heureusement employé à la Monnaie royale des médailles, et dans les ateliers d'artillerie, soit pour les arsenaux, soit pour les forges de campagne.

M. EHRENBERG, à Paris, rue de Charonne, n.° 24,

Qui a exposé des presses et outils de menuiserie d'une belle exécution.

M. MENUT, à Paris, rue du Faubourg Poissonnière, n.° 1,

Qui a exposé des roues d'engrenage et des pignons en bois destinés à servir de moules pour la fonte de fer.

---

Citations.

Le jury a décidé que les artistes et fabricans ci-après désignés seraient cités au rapport :

M. DELAFORGE, à Paris, rue de Pontoise, n.° 10, à la halle aux Veaux,

Pour un soufflet de forge.

Citations.

M. ARNOLD-HAUCITZ, à Lille (Nord),

Pour une voiture à flèche et essieux mouvans.

M. BROHART, à Rennes (Ille-et-Vilaine),

Pour une broche mécanique.

M. RAIMBEAUX, à Paris, rue Bailly, n.° 1,

Pour un tour en l'air et un étau d'une bonne exécution.

---

# CHAPITRE XXVI.

## *INSTRUMENS D'ASTRONOMIE, DE GÉODÉSIE ET DE PHYSIQUE.*

On reprochait naguères à nos opticiens et à nos constructeurs d'instrumens divisés de n'être point aussi habiles que certains artistes anglais ; et ce reproche était malheureusement justifié par l'origine étrangère des principaux instrumens qui garnissaient nos observatoires. Aujourd'hui les observations les plus délicates de l'astronomie sont faites à l'aide d'instrumens construits à Paris ; nos artistes ne reconnaissent plus ailleurs aucune supériorité de mérite dans leur profession ; ils sont devenus dignes de nos savans.

Médailles d'or.

M. Fortin, à Paris, rue des Amandiers-Sainte-Geneviève, n.° 42,

Qui obtint une médaille d'or en 1819,

A exécuté le cercle mural que les sciences doivent à la munificence de S. A. R. M.gr le duc d'Angoulême, et qui remplace le quart de cercle de *Bird* à l'Observatoire royal de Paris. La difficulté de détacher cet instrument du mur sur lequel il est appliqué, son grand poids, la crainte de le déformer dans le transport, n'ont pas permis qu'il parût à l'exposition ; mais les formalités nécessaires avaient été remplies en temps utile, par l'auteur, auprès du jury d'admission de la Seine. Médailles d'or.

Le cercle mural de M. *Fortin* est le plus grand instrument d'astronomie qui soit sorti jusqu'ici de nos ateliers. L'artiste a créé lui-même tous les moyens d'exécution, et il a imaginé, pour trouver les divisions, une méthode nouvelle qui sera certainement imitée.

Un cercle semblable, exécuté par M. *Troughton*, l'un des plus célèbres artistes de l'Angleterre, est en expérience à l'observatoire de Greenwich; les résultats en ont été comparés à ceux que donne le cercle de M. *Fortin*, et l'instrument français est sorti de l'épreuve sans aucun désavantage.

M. *Fortin* a consacré toute sa vie aux progrès de l'art qu'il cultive; son nom se rattache honorablement aux travaux les plus importans des physiciens modernes, tels que ceux de *Lavoisier*, de *Coulomb*, de *Malus*. Le jury lui décerne une nouvelle médaille d'or pour le magnifique cercle mural qu'il vient de terminer.

### M. GAMBEY, à Paris, rue du Faubourg Saint-Denis, n.° 52,

Se fit remarquer à l'exposition de 1819 par des instrumens d'astronomie et des appareils de physique dont la belle exécution lui mérita une médaille d'or. Depuis cette époque, il s'est placé au premier rang parmi nos artistes, et ses instrumens ont été employés aux plus importantes opérations.

En 1823 il a présenté :

1.° Un héliostat dont la construction savante

prouve dans l'auteur des connaissances mathématiques fort étendues, un grand esprit d'invention et une habileté peu commune.

2.° Une boussole qui permet de déterminer la déclinaison de l'aiguille aimantée jusqu'à la précision des secondes de degré. On remarque dans cet instrument une ingénieuse suspension à fil, qui permet de renverser l'aiguille aimantée en un instant; des procédés neufs pour corriger les excentricités; une lunette qui peut servir à volonté comme microscope ou comme véritable lunette, et qui donne le moyen d'observer successivement les images amplifiées de la mire méridienne et des extrémités de l'aiguille; enfin une méthode très-ingénieuse pour s'assurer que dans ces deux genres d'observations les lignes visuelles coïncident parfaitement.

3.° Un équatorial dans lequel les cercles de déclinaison et d'ascension droite ont chacun trois pieds de diamètre. Ce bel instrument est digne de la grande réputation de l'auteur : on y remarque un système de contre-poids, neuf, et parfaitement combiné; une division de la plus parfaite régularité; une disposition qui permet de faire tourner la lunette uniformément autour de l'axe du monde, problème difficile, que M. *Gambey* a résolu au-delà de toutes les espérances, à l'aide d'une horloge à pendule, d'une construction toute nouvelle, et qui suffirait seule pour faire la réputation d'un habile horloger.

Le jury ne pense pas qu'il y ait maintenant en Europe d'artiste supérieur à M. *Gambey;* il lui décerne une nouvelle médaille d'or.

---

M. Lenoir fils, à Paris, rue Saint-Honoré, n.° 340, Rappel de médaille d'argent.

Qui obtint une médaille d'argent en 1819,

A exposé un cercle répétiteur astronomique, de 0m,44 de diamètre, appartenant au dépôt de la marine; des niveaux-cercles de différentes constructions; une boussole-cercle; une planchette géodésique garnie de son alidade; un instrument qu'il nomme *théodolite français*, et des sextans de diverses grandeurs. La plupart de ces instrumens sont d'une construction soignée; l'artiste en fabrique beaucoup pour les ingénieurs attachés aux différens services publics; les arpenteurs, sur-tout, en font un grand usage.

Le jury pense que M. *Lenoir* est toujours digne de la médaille d'argent qu'il obtint à la dernière exposition.

MM. Jecker frères, à Paris, rue de Bondi, n.° 32,

Ont présenté des instrumens répétiteurs, des sextans, des longues vues, des lunettes de spectacle, des baromètres de différentes formes, et d'autres instrumens d'optique et de physique. Les ateliers de ces artistes ont une grande importance commerciale; ils fournissent beaucoup d'instrumens à la marine, au cadastre, aux ingénieurs civils et militaires, et les prix sont en général très-modérés.

En 1819, MM. *Jecker* obtinrent une médaille d'argent, dont ils continuent toujours à se rendre dignes.

---

Mentions honorables.

M. BUNTEN, à Paris, quai Pelletier, n.° 26,

Mérite la réputation qu'il s'est acquise, depuis quelques années, comme constructeur d'instrumens en verre. Ses thermomètres sont élégans et correctement gradués. Les baromètres sédentaires ou portatifs qu'il exécute, présentent des perfectionnemens ingénieux et utiles, qui attireront certainement un jour l'attention des observateurs.

Le jury lui décerne une mention honorable.

M. CHAMPION, à Paris, rue du Coq-Saint-Jean, n.° 3,

Qui fut mentionné honorablement en 1819, pour des mesures linéaires sur rubans recouverts d'un vernis souple et peu hygrométrique, continue à mériter cette distinction pour les mêmes produits, dont il a encore amélioré la construction.

---

# CHAPITRE XXVII.

## *OPTIQUE.*

### SECTION I.re

### *Lunettes.*

M. LEREBOURS, opticien, à Paris, place du Pont-Neuf, Médailles d'or.

Qui reçut en 1819 une médaille d'or, a exposé plusieurs instrumens d'optique qui sont tous très-dignes de la réputation dont il jouit dans le monde savant. Deux de ses lunettes, dont une a 9 pouces 1/2 d'ouverture, ont fixé sur-tout l'attention du jury. Rien de plus parfait n'est certainement sorti des ateliers d'aucun opticien.

Le jury décerne une nouvelle médaille d'or à M. *Lerebours.*

M. CAUCHOIX, opticien, à Paris, quai Voltaire,

Qui reçut en 1819 une médaille d'argent, a complétement réalisé, cette année, les espérances que son zèle, ses connaissances variées et son expérience avaient fait concevoir. Une des nombreuses lunettes achromatiques qu'il a exposées, a un pied d'ouverture : c'est le plus grand instrument de ce genre qu'on ait exécuté. Les savans et les artistes sauront apprécier toutes les difficultés que l'auteur a eues à vaincre dans le travail d'un aussi immense objectif.

M. *Cauchoix* a rendu à l'astronomie un service non moins important, par l'invention d'un pied d'une nouvelle forme, propre à supporter et à mouvoir, dans tous les sens, les lunettes et les télescopes de toutes dimensions. Rien n'est plus ingénieusement combiné ; la commodité et la stabilité la plus parfaite s'y trouvent réunies. C'est une excellente solution d'un problème qui avait exercé beaucoup d'artistes, sans que jusqu'ici leurs efforts eussent répondu à l'attente des observateurs.

Le jury décerne une médaille d'or à M. *Cauchoix.*

---

Médaille de bronze.

M. DOMET DE MONT, à Dôle (Jura),

Déjà cité relativement au tripoli et aux palettes à aiguiser, est un amateur des sciences ; il est parvenu, dans la campagne qu'il habite, loin de toutes les ressources de la capitale, à exécuter des lunettes qui, par leurs qualités et leurs dimensions, feraient honneur à un artiste de profession. Les essais auxquels il s'est livré pour rendre achromatiques les oculaires, sont déjà très-satisfaisans et méritent d'être suivis. Le jury lui décerne une médaille de bronze.

---

Mention honorable.

M. CHEVALIER (Vincent), à Paris, quai de l'Horloge, n.° 69,

A exposé des microscopes, des lunettes et une grande variété de petits instrumens d'optique qui dénotent un artiste soigneux et très-exercé. Le jury lui décerne une mention honorable.

M. CHEVALIER (le chevalier), quai de l'Horloge, n.° 1, — Mention honorable.

A exposé une suite d'instrumens d'optique recommandables par une bonne exécution et par la richesse des accessoires. Au nombre de ces objets on distinguait sur-tout une lunette astronomique dont la construction prouve l'habileté de l'auteur.

Le jury décerne une mention honorable à M. *Chevalier* (le chevalier).

## SECTION II.

### *Phares.*

M. FRESNEL, à Paris, — Médaille d'or.

A présenté un phare lenticulaire et à rotation, qui est trop connu maintenant pour qu'il soit nécessaire d'en donner ici la description. Les nombreuses expériences exécutées par la commission des phares, avec les attentions les plus minutieuses, ont mis dans une entière évidence l'immense supériorité de ce nouveau système d'éclairage sur tout ce qui avait été exécuté de plus parfait en ce genre, tant en France qu'à l'étranger.

M. *Fresnel* est célèbre dans le monde savant par des travaux où se trouvent réunis au plus haut degré l'esprit inventif et le talent des expériences; le jury lui décerne une médaille d'or.

Médaille d'argent.

M. SOLEIL, à Paris, passage Feydeau, n.° 21,

Est un opticien très-recommandable. Il a exécuté par des moyens mécaniques, avec un zèle et une persévérance dignes de beaucoup d'éloges, les nombreuses pièces dont se composent les grandes lentilles de M. *Fresnel.*

En 1819, M. *Soleil* reçut une médaille d'argent; le jury croit devoir lui en décerner une nouvelle.

Rappel de médaille d'argent.

M. BORDIER-MARCET, à Paris, rue Neuve-Sainte-Élisabeth,

S'est occupé depuis un grand nombre d'années, et avec succès, des moyens de perfectionner l'éclairage des côtes, des villes et des ateliers. Il a donné à ses réflecteurs les formes les plus variées, et il en a multiplié les applications de mille manières.

Le jury se plaît à reconnaître que M. *Bordier-Marcet* est de plus en plus digne de la médaille d'argent qui lui a été décernée en 1819.

---

# CHAPITRE XXVIII.

## *MÉCANIQUE DE PRÉCISION, HORLOGERIE.*

LES produits d'horlogerie qui ont été vus à l'exposition de 1823, étaient dignes de la haute réputation dont jouit cette partie de l'industrie française. Ils ont offert plusieurs améliorations notables, particulièrement dans la construction des mécanismes qui exigent la précision la plus rigoureuse. Ces améliorations résultent de l'union, jusqu'ici trop rare, des connaissances mathématiques et physiques avec l'adresse de la main; elles promettent des résultats aussi importans que durables, parce qu'elles dénotent de la part de nos artistes une disposition à s'aider dans les travaux de l'atelier de toutes les ressources de la théorie.

### SECTION I.re

### *Mécanique de précision.*

Quoique les artistes dont il va être parlé aient exposé des pendules et des horloges, ils sont distingués des horlogers proprement dits, en ce que leurs inventions sont susceptibles d'applications plus variées que celles qui ne se rapportent qu'à l'horlogerie.

Médaille d'or.

M. PECQUEUR, à Paris, rue Saint-Martin, n.° 50,

Est parvenu à résoudre un problème d'engrenage qui, jusqu'ici, n'avait point paru susceptible d'une solution rigoureuse. Ce problème consistait à *établir un rapport donné entre les vîtesses angulaires de deux roues, lorsque le numérateur et le dénominateur de la fraction exprimant ce rapport sont, ensemble ou séparément, des nombres premiers, et qu'ils surpassent le nombre de dents qu'il est possible de tailler sur la circonférence d'une même roue, en conservant à ces dents la force qui leur est nécessaire.* M. *Pecqueur* est parvenu à ce beau résultat, en introduisant très-ingénieusement dans son mécanisme, des roues dentées dont les centres se déplacent.

Une pendule à temps sidéral et à temps moyen, présentée à l'exposition par M. *Pecqueur*, offre une application de son système d'engrenage. Dans cette pendule, chacun des temps a son moteur, son rouage et son régulateur particuliers; les deux systèmes seulement sont réunis par un rouage correcteur, qui est construit d'après la nouvelle théorie, et qui ne leur permet pas de s'écarter du rapport que l'on a fixé en exécutant la denture.

Une pendule de cheminée présentée aussi à l'exposition par M. *Pecqueur*, offre une autre application non moins curieuse du même mécanisme. Mise en rapport avec une montre quelconque, cette pendule en règle la marche directement et en peu d'heures.

Les rouages de M. *Pecqueur* ne sont pas seulement applicables à l'horlogerie; on peut en tirer un grand parti pour corriger les irrégularités de vîtesse d'une machine à vapeur, d'une roue hydraulique, pour partager une résistance quelconque entre deux moteurs dans une proportion déterminée; enfin, pour résoudre une foule de problèmes de mécanique à la solution desquels les arts industriels sont directement intéressés.

On doit encore à M. *Pecqueur* un appareil ingénieux nommé *canne hydraulique perfectionnée*, à l'aide duquel on emploie utilement une portion de la force motrice beaucoup plus considérable qu'on ne le fait dans la plupart des machines hydrauliques connues.

M. *Pecqueur*, enfin, a inventé un procédé pour former des tissus circulaires et sans couture, à dessins variables à volonté, et il a imaginé des moyens mécaniques qui permettront d'exécuter sur les dentelles tous les dessins qu'on ne fait maintenant qu'à l'aide des fuseaux.

M. *Pecqueur* obtint, en 1819, une médaille d'argent; le jury lui décerne une médaille d'or.

---

M. WAGNER, à Paris, rue du Cadran, n.° 39, Médaille d'argent.

Qui obtint une médaille d'argent en 1819.

A exposé des horloges publiques de différentes dimensions, et le mécanisme destiné à faire mouvoir un grand phare lenticulaire.

Les horloges de M. *Wagner* sont belles et solides; toutes les parties en ont été perfectionnées depuis la dernière exposition; le volume en est considérablement réduit, et les prix en sont très-modérés.

L'appareil appliqué au phare tourne régulièrement et sans secousse, quoique chargé d'un poids énorme; il a déjà été longuement éprouvé sur plusieurs points de nos côtes, à la satisfaction des marins.

Les procédés imaginés ou introduits en France par M. *Wagner* pour tailler les roues dentées, et qu'il a livrés au public avec le désintéressement le plus honorable, ont puissamment contribué à l'amélioration de nos filatures; c'est aux applications qui ont été faites de ces procédés, que l'on est redevable de la bonne disposition et de la précision des engrenages de toutes les machines qui ont figuré à l'exposition.

Le jury, prenant en considération les services de divers genres que M. *Wagner* a rendus à l'industrie depuis 1819, lui décerne une nouvelle médaille d'argent.

---

Médaille de bronze.

M. RÉVILLON, à Mâcon (Saone-et-Loire),

Déjà cité relativement aux mécanismes divers,

A exposé des horloges publiques très-bien exécutées, et qui ne sont pas de simples copies des horloges déjà connues. L'artiste a su y faire, avec succès, une nouvelle application des leviers excentriques qu'il emploie avec tant d'avantages dans sa machine à battre les pilots. Les prix en sont très-modérés. Nous avons annoncé plus haut qu'une médaille de bronze avait été décernée à M. *Révillon* pour l'ensemble de ses produits.

---

## SECTION II.

## *Horlogerie.*

### ARTICLE I.er

### *Chronomètres et Montres.*

MM. BERTHOUD frères, à Paris, rue de Richelieu, n.° 103, — Médailles d'argent.

Ont exposé trois montres marines renfermées dans des boîtes suspendues, un chronomètre de poche, un demi-chronomètre, et enfin des montres de moindre prix, mais dont cependant l'exécution est soignée.

L'une des montres marines, celle qui porte le n.° 179, a été comparée, en juillet, août, et dans les premiers jours de septembre, avec la pendule sidérale de l'Observatoire royal, dont la marche est journellement déduite des passages des étoiles au méridien. Nous transcrivons ici les divers résultats que ces comparaisons ont fournis.

| | Marche diurne de la montre. |
|---|---|
| Du 15 au 16 juillet 1823 | — 0",2. |
| Du 16 au 17 *idem* | 0 ,0. |
| Du 17 au 19 *idem* | 0 ,0. |
| Du 19 au 21 *idem* | — 0 ,3. |
| Du 21 au 22 *idem* | — 0 ,3. |
| Du 22 au 24 *idem* | + 0 ,3. |
| Du 24 au 26 *idem* | + 0 ,3. |
| Du 26 au 29 *idem* | + 0 ,2. |
| Du 29 au 1.er août | + 0 ,4. |
| Du 1.er au 3 *idem* | + 0 ,8. |
| Du 3 au 4 *idem* | + 0 ,5. |
| Du 4 au 7 *idem* | + 0 ,7. |
| Du 7 au 10 *idem* | — 1 ,1. |

| | | |
|---|---|---|
| Du 10 au 11 *idem* | — | 1″,2. |
| Du 11 au 12 *idem* | — | 1 ,0. |
| Du 12 au 15 *idem* | — | 1 ,5. |
| Du 15 au 17 *idem* | — | 1 ,1. |
| Du 17 au 19 *idem* | — | 0 ,8. |
| Du 19 au 21 *idem* | — | 0 ,0. |
| Du 21 au 24 *idem* | — | 0 ,7. |
| Du 24 au 25 *idem* | — | 0 ,5. |
| Du 25 au 26 *idem* | — | 0 ,7. |
| Du 26 au 12 septembre | — | 0 ,4. |

Le 15 septembre, la montre ne put pas être remontée, les artistes s'étant présentés trop tard pour entrer dans les salles de l'exposition. Le 16, après l'avoir remise en mouvement, on la transporta à l'Observatoire ; les nouvelles comparaisons ont donné :

| | | |
|---|---|---|
| Du 16 au 20 septembre | — | 0″,2. |
| Du 20 au 24 *idem* | + | 0 ,4. |

L'une des autres montres, celle qui est désignée par le n.° 178, a été comparée journellement, par les constructeurs eux-mêmes, à deux bonnes pendules astronomiques; elle n'a pas donné des résultats moins satisfaisans.

M. *Louis Berthoud*, père des fabricans à qui l'on doit les chronomètres dont il vient d'être parlé, était justement renommé pour l'excellence de son horlogerie de précision. Sous un tel maître, les fils ne pouvaient pas manquer de réussir ; mais cet avantage, dont ils ont si bien profité, n'était pas sans quelque inconvénient. On pouvait prévoir que MM *Berthoud* seraient responsables de tout ce que leurs ateliers produiraient de médiocre, et qu'on attribuerait au contraire à leur père les chronomètres dans lesquels on remarquerait une grande perfection de main-d'œuvre. Le jury a reconnu, après l'enquête la plus soigneuse, que les montres marines exposées par MM. *Berthoud* sont bien véritablement leur ouvrage. Ces jeunes artistes feront certainement honneur à un nom déjà célèbre dans l'art si délicat de mesurer le temps avec exactitude. Médailles d'argent.

Le jury décerne à MM. *Berthoud* une médaille d'argent; il eût accordé la récompense supérieure, si les montres marines, dont la marche s'est si bien soutenue en juillet, août et septembre, avaient pu être essayées pendant un temps plus long.

## M. DUCHEMIN, à Paris, place du Châtelet, n.° 2,

A exposé une pendule et une montre marines. La pendule est à secondes, et marque le temps moyen. Le balancier à compensation dont elle est garnie, est de l'invention de M. *Duchemin;* il est d'une forme simple et d'un prix peu élevé. En tout, l'exécution de cette pendule annonce un artiste consommé.

La montre marine se distingue des chronomètres exécutés jusqu'ici, soit en France, soit à l'étranger, par deux inventions qui promettent de devenir fort utiles.

La première a pour objet de donner au jeu du balancier une régularité telle, que le nombre des oscillations qu'il est susceptible de faire dans un temps donné, soit toujours à-peu-près le même, quelle que soit la position que l'on fasse prendre à la montre. Pour obtenir ce résultat, il fallait rendre constant le frottement des pivots de l'axe du balancier contre les parois des trous pratiqués dans les plaques minces de métal ou de pierres dures qui lui servent de supports. M. *Duchemin* a imaginé pour cela de boucher les trous dont il s'agit par des plaques obliques à l'axe, au lieu des plaques perpendiculaires dont on fait communément usage; idée ingénieuse, dont l'avantage est prouvé par l'expérience que nous allons rapporter.

Un balancier monté à la manière ordinaire exécutait, pendant un temps déterminé,

1160 oscillations dans la position horizontale,
420 sous l'angle de 45 degrés,
340 dans la position verticale.

Il y avait, comme on voit, une différence de 820 entre les nombres d'oscillations obtenues dans les positions extrêmes.

Le même balancier, monté avec des plaques inclinées, a donné :

340 oscillations dans la position horizontale,
368 à 45 degrés,
340 dans la position verticale.

Ici, la plus grande différence n'est que de 28 oscillations. Il est donc permis d'espérer que le parfait isochronisme du ressort spiral sera beaucoup moins nécessaire quand on substituera aux plaques perpendiculaires dont on s'est servi jusqu'ici, les plaques inclinées que M. *Duchemin* recommande.

La seconde invention que l'on remarque dans la montre marine, est relative à la *compensation*. Les rayons du balancier sont composés de cuivre et de zinc, et l'extrémité de chacun d'eux est garnie, parallèlement à l'axe, d'une tige qui supporte de petites masses *réglantes* destinées à tenir lieu des courbes de compensation. L'exécution de ce balancier est facile, et l'on peut espérer qu'il sera moins altéré par la force centrifuge que ne l'est le balancier ordinaire à courbe de compensation. Toutefois, dans une matière aussi grave, qui touche de si près à la sûreté de la navigation, il est prudent de s'abstenir de décider *à priori*, et l'on doit laisser au temps et à l'expérience à prononcer sur le mérite des inventions de M. *Duchemin*.

Le jury décerne à cet artiste une médaille d'argent comme récompense du zèle éclairé qu'il a montré pour les progrès de son art, et de l'habileté dont il a fait preuve dans l'exécution de la pendule et de la montre marines qu'il a présentées à l'exposition.

M. RIEUSSEC, à Paris, rue Neuve des Petits-Champs, n.° 13, — Médailles de bronze.

A exposé une pendule astronomique à secondes, et une montre de son invention, qu'il appelle un *chronographe*.

Le chronographe a la forme et le volume d'un gros chronomètre de poche. Le cadran est mobile autour d'un axe perpendiculaire à son plan et passant par le centre. Quand la montre marche, ce cadran fait un tour dans une minute; or, comme il est divisé en soixante parties égales, la vîtesse angulaire, dans chaque seconde, est exprimée par une division.

Le chronographe étant en mouvement, si un observateur veut noter le commencement d'un phénomène, il presse un bouton avec le doigt; et, à l'instant même, une petite plume ou pointe métallique, traversant le sommet ouvert d'un cône rempli de noir à l'huile et placé vis-à-vis le zéro fixe de départ du cadran mobile, marque, sur la division de ce cadran, un point qui fait connaître d'abord la seconde entière;

Médailles de bronze.

ensuite, par sa position entre deux divisions contiguës, la fraction de seconde cherchée. Des épreuves répétées ont appris que le jeu du mécanisme qui lance la plume n'arrête ni ne retarde le mouvement du cadran mobile. On a également reconnu que la pression sur le bouton et la formation du point noir sont simultanées. Ce point a, d'ailleurs, d'assez petites dimensions pour qu'il soit facile d'estimer sa place, entre deux divisions contiguës du cadran mobile, à deux dixièmes de l'intervalle qui les sépare : le chronographe peut donc servir à apprécier des *cinquièmes* de seconde.

Un chronomètre, dit *chronomètre à détente*, qui a été construit dans les ateliers de feu M. *Breguet*, donne aussi le moyen d'apprécier rigoureusement la durée d'un phénomène ; mais, dans cet instrument, le cadran est fixe, et c'est l'aiguille des secondes qui porte la petite écritoire ainsi que la pointe destinée à marquer les instans de l'observation ; de sorte que, s'il existe, pour le but, une ressemblance entière entre les deux instrumens, il n'y en a réellement que fort peu dans les moyens dont les deux artistes ont fait usage.

Le jury décerne à M. *Rieussec* une médaille de bronze.

## M. PERRON, à Besançon (Doubs),

A exposé plusieurs produits d'horlogerie, dont les plus remarquables étaient :

1.° Une montre à échappement libre, avec le balancier en platine, formant ce que les marins appellent un *demi-chronomètre*. Cette montre est d'un prix très-modique.

2.° Un chronomètre véritable à échappement libre de *Ferdinand Berthoud*, avec balancier à compensation, masses réglantes, trous en rubis pour tous les pivots, &c. &c. Le prix qu'en demanderait l'auteur ne serait que de 1200 fr. Médailles de bronze.

Le jury a vu avec satisfaction ces essais d'un horloger qui n'habite point la capitale, dans une carrière aussi difficile. Il a décerné une médaille de bronze à M. *Perron.*

## M. LARESCHE, à Paris, Palais-Royal, galerie de Valois,

A présenté des appareils d'un petit volume qui s'adaptent aisément et en peu d'instans à toute espèce de montres, et à l'aide desquels ces montres deviennent des réveils ou cessent de l'être à volonté. On pourrait craindre que ce mécanisme additionnel n'altérât sensiblement la marche des rouages; mais l'expérience a prouvé que l'artiste a su vaincre cette difficulté.

L'idée d'appliquer des réveils mobiles aux montres portatives n'est pas neuve; il paraît même que d'anciens horlogers s'étaient assez approchés des dispositions qu'adopte M. *Laresche;* mais, quoi qu'il en soit, cet artiste, outre quelques détails de construction bien entendus et qui lui font honneur, aura le mérite d'avoir rendu ces instrumens populaires en les établissant à des prix très-modérés.

Les pendules portatives ou de voyage et à réveil du même horloger sont également recommandables.

M. *Laresche* annonce que, de concert avec M. *Jolycler*, propriétaire à Nîmes, il est parvenu à préparer

Médailles de bronze.

l'huile d'olive de manière à la rendre moins sujette à crasser que l'huile ordinaire quand on l'emploie pour lutréfier les tourillons des axes dans les mouvemens d'horlogerie. Le moyen qu'il emploie consiste à séparer l'olive de son noyau avant de la soumettre à l'action de la presse. Les expériences faites pour démontrer la supériorité de l'huile ainsi fabriquée sur l'huile ordinaire, n'ont point été assez long-temps continuées pour que l'on puisse les regarder comme décisives ; mais si les résultats en sont tels que les espère M. *Laresche*, cet artiste aura véritablement rendu un service important à l'horlogerie.

Le jury lui décerne une médaille de bronze.

M. Joseph ALAVOINE, à Paris, rue du Temple, n.° 115,

Sourd et muet de naissance, âgé de dix-neuf ans, a présenté à l'exposition plusieurs outils d'horlogerie et une montre à cylindre. L'exécution de ces objets est très-satisfaisante, et elle paraît sur-tout remarquable quand on songe que l'auteur n'a que trois ans d'aprentissage. M. *Vallet (Antoine-Léon)* est le maître de ce jeune artiste ; il prouve d'une manière incontestable que les sourds et muets, dirigés par un maître exercé, peuvent en peu de temps devenir d'habiles horlogers. Peut-être le Gouvernement, qui s'occupe avec tant de sollicitude de ces malheureux enfans, jugera-t-il convenable d'introduire ce genre de travail dans l'établissement de la rue Saint-Jacques. Sous la direction d'un homme aussi entendu que M. *Vallet*, le succès d'une telle entreprise ne paraîtrait pas douteux.

Le jury décerne une médaille de bronze à M. *Joseph Alavoine.*

---

L'ÉCOLE ROYALE D'ARTS ET MÉTIERS de Châlons-sur-Marne,

Rappel de médaille d'or.
Médaille de bronze.

Déjà citée plusieurs fois dans ce rapport, n'a fait de véritables progrès dans l'horlogerie que depuis deux ans, époque à laquelle feu M. *Breguet* fut invité par l'autorité à donner une nouvelle organisation aux ateliers dans lesquels cette sorte d'industrie est enseignée. Le succès a dépassé toutes les espérances. Les mouvemens présentés en 1823 sont bons, solides et bien disposés. Un atelier qui coûtait, tous les ans, au Gouvernement, de 4 à 6,000 fr., sans produire ni ouvrage ni élèves, donne déjà 2,000 francs de bénéfice. M. *Bréguet* se plaisait à faire honneur de ces heureux résultats à la persévérance, au zèle et au talent distingué de M. *Henriot*, son élève, qu'il avait placé dans l'établissement.

Nous avons annoncé déjà que, par l'ensemble de ses produits, l'école de Châlons avait été jugée digne de la continuation d'une médaille d'or qui lui fut décernée en 1819. Le jury croit devoir, en outre, décerner une médaille de bronze à M. *Henriot.*

---

M. MUGNIER, à Paris, rue Neuve des Petits-Champs, n.° 57,

Mention honorable.

A exposé :

1.° Une pendule à sonnerie, à demi-secondes et à quantième annuel, qui marque aussi les phases de la lune, le lever et le coucher du soleil;

2.° Une montre marine, à échappement libre et à détente;

3.° Une montre qui se remonte d'elle-même quand on la porte, à l'aide d'un artifice fort simple, imaginé, il y a une quarantaine d'années, par un horloger de Neufchâtel, nommé *Perrelet;*

4.° Plusieurs montres de luxe, marquant les secondes.

Le jury a regretté que M. *Mugnier* n'ait pas fourni l'occasion d'étudier la marche de son chronomètre : cette épreuve lui aurait peut-être donné droit à une récompense d'un ordre élevé. Quoi qu'il en soit, l'horlogerie de cet artiste est remarquable par beaucoup d'élégance, et mérite d'être mentionnée honorablement.

### ARTICLE 2.

### *Pendules.*

Rappel de médaille d'or.

M. JANVIER, horloger ordinaire du Roi, au palais de l'Institut, à Paris,

A présenté trois pendules à l'exposition.

La première est une horloge à secondes et à poids, représentant la révolution annuelle du soleil, la révolution périodique de la lune et celle de ses nœuds; les phases, les éclipses de soleil et de lune, avec leur étendue, au moins, pour les conjonctions moyennes.

La seconde pièce est une horloge à ressorts, marchant un mois sans avoir besoin d'être remontée. Elle sonne les heures, les quarts et les quatre quarts avant l'heure, par le même rouage. Elle bat les demi-secondes, et indique, pour chaque jour, la valeur de l'équation du temps. Au bas du cadran principal, l'artiste a placé un second cadran, qui indique les jours de la semaine, les jours et les phases de la lune. Enfin, un troisième cadran, qui concourt à la décoration de l'horloge, donne l'heure du lever et du coucher du soleil. Jusqu'ici, dans les pendules destinées à fournir ce dernier genre d'indication, on employait une lame circulaire, douée d'un mouvement alternatif, et qui ne subdivisait les heures qu'en quarts : M. *Janvier* est parvenu, par un moyen qui lui est propre, à pousser la précision jusqu'aux minutes.

La troisième horloge est à équation. Elle est particulièrement remarquable par une grande simplicité de construction.

A l'exposition de 1806, M. *Janvier* obtint une médaille d'or. En reconnaissant qu'il est de plus en plus digne de cette récompense, le jury croirait ne lui avoir rendu justice qu'à moitié, s'il n'ajoutait pas que, par son influence et par ses conseils désintéressés, M. *Janvier* rend journellement des services signalés à ses jeunes émules. Personne n'est plus érudit que lui : en traduisant les ouvrages des plus grands maîtres, il a fourni aux horlogers peu versés dans la connaissance des langues anciennes les moyens d'étudier ces ouvrages ; il calcule la denture des rouages pour tous ceux à qui les mathématiques ne sont pas familières ; il est le conseil et l'appui de tous les jeunes artistes doués de quelque talent, et, ce qui n'est pas moins utile, leur censeur sévère quand ils s'égarent. Le jury pense que personne n'a plus contribué que M. *Janvier* à porter l'horlogerie française à l'état de prospérité où elle est actuellement parvenue.

Médaille d'or.

M. PONS, à Saint-Nicolas d'Aliermont (Seine-inférieure),

A rendu à la fabrique d'horlogerie établie à Saint-Nicolas des services importans, qui ont été signalés dans le rapport du jury de l'exposition de 1819, et qui résultent principalement de l'usage des machines, ainsi que de l'application du principe de la division du travail. Les produits exposés par cette même fabrique en 1823 présentaient encore des améliorations notables. On y a remarqué, 1.° de nouvelles combinaisons, qui n'augmentent que du quart les prix déjà si modiques des mouvemens du commerce, et à l'aide desquelles la sonnerie est toujours d'accord avec l'heure indiquée par les aiguilles; 2.° des mouvemens pour pendules portatives, avec des échappemens mixtes combinés par M. *Pons* lui-même, et qui peuvent être exécutés avec plus de facilité que les anciens; 3.° un modèle d'échappement à force constante, qui prouve l'esprit inventif de l'auteur.

La fabrique de Saint-Nicolas fournit au commerce 5 ou 6,000 mouvemens de pendules par an. En 1819, M. *Pons*, qui en est le directeur, obtint une médaille d'argent : le jury, prenant en considération les améliorations dont il vient d'être rendu compte, décerne à cet artiste une nouvelle médaille du même genre.

---

Rappel de médaille d'argent.

M. LEPAUTE fils, à Paris, rue Saint-Thomas du Louvre, n.° 42,

A exposé :

1.° Une pendule astronomique, semblable à celle qui, depuis dix à douze ans, sert aux astronomes de

Paris pour l'observation des passages au méridien. Elle est d'une composition et d'un travail dignes de la réputation dont M. *Lepaute* jouit à juste titre.

2.° Une pendule à demi-secondes, construite sur les mêmes principes.

3.° Le modèle d'une suspension à ressorts pour les balanciers des horloges. M. *Lepaute* s'est proposé de garantir ces ressorts contre les effets de tous les mouvemens brusques qu'on pourrait donner au pendule : il paraît y avoir réussi.

4.° Une grande horloge à équation et à sonnerie pour les heures et les quarts. L'exécution de cette pendule est aussi parfaite que dans les plus belles pendules astronomiques. M. *Lepaute* y a introduit l'échappement de *Graham*. Elle marche douze jours.

Cet artiste obtint, en 1819, une médaille d'argent, dont il se montre de plus en plus digne.

M. PERRELET, à Paris, rue du Bac, n.° 40, Médaille d'argent.

A exposé une pendule astronomique d'une construction nouvelle, ayant deux cadrans séparés, qui donnent, l'un, le temps sidéral par heures, minutes et secondes; l'autre, les heures, minutes et secondes du temps solaire moyen.

Cette horloge est composée de deux rouages entièrement semblables, pourvus chacun de leur poids moteur, et qui sont réglés par le même échappement et le même pendule. La communication entre les deux mouvemens s'établit à l'aide d'un seul axe terminé par deux roues en couronne. Il résulte de cette ingénieuse disposition que les deux roues qui portent les aiguilles des minutes et des secondes, soit du temps sidéral, soit du temps moyen, sont continuellement tendues par les poids moteurs, et que les jeux d'engrenage ne peuvent occasionner aucune erreur dans les indications données par ces roues. Le pendule compensateur adapté à l'horloge de M. *Perrelet* est formé de trois branches seulement, l'une d'acier, les deux autres de zinc. Ces deux dernières agissent sur les extrémités extérieures de deux leviers, dont les points d'appui sont pris dans l'épaisseur d'une chape faisant corps avec la tige intermédiaire d'acier. La lentille est supportée par deux maillons verticaux fixés aux extrémités intérieures des mêmes leviers. Il résulte évidemment de cette disposition que, si, par une augmentation de température, la verge d'acier s'allonge et semble devoir éloigner la lentille du centre de la suspension, les tiges de zinc, en se dilatant, tendront à produire un effet inverse, et qui pourra compenser tout-à-fait le premier quand les longueurs des bras de levier auront été convenablement calculées d'après les différences de dilatation du zinc et de l'acier.

M. *Perrelet* n'a point inventé le pendule compensateur à leviers; mais en choisissant convenablement les métaux, en disposant avec plus d'adresse les diverses parties de son mécanisme, il est parvenu à diminuer beaucoup, et même à faire disparaître entièrement les défauts qui, jusqu'ici, avaient empêché de substituer le pendule dont il s'agit au pendule à grille. On doit remarquer dans celui de M. *Perrelet* l'heureuse disposition d'une vis à filet opposé, et, par conséquent, à double effet, à l'aide de laquelle on peut approcher ou éloigner simultanément les branches de zinc des centres de rotation des leviers, et rectifier facilement la compensation, propriété très-précieuse, que les observateurs sauront apprécier.

Riche d'une longue expérience et doué d'un talent très-distingué, M. *Perrelet* paraît appelé à soutenir la réputation de notre horlogerie.

Le jury lui décerne une médaille d'argent.

M. LORY

Médaille d'argent.

A exposé trois pendules très-belles, qui se faisaient distinguer par l'ordonnance et l'exécution. Cet artiste est doué d'une facilité vraiment étonnante et d'un talent très-distingué.

Le jury lui décerne une médaille d'argent.

---

M. CASTILLE, à Paris, rue Neuve Saint-Sauveur, n.° 1,

Médaille de bronze.

A exposé 1.° une pendule à échappement libre, à remontoire et à équation; 2.° un quantième perpétuel; 3.° le modèle d'une quadrature d'équation; 4.° enfin un instrument de son invention, servant à déterminer, quand le diamètre du barillet est connu, quelles sont les dimensions des ressorts moteurs qui fournissent le plus grand nombr ede tours d'action.

Les fabricans de ressorts spiraux n'ont d'ordinaire aucune méthode précise pour déterminer les longueurs qui fournissent le *maximum* de tours d'action. M. *Castille* a traité cette question avec beaucoup d'intelligence et de succès, et a rendu par-là un véritable service à ses confrères, en leur évitant les tâtonnemens, aussi longs que dispendieux, par lesquels ils cherchaient à s'approcher du but.

M. *Castille* est doué de l'esprit de recherche et de précision que l'horlogerie inspire à ceux qui s'y appliquent de bonne heure avec quelque succès. Il serait à desirer que des circonstances de fortune le missent en position de cultiver en grand le bel art auquel il s'est voué avec ardeur, et dont il paraît appelé à reculer les limites.

Le jury lui décerne une médaille de bronze.

Rappel de médaille de bronze.

M. ROBIN, à Paris, rue de Richelieu, n.° 45,

Qui obtint une médaille de bronze à l'exposition de 1819,

A présenté, 1.° un régulateur qui marque, sur deux cadrans séparés, le temps sidéral et le temps moyen; 2.° une horloge publique, bien et solidement construite, qui fait tourner les aiguilles d'un cadran de cinq pieds; cette horloge, quoique très-petite, pourrait, tant la disposition des pièces est bien entendue, sonner sur une cloche de 200 à 400 livres; 3.° une sonnerie pour les heures et les quarts dans laquelle on remarque plusieurs innovations utiles.

M. *Robin* est toujours très-digne de la distinction qui lui a été accordée à la précédente exposition.

---

Mentions honorables.

Les horlogers dont les noms suivent ont mérité d'être mentionnés honorablement:

M. CŒUR, à Paris, rue de la Verrerie, n.° 51,

Pour horlogerie bonne, solide, et dont toutes les parties sont habilement combinées.

Mentions honorables.

MM. RAINGO frères, à Paris, rue Saint-Sébastien, n.° 46,

Pour pendules d'un prix modéré comparativement au travail. Ces artistes exécutent les musiques à ressorts-timbres par des moyens qui leur sont propres.

M. BERROLA, à Paris, rue Grenetat, n.° 4,

Pour horlogerie de commerce dans des prix très-modérés. M. *Berrola* fabrique des appareils à quantième qui sont d'une simplicité remarquable, et il les adapte à toute pendule pour la modique somme de 35 francs.

---

# CHAPITRE XXIX.

## *INSTRUMENS DE MUSIQUE.*

### SECTION I.re

### *Instrumens à cordes.*

#### ARTICLE I.er

#### *Pianos.*

Médaille d'or. MM. Érard frères, à Paris, rue du Mail, n.° 13,

Ont exposé un piano vertical, un piano carré à trois cordes, un piano carré à deux cordes, et enfin un grand piano à queue. Les trois premiers de ces instrumens sont bien dignes de la grande réputation des ateliers de MM. *Érard;* mais c'est sur-tout dans la construction de leurs pianos à queue que ces artistes se sont distingués. Par une modification nouvelle apportée à l'échappement du marteau, MM. *Érard* ont obtenu ce résultat, que, pour renouveler le son après avoir frappé la touche, il n'est pas nécessaire, comme dans les autres pianos, de lever entièrement le doigt, et qu'en le soulevant seulement d'une manière presque imperceptible, on donne une nouvelle course au marteau. Le même effet peut être observé dans les pianos construits par plusieurs autres facteurs, mais non pas d'une manière aussi complète et aussi saillante. Plusieurs habiles artistes de la capitale ont déclaré qu'ils n'avaient jamais entendu un instrument comparable au piano à queue de MM. *Érard*, et même qu'il était difficile d'imaginer que le piano arrivât à cette qualité de son et à ce degré de puissance.

MM. *Érard* ont aussi présenté une harpe dont il sera parlé ci-après. En 1819, ils obtinrent une médaille d'or : le jury, prenant en considération les grandes améliorations introduites par eux depuis quatre ans dans l'art qu'ils cultivent, leur décerne une nouvelle médaille d'or, pour l'ensemble de leurs produits.

---

M. ROLLER, à Paris, rue de Paradis, n.° 27, Médailles d'argent.

A présenté un piano transpositeur et vocal, ayant l'avantage de ménager les voix, en permettant à chacune de se maintenir dans le diapason qui lui est naturel. Au moyen d'une transposition convenable, et qui peut être facilement opérée en faisant mouvoir le clavier, on exécute sur cet instrument d'anciennes partitions que l'on met à la portée des voix peu étendues, et qu'on juge à tort avoir été écrites trop haut, à cause de l'élévation exagérée du diapason actuel.

Le jury a décerné à M. *Roller* une médaille d'argent.

Une semblable médaille a été décernée à chacun des trois artistes dont les noms suivent, pour des pianos carrés et des pianos à queue, qui ont paru excellens, tant sous le rapport de la construction que sous celui des qualités du son :

M. PAPE, à Paris, cour des Fontaines, n.° 1.

Médailles d'argent. M. PETZOLD, à Paris, rue d'Orléans-Saint-Honoré, n.° 13.

M. PFEIFFER, à Paris, rue Montmartre, n.° 18.

ARTICLE 2.

*Harpes.*

Médaille d'or. MM. ÉRARD frères, à Paris, rue du Mail, n.° 13,

Déjà cités relativement aux pianos,

Ont présenté une harpe à double mouvement, dans laquelle chaque corde est représentative de trois sons. Cet instrument a sur tous ceux du même genre qui ont été construits jusqu'ici, le très-grand avantage qu'on peut moduler sur toutes les armatures de clefs usitées en musique, sans faire de double emploi de cordes. On s'est d'ailleurs assuré que la corde accrochée deux fois résonne aussi purement que lorsqu'elle est à vide, appuyée uniquement sur le sillet.

La harpe à double mouvement eût seule valu la médaille d'or à MM. *Érard;* nous avons déjà dit que cette récompense leur avait été décernée pour l'ensemble de leurs produits.

---

Médaille d'argent. MM. NADERMANN, à Paris, rue de Richelieu, n.° 46,

Ont exposé des harpes bien exécutées, et qui sont recommandables par de bonnes qualités de son.

Le jury a decerné une médaille d'argent à MM. *Nadermann.*

---

M. BRIMMEYER, à Paris, passage Cendrier, n.° 1, Mentions honorables.

A imaginé un moyen nouveau et fort ingénieux pour fixer les chevilles des harpes.

Le jury lui a décerné une mention honorable.

M. CHAILLOT, à Paris, rue Saint-Honoré, n.° 338,

A obtenu la même distinction pour un mécanisme particulier qu'il adapte aux pédales de ses harpes.

ARTICLE 3.

*Violons et Basses.*

M. LÉTÉ, à Paris, rue Pavée-Saint-Sauveur, n.° 28, Médaille d'argent.

Fabrique des violons à bon marché, dont les artistes sont très-satisfaits. Les prix même descendent très-bas sans que les instrumens cessent d'être de bonne qualité. Le jury a sur-tout remarqué un violon de 25 francs, qu'un célèbre professeur de Paris a bien voulu essayer, et qu'il a trouvé très-supérieur aux instrumens qui naguères coûtaient trois ou quatre fois plus.

M. *Lété* fabrique aussi des basses qui ont une très-bonne qualité de son, lors même qu'elles sont encore toutes neuves.

Le jury décerne à cet artiste une médaille d'argent.

Médaille de bronze.

M. CLÉMENT, à Paris, rue Croix des Petits-Champs, n.° 23,

A exposé des violons d'une fort bonne qualité, ainsi que des basses non vernies qui ont paru excellentes.

Le jury lui a décerné une médaille de bronze.

---

Mention honorable.

M. LAPRÉVOTTE, à Paris, place du Palais-Royal, n.° 237,

A présenté des violons d'une exécution louable.

Le jury lui a décerné une mention honorable.

### ARTICLE 4.

### *Cordes à boyaux.*

Médailles de bronze.

M. SAVARESSE, quai de l'Hôpital, n.° 5, à Paris,

Fabrique des cordes à boyaux dont la bonté est attestée par de nombreux témoignages; ses cordes au bout rouge sont sur-tout appréciées des artistes par la belle qualité de leur son. Au nombre des produits qu'il a présentés, on a aussi distingué des cordes chanterelles à cinq et six fils, et d'autres à deux fils seulement, qui rivalisent avec celles de Naples pour la force et pour la justesse.

Le jury décerne à M. *Savaresse* une médaille de bronze.

M. SAVARESSE-SARRA, plaine de Grenelle, n.° 7,

A monté, pour la fabrication des cordes d'instrumens, une fabrique dont on a vu le modèle à l'exposition, et qui se fait remarquer par une bonne distribution du travail, un ordre parfait et une extrême propreté. Les boyaux provenant des abattoirs de Paris y reçoivent toutes les préparations que comportent les différens usages auxquels ils sont destinés, et les cordes de différens calibres y sont fabriquées avec un soin et une précision admirables.

M. *Savaresse-Sarra* obtient un grand débit de ses produits.

Le jury lui décerne une médaille de bronze.

## SECTION II.

## *Instrumens à vent.*

---

### ARTICLE I.er

### *Bassons et Clarinettes.*

M. SIMIOT, à Lyon (Rhône), Médaille d'argent.

Fabrique des bassons auquels il est parvenu à donner plus de justesse, plus d'égalité et une plus grande étendue de moyens que n'en avaient eu jusqu'ici les instrumens de cette espèce. On y remarque un cramail interne à la coulisse, un piston pour extraire l'eau, une clef de *si* naturel au grave, une clef d'*ut* dièse au grave, une clef d'*ut* dièse aux deux octaves, une clef de *si* bémol à levier et une clef de *fa* naturel à levier à la première et à la seconde octave. Cet instrument renferme encore des tubes qui sont disposés pour éviter l'écoulement de l'eau par les ouvertures; enfin on y remarque plusieurs améliorations dont l'objet est d'augmenter la solidité des tubes.

M. *Simiot* a aussi exposé une clarinette en *ut* à laquelle il est parvenu à donner les qualités qui jusqu'ici n'avaient appartenu qu'à la clarinette en *si*.

Le jury lui décerne une médaille d'argent.

---

Médaille de bronze.

M. MULLER, à Paris,

A perfectionné la clarinette primitive, en y ajoutant plusieurs clefs.

Le jury lui décerne une médaille de bronze.

---

Mentions honorables.

M. JANSSEN, à Paris, rue de l'Évêque, n.° 14,

S'occupe depuis dix-huit ans du perfectionnement des clarinettes. Il a adapté aux clefs des rouleaux que tous les facteurs emploient maintenant, et qui rendent le doigté plus facile. Les artistes regardent les rouleaux imaginés par M. *Janssen* comme une invention importante.

Le jury décerne une mention honorable à cet artiste.

Une semblable distinction est accordée à chacun des deux facteurs d'instrumens dont les noms suivent :

M. LEFEBVRE, à Paris, Palais-Royal, n.° 83,

Pour des clarinettes parfaitement exécutées.

M. ASTÉ, dit HALARI, à Paris, rue Mazarine, n.° 37.

Cet artiste a exposé une grande variété d'instrumens à vent à l'usage des musiques militaires, et qui sont adoptés déjà dans plusieurs régimens de la garde royale.

### ARTICLE 2.

### *Cors, Flûtes et Serpens.*

M. André-Antoine SCHMITSCHNEIDER, à Paris, avenue de Ségur, n.° 7 *ter*, Médaille d'argent.

A présenté des cors en cuivre rouge, à coulisse, avec lesquels on peut jouer dans une assez grande variété de tons. Il a présenté aussi des trombones d'une forme nouvelle, et qui fatiguent peu les musiciens. Les professeurs les plus distingués de Paris reconnaissent unanimement que les instrumens de M. *Schmitschneider* présentent de précieuses améliorations et possèdent des propriétés dont les instrumens du même genre avaient été jusqu'ici dépourvus.

Le jury a décerné à cet artiste une médaille d'argent.

---

Les deux fabricans dont les noms suivent sont mentionnés honorablement pour des flûtes généralement bien construites : Mentions honorables

M. GODEFROY, à Paris, rue Montmartre, n.° 67.

M. BELLISSENT, à Paris, rue Saint-Honoré, n.° 262.

La même distinction a été accordée à

Mention honorable.

M. FORVIELLE, à Paris, rue de la Cerisaie, n.° 16,

Qui a présenté des serpens d'une bonne construction, dont il a heureusement modifié la forme de manière à rendre l'instrument plus portatif sans lui ôter son caractère propre et ses qualités particulières.

## ARTICLE 3.

### *Orgues.*

Médaille de bronze.

M. DAVRAINVILLE, à Paris, rue Saint-Martin, n.° 151,

A présenté un jeu d'orgues qui a particulièrement fixé l'attention du jury par le perfectionnement apporté dans le notage au moyen d'un procédé extrêmement précis dont M. *Davrainville* est l'inventeur.

Le jury décerne à cet artiste une médaille de bronze.

# CHAPITRE XXX.

## ÉCONOMIE DOMESTIQUE.

Les théories positives résultant de l'observation des phénomènes naturels reçoivent sans cesse de nouvelles applications dans la construction des appareils de ménage, et dans la préparation des substances nécessaires aux besoins les plus impérieux de la vie. Presque toutes les améliorations qui en résultent sont d'une utilité générale; mais il en est quelques-unes qui tournent spécialement au profit des classes peu aisées, ou même de la partie la plus pauvre de la société; et l'on doit payer un tribut particulier d'éloges aux vues de bienfaisance qui les ont inspirées.

Une sorte particulière de bougie, faite avec le blanc de baleine, est maintenant fabriquée en grande quantité dans deux ateliers qui obtiennent l'un et l'autre beaucoup de succès. La matière première de ce produit nous est fournie jusqu'ici par l'Angleterre, mais il est vraisemblable que les armateurs français ne tarderont pas à former des spéculations pour nous la procurer eux-mêmes. Sous ce rapport, la nouvelle fabrication dont il s'agit paraît susceptible de contribuer à l'accroissement et aux succès de notre marine marchande.

## SECTION I.re

### *Éclairage.*

M. PELIGOT, administrateur des hospices civils de Paris, rue du Faubourg Poissonnière, n.° 52,

A exposé les modèles des diverses parties de l'éclairage au gaz, du bain de vapeur et de la boîte fumigatoire qu'il a fait construire dans son bel établissement des eaux minérales d'Enghien. A côté de ces modèles, on en voyait d'autres représentant le système d'éclairage établi à l'hôpital Saint-Louis, la cuisine de cet hôpital, le lit en fer adopté pour le service des hôpitaux, une table mécanique servant aux opérations chirurgicales; enfin la nouvelle voiture qui sert maintenant au transport des enfans trouvés et des nourrices qui leur sont données.

Ces différents appareils ont été construits, soit d'après les plans fournis par M. *Péligot,* soit d'après ses conseils, mais toujours sous son inspection.

En les présentant à l'exposition, M. *Péligot* n'a eu d'autre intention que d'en répandre l'usage pour le soulagement de l'humanité; il a déclaré qu'il desirait ne point participer au concours. Cette détermination de sa part a privé le jury de lui décerner la récompense distinguée à laquelle il avait certainement droit de prétendre.

M. ALLARD, à Paris, rue Saint-Denis, n.° 368, Rappel de médaille d'or.

Est l'inventeur du moiré métallique, dont on a fait des applications si nombreuses. Il a présenté à l'exposition des lampes décorées avec une nouvelle sorte d'ornemens en relief qui sont d'un très-bel effet. Cet ingénieux fabricant obtint en 1819 une médaille d'or, pour l'invention du moiré métallique; il continue à se rendre digne de cette récompense, et l'on verra plus bas qu'il en a mérité une nouvelle, pour des produits d'un autre genre.

---

M. GAGNEAU, à Paris, rue Saint-Denis, n.° 173, Rappel de médaille de bronze.

A imaginé des lampes dans lesquelles l'huile est élevée et portée à la mèche au moyen d'un mouvement d'horlogerie simplifié. Les pompes employées par *Carcel* sont ici remplacées par de petits sacs en taffetas gommé, qui reçoivent l'huile au moment de leur distension. Ces petits sacs, étant ensuite pressés par le moteur mécanique, portent l'huile dans une capacité contenant de l'air qui, en se comprimant, la fait monter à la hauteur de la mèche.

La lampe de M. *Gagneau* a l'avantage de fournir un jet d'huile plus régulier que celui qu'on obtient par les lampes de *Carcel;* on peut y diminuer à volonté la lumière sans courir risque de l'éteindre.

M. *Gagneau* obtint en 1819 une médaille de bronze; il est de plus en plus digne de cette distinction.

Médailles de bronze.

MM. DUVERGER et GOTTEN, à Paris, rue Neuve des Petits-Champs, n.° 65,

Construisent des lampes mécaniques, dans lesquelles l'artifice moteur n'est composé que de deux roues et de deux pignons. Une roue à *augets*, plongeant dans l'huile, agit comme régulateur du mouvement, et la combustion est alimentée uniformément par un jet d'huile régulier, que répand autour de la mèche un système ingénieux de petites pompes.

La simplicité de cet appareil permet à MM. *Duverger et Gotten* de livrer leurs lampes à meilleur marché que celles de *Carcel*. Le jury décerne une médaille de bronze à ces fabricans.

M. GARNIER, à Paris, rue des Fossés-Saint-Germain, n.° 13,

A exposé une belle collection d'appareils propres à l'éclairage au gaz. On lui doit le perfectionnement des robinets de jauge, et la construction de becs mobiles, dont l'usage est très-commode pour les boutiques et les bureaux.

M. *Garnier* obtint en 1819 une mention honorable; le jury lui décerne une médaille de bronze.

M. THUIN, à Paris, rue Saint-Antoine, n.° 20,

A mérité une semblable médaille pour des lampes mécaniques, d'une construction ingénieuse et soignée.

M.^me MOUGNIARD, à Paris, rue d'Agoulême, n.° 8,

Fabrique, avec le blanc de baleine, une bougie transparente, d'un blanc très-pur, ou colorée en diverses nuances. Cette dame a fait disparaître les inconvéniens que l'on avait rencontrés jusqu'ici dans l'affectation du blanc de baleine à l'éclairage ; elle est la première, en France, qui ait fait, de la bougie de cette sorte, l'objet d'un véritable commerce.

Le jury lui décerne une médaille de bronze.

---

Les fabricans dont les noms suivent ont mérité d'être mentionnés honorablement : **Mentions honorables.**

M. CHAPELLE, à Paris, rue Thévenot, n.° 24,

Pour bougie en blanc de baleine, très-bonne et d'une grande blancheur. Sa fabrique a été montée postérieurement à celle de M.me *Mougniard ;* mais elle obtient déjà de grands succès.

M. CARON, à Paris, rue du Faubourg Saint-Denis, n.° 42,

Pour avoir apporté des perfectionnemens notables dans la construction des lampes dites *à la Girard.* Ce fabricant a déjà été mentionné honorablement en 1819.

M. LESSARD, à Paris, rue Saint-Denis, n.° 302.

Ce fabricant est le premier qui ait adapté aux lustres des lampes à courant d'air, en remplacement des bougies.

M. BRISSIEL, à Paris, rue des Nonnaindières, n.° 19.

Ce fabricant a perfectionné les lampes à la *Girard,* en les garnissant d'une pompe qui fait monter l'huile :

il évite par là le renversement de l'appareil, quand on veut, chaque jour, le remettre en état.

---

Citations. Les fabricans ci-dessous dénommés ont mérité d'être cités avec éloge :

M. BERNARD aîné, à Rennes (Ille-et-Vilaine),

Pour chandelles moulées, fabriquées avec du suif préparé par un procédé particulier.

MM. MAUJOT et LIEBERT, à Mousseaux,

Pour une bonne préparation du suif, par laquelle ces fabricans font une heureuse application des découvertes dues à MM. *Chevreul* et *Braconnot.*

M. RENAULD, à Paris, rue Neuve des Petits-Champs, n.os 27 et 29.

M. CHASTAGNAC, à Paris, boulevart Montmartre, n.° 16.

M. TROTTIER, à Paris, rue Saint-Honoré, n.° 2.

M. HADROT, à Paris, rue des Fossés-Montmartre, n.° 14.

M. MORIZE, à Paris, rue Boucher, n.° 10.

Ces cinq derniers fabricans ont exposé des lampes à courant d'air, qui, toutes, présentent quelques changemens avantageux, soit dans le système intérieur de construction, soit dans les formes, en les comparant au type de ces lampes inventé par M. *Argand.*

## SECTION II.

### *Chauffage.*

M. GERNON, à Paris, rue Saint-Dominique, n.° 25, Rappel de médaille d'or.

Fabrique, d'après les modèles de *Désarnod*, dont il est le successeur, des cheminées, des poêles ventilateurs et des calorifères. Tous ces appareils, qui sont en fonte, offrent, dans leur construction, les meilleures dispositions dont on ait jusqu'ici fait usage : on ne peut leur adresser qu'un seul reproche ; c'est d'être, par l'élévation de leur prix, inaccessibles à beaucoup de fortunes.

Feu *Désarnod* avait beaucoup mérité des arts ; il obtint la médaille d'or à quatre expositions successives. L'établissement qu'il a créé, est toujours digne de cette distinction, entre les mains de son successeur.

---

M. HAREL, à Paris, rue de l'Arbre-Sec, n.° 50, Rappel de médaille d'argent.

Est depuis long-temps connu pour ses fourneaux et ses ustensiles économiques, à l'usage de la cuisine. Ses utiles inventions sont appréciées par toutes les bonnes ménagères ; elles ont triomphé des résistances de la routine, et elles ont ouvert la voie à de nouveaux perfectionnemens. Pour compléter ses appareils, et pour en diminuer le prix autant que possible, M. *Harel* a, depuis peu, établi une manufacture de poterie, dans laquelle il prépare lui-même les marmites et autres objets en terre.

Cet estimable fabricant reçut, en 1819, une médaille d'argent, dont il continue à se rendre digne.

Médaille d'argent.

M. LEMARE, à Paris, quai Conti, n.° 3,

A exposé une collection de caléfacteurs de diverses grandeurs et de divers prix. L'académie des sciences a donné son approbation à ces nouveaux appareils de chauffage, dont la bonté et l'économie sont d'ailleurs attestées par l'expérience. L'auteur en étend chaque jour l'usage par les nouvelles applications qu'il sait en faire à la cuisson des viandes, à la préparation du bouillon, et au chauffage des bains.

Le jury a décerné une médaille d'argent à M. *Lemare.*

---

Médailles de bronze.

M. MOULFARINE, à Paris, rue Cloche-Perche, n.° 15,

A imaginé, pour les chaudières à compression, une sorte de fermeture fort ingénieuse, qui est susceptible d'être appliquée avec avantage à la jonction des alambics, et en général à la fermeture des ouvertures circulaires de grandes dimensions. M. *Moulfarine* a construit aussi un petit modèle de cuisine salubre, qui fournit une nouvelle preuve de son intelligence et de son adresse; le jury lui a décerné une médaille de bronze.

M. GOURLIER, inspecteur des travaux de la Bourse, à Paris, Médailles de bronze.

A exposé des portions de tuyaux de cheminées cylindriques, formés avec des briques intérieurement concaves. Ces briques peuvent être placées en liaison avec les assises du corps de maçonnerie, sans augmenter l'épaisseur ordinaire des murs; elles sont susceptibles aussi d'être employées à la construction des conduites d'eau, lorsque ce liquide ne doit point éprouver de pression.

Le jury a décerné une médaille de bronze à M. *Gourlier.*

---

Les fabricans ci-après dénommés sont mentionnés honorablement : Mentions honorables.

M. BIGEL, à Paris, rue des Fossés-Montmartre, n.° 13,

Déjà mentionné honorablement en 1819.

Il a présenté une cheminée en tôle et en cuivre, exécutée d'après le modèle de *Désarnod.*

M. GILBERT, à Paris, rue du Croissant, n.° 9,

Déjà mentionné honorablement en 1819,

Il a exposé un grand calorifère à double courant d'air.

M. ROGER, à Paris, rue du Bac, n.° 111.

Il a exposé un calorifère, un four mobile, un poêle à colonne, et des appareils pour le savonnage et le

Mentions honorables.

blanchiment à la vapeur. Tous ces objets sont d'une exécution satisfaisante.

M. LHOMOND, à Paris, rue du Faubourg du Temple, n.° 30.

Il a imaginé une construction de cheminées dans lesquelles le tuyau est garni, à son origine, d'un tablier mobile, analogue à celui qui est placé en avant du foyer dans les cheminées à la *Désarnod*. Au moyen de cette disposition, la cheminée n'est point convertie en poêle lorsqu'on veut donner au courant d'air une grande rapidité.

M. COLLIER, à Paris, rue Richer, n.° 20,

Déjà cité relativement aux machines à tondre les draps.

Il a exposé un modèle en grand de l'appareil qu'il emploie pour distribuer le combustible sur la grille d'un fourneau, sans être obligé d'en ouvrir la porte, et sans y introduire inutilement un grand volume d'air. Cet appareil est principalement composé d'une trémie dans laquelle on verse la houille, qui est ensuite broyée entre deux cylindres, garnis de têtes de clou à pointe de diamans, et de deux ventilateurs coniques, tournant avec une vîtesse convenable pour lancer le charbon réduit en poudre sur la grille des foyers. L'efficacité de ce procédé est maintenant constatée par l'expérience.

M. BISET, à Paris, rue Saint-Lazare, n.° 89.

Il a présenté une baignoire qui est adhérente par l'une de ses parois à un petit fourneau. L'eau y est chauffée au moyen de la circulation que détermine la différence de température existante entre la masse principale du fluide et la partie qui est continuellement échauffée par le fourneau. A cet appareil, M. *Biset* a joint un système complet de douches, que le baigneur peut s'administrer lui-même. Mentions honorables.

## MM. BERGER et compagnie, à Paris.

Ils préparent, avec la tourbe comprimée, un combustible de bonne qualité, qui répand peu d'odeur, et dont le prix est inférieur à celui du charbon de bois.

## M. BONNEMAIN, à Paris, rue des Deux-Portes Saint-Jean, n.° 6.

Il a exposé plusieurs appareils dans lesquels on remarque des applications ingénieuses de la théorie du calorique. On doit sur-tout citer avec éloge celui de ces appareils auquel il donne le nom de *régulateur du feu*. M. *Bonnemain*, qui est d'un âge fort avancé, s'est livré toute sa vie à d'intéressantes recherches sur la production de la chaleur et sur ses diverses applications. On doit desirer qu'il soit mis en position de publier les découvertes auxquelles il a été conduit par ses longs et utiles travaux.

# SECTION III.

## *Distillation.*

## M. DEROSNE, à Paris,

A exposé un alambic à distillation continue, qui est exécuté d'après le système de M. *Cellier Blumen-*

*thal.* Le mérite de cet appareil est depuis long-temps connu ; il a valu à M. *Derosne* deux médailles d'argent, lors de l'exposition de 1819. La formalité d'admission préalable par le jury départemental n'ayant point été remplie en 1823, le jury s'est vu, avec regret, forcé d'exclure l'auteur du concours. Sans cela il lui eût décerné au moins la même récompense qu'en 1819.

---

Médaille de bronze.

M. DESCROISILLE, à Paris,

A exposé un instrument de son invention, déjà connu sous le nom d'*alcali-mètre*, au moyen duquel on détermine, avec précision, la valeur absolue des alcalis. Il a présenté aussi un petit alambic pour l'essai des vins, dont l'idée première est fort ingénieuse, et la construction très-soignée.

Le jury lui a décerné une médaille de bronze.

## SECTION IV.

## *Préparation des substances alimentaires.*

---

### ARTICLE 1.er

### *Gélatine.*

Rappel de médaille d'argent.

M. ROBERT, à Paris, île des Cygnes,

A exposé des produits de la fabrique de gélatine qu'il dirige, et à laquelle une médaille d'argent fut décernée en 1819. Dans cet établissement, la gélatine est extraite des os par le moyen des acides, et elle reçoit ensuite diverses préparations qui la rendent susceptible d'être employée, soit pour la nourriture des hommes, soit en remplacement de diverses espèces de colles.

Le jury a reconnu que la fabrique de l'île des Cygnes était toujours dans une bonne direction, et qu'elle continuait à mériter la distinction qui lui a été accordée précédemment.

ARTICLE 2.

*Farine.*

Trois fabricans ont présenté à l'exposition des échantillons de farine obtenue à l'aide du procédé de mouture qui est pratiqué en Angleterre. Une bonne disposition de meule, une grande régularité de force motrice, un mode convenable de blutage, recommandent leurs établissemens. Ils parviennent à obtenir en grand des produits, en son et en farine, égaux en quantité à ceux que l'on peut obtenir dans un laboratoire. Ce perfectionnement apporté à la préparation d'une substance qui forme la base de la nourriture de l'homme, est d'une haute importance.

Le jury décerne une médaille d'argent à chacun des trois fabricans auxquels il est dû.

M. TRUFFAUT, à Pontoise (Seine-et-Oise), Médailles d'argent.

Est le premier qui ait introduit en France la mouture à l'anglaise; il se sert pour moteur de deux roues hydrauliques.

M. DESOBRY, à Saint-Denis (Seine),

A monté un établissement semblable, renfermant quatre paires de meules qui sont mises en mouvement par un courant d'eau, et que l'on peut, en cas de besoin, faire tourner par une machine à vapeur.

Médaille d'argent.

M. BENOIST, à Saint-Denis (Seine),

Réunit dans son usine la mouture anglaise à la mouture économique. La première est opérée par une machine à feu de la force de vingt chevaux; la seconde, par des roues hydrauliques.

ARTICLE 3.

*Sucre de betteraves.*

M. le duc DE RAGUSE

A exposé plusieurs pains de sucre de betteraves, provenant d'une usine qu'il possède à Châtillon (Côte-d'Or). Ces produits, quoique très-beaux, n'ont pu participer aux avantages du concours, parce qu'ils n'avaient point été soumis au jury spécial du département.

---

Médaille d'argent.

M. CRESPEL DE LISSE, à Arras (Pas-de-Calais),

Possède une fabrique de sucre de betteraves dans laquelle il a obtenu, en 1822, 140000 kilogrammes de ce produit. Par une suite de procédés bien combinés, qu'il communique avec le plus grand désintéressement à tous ceux qui veulent en prendre connaissance, M. *Crespel de Lisse* obtient, sur cent parties de betteraves, cinq parties de sucre brut et quatre de mélasse. Un hectare de terre cultivé en betteraves lui produit 1500 kilogrammes de sucre. Ces résultats sont transmis par le jury du département du Pas-de-Calais; ils sont de nature à exciter l'attention des agriculteurs.

Le jury a décerné une médaille d'argent à M. *Crespel de Lisse.*

---

M. DE BEAUJEU, à Bellon-sur-Huine (Orne),

Médaille de bronze.

A tellement simplifié la fabrication du sucre de betteraves, qu'il en a fait une véritable opération de ménage. Tout porte à croire qu'il ne retire pas de la betterave une proportion de sucre aussi grande que celle qu'obtient M. *Crespel de Lisse.* Quoi qu'il en soit, l'usine qu'il a montée est pourvue d'ustensiles d'une construction si peu difficile, qu'ils ont été exécutés par des villageois. Il ne se sert ni de contre-maître, ni de chef d'atelier; ses ouvriers sont tous pris parmi les cultivateurs.

Le jury a décerné une médaille de bronze à M. *de Beaujeu.*

---

Le jury a décidé qu'il serait fait mention honorable des fabricans ci-après désignés :

Mentions honorables.

M. MASSON, à Pont-à-Mousson (Meurthe),

Déjà mentionné en 1819.

Il a présenté du sucre provenant d'une usine dans laquelle il traite les produits récoltés sur 120 journaux de terre cultivés en betteraves.

M. André PIERRE, à Pont-à-Mousson (Meurthe),

Déjà mentionné honorablement en 1819.

Il fabrique annuellement 25 à 30,000 kilogrammes de sucre de betteraves raffiné.

ARTICLE 4.

*Décantation des vins.*

Rappel de médaille de bronze.

M. JULLIEN, à Paris, rue Saint-Sauveur, n.° 18,

A présenté des canelles aérifères et des appareils de décantation, dont le succès est déjà constaté, pour transvaser les vins fins. La société d'encouragement a depuis long-temps approuvé ces ingénieux ustensiles. M. *Jullien* est, de plus, auteur de quelques ouvrages estimables : l'un sur la topographie des vignobles de France, et deux autres sur la manière de soigner les vins. Ce sont des instructions pratiques, rédigées avec beaucoup de clarté ainsi que de méthode, et que tout le monde peut consulter avec fruit.

Pour une partie des objets que nous considérons ici, M. *Jullien* reçut en 1819 une médaille de bronze: le jury, prenant en considération ses utiles travaux depuis cette époque, lui décerne une nouvelle médaille du même genre.

ARTICLE 5.

*Vinaigre.*

Rappel de médaille de bronze.

M. DE GOUVENAIN, à Dijon (Côte-d'Or),

Obtint en 1819 une médaille de bronze, pour l'excellente préparation de ses vinaigres : il continue à suivre les mêmes procédés de fabrication, et il se montre toujours digne de cette récompense.

ARTICLE 6.

*Fromage façon de Hollande.*

On commence à s'occuper en France de la fabrication des fromages façon de Hollande. Le jury, pour encourager cette industrie naissante, a décerné une mention honorable à chacun des fabricans ci-après désignés :

MM. SCRIBE et compagnie, à Pétiville (Calvados). Mentions honorables.

Leur établissement est dirigé avec habileté; il produit chaque jour 250 kilogrammes de très-bon fromage, au moyen du lait qui lui est fourni par 250 vaches.

M. DESMARAIS, à Neuilly (Calvados),

Déjà mentionné honorablement en 1819.

Il continue à fabriquer du fromage de bonne qualité.

ARTICLE 7.

*Conservation des comestibles.*

M. TERNAUX, à Paris, place des Victoires, n.° 6, Médailles de bronze.

Déjà cité plusieurs fois dans le cours de ce rapport, s'est livré, depuis quelques années, à d'utiles recherches sur la conservation du blé dans des silos; il est parvenu à donner à la pomme de terre une préparation qui l'empêche de se corrompre; enfin il fabrique une nouvelle substance alimentaire, sèche, cuite et assaisonnée, qui peut être livrée à bas prix. Ce dernier produit, dont la base est la pomme de terre, a reçu le nom de *terouen ;* quelques instans et très-peu de feu suffisent pour le convertir en un mets sain et

Médailles de bronze.

d'une saveur agréable; il peut être d'un grand secours aux voyageurs, aux ouvriers et aux familles indigentes.

Le jury a décerné une médaille de bronze à M. *Ternaux*.

## M. QUINTON, à Bordeaux (Gironde).

Applique très en grand les procédés publiés par M. *Appert* pour la conservation des substances propres à servir d'alimens. L'usine qu'il a montée à cet effet, depuis quelques années, fournit, à des prix modiques, des vivres préparés pour les voyages de long cours. Les témoignages des marins sont unanimes sur la bonté des produits de M. *Quinton*, et sur la parfaite conservation de ses produits, même dans les climats les plus chauds.

M. *Quinton* a reçu de la société d'encouragement une médaille d'or, et à l'exposition de 1819 il fut mentionné honorablement. Le jury, prenant en considération ses utiles travaux depuis cette époque, lui a décerné une médaille de bronze.

## M. DUVERGIER, à Paris, rue des Barres-Saint-Paul, n.° 9,

Fabrique des farines de différens légumes, tels que haricots, pois, lentilles, au moyen desquelles on peut, en quelques minutes, obtenir des purées. Ces légumes sont préalablement cuits à la vapeur, séchés ensuite à l'étuve et réduits en poudre. On y ajoute à volonté de la gélatine et divers autres assaisonnemens.

Le jury a décerné une médaille de bronze à M. *Duvergier*.

MM. SEGUIN frères, à Annonay (Ardèche), Mention honorable.

Déjà cités relativement aux machines et aux draps à papier,

Ont présenté, comme produits des essais auxquels ils se livrent, des viandes rendues conservables par la seule dessiccation. Ils y ont joint des échantillons d'une sorte de fécule de pommes de terre qui est supérieure à celle dont on fait communément usage.

Le jury a décerné à MM. *Seguin* une mention honorable; il eût accordé une récompense supérieure, si les procédés dont il a vu les résultats eussent été mis en pratique dans une fabrication en grand.

---

M. SALMON, à Paris, rue Regrattière, n.° 8, Citation.

A exposé des viandes qu'il conserve sans sel par la dessiccation. Comme il ne fait point encore de cette industrie l'objet d'une fabrication, le jury se borne à une simple citation de ses produits.

---

# CHAPITRE XXXI.

## *ARTS CHIMIQUES.*

### SECTION I.[re]

### *Sels, Acides et autres produits chimiques.*

Les produits chimiques de toutes sortes sont indispensables à la prospérité de plusieurs arts manufacturiers; ils jouent un grand rôle dans la teinture, l'apprêt et le blanchiment. C'est de l'action qu'ils exercent que résulte l'éclat des tissus de tout genre et la variété de leur aspect.

La préparation de ces utiles agens était autrefois opérée avec une sorte de mystère, à l'aide de recettes secrètes que la tradition conservait dans un petit nombre d'ateliers. Aujourd'hui, grâce aux progrès de la chimie, elle est devenue une industrie presque vulgaire, une propriété commune à tous les peuples civilisés.

Quoique la France ait contribué plus qu'aucun autre pays à l'établissement de ce nouvel ordre de choses, elle manquait encore de plusieurs produits chimiques essentiels. Le prussiate de potasse, sans lequel le bleu de Prusse ne peut être appliqué convenablement sur la laine et sur la soie; certaines sortes de colles, et le vermillon, n'étaient obtenus qu'en petite quantité dans nos ateliers, ou même n'étaient encore que des produits de laboratoire. Sous ce rapport, on pouvait avec raison nous accuser d'être restés dans la pratique en arrière de la théorie. Maintenant ces divers produits sont préparés avec succès dans plusieurs établissemens; c'est un des progrès de notre industrie que l'exposition de 1823 a fait connaître.

---

MM. CHAPTAL fils, D'ARCET et HOLKER, à la fabrique des Thermes, près Paris,

Qui ont obtenu en 1819 une médaille d'or,

Ont exposé des échantillons de différentes espèces d'alun, et une collection variée de produits chimiques.

Cet établissement, qui est toujours à la tête de ceux du même genre, et d'où la grande impulsion donnée aux arts chimiques est principalement partie, s'est mis lui-même hors de concours: l'un des associés, M. *Chaptal* fils, avait été appelé au jury spécial de la Seine; un autre, M. *d'Arcet*, faisait partie du jury central.

---

M. BOBÉE, à Choisy-le-Roi (Seine-et-Oise), Rappel de médaille d'argent.

Qui obtint une médaille d'argent en 1819,

A envoyé une série de produits de sa belle fabrique: on y remarquait de l'acide acétique obtenu de la distillation du bois à vase clos; de l'acétate de plomb très-beau, plusieurs autres sels du genre acétate, et des viandes conservées par la seule dessiccation à l'air, suivant le procédé indiqué par M. *Salmon*. Cet établissement est toujours digne de la distinction qu'il a précédemment obtenue.

Rappel de médailles d'argent.

M. BÉRARD, à Montpellier (Hérault),

A contribué beaucoup à répandre en France la fabrication des produits chimiques; son établissement a été, en quelque sorte, le berceau de cette industrie.

Il a envoyé à l'exposition une belle collection de produits, parmi lesquels on a sur-tout distingué de l'alun très-pur. Ce fabricant distingué mérite de plus en plus la médaille d'argent qui lui a été accordée en 1819.

Médaille d'argent.

LA SOCIÉTÉ DES MINES DE LIGNITE de Bouxwillers (Bas-Rhin)

A envoyé à l'exposition deux espèces d'alun et du sulfate de fer provenant de l'efflorescence du lignite qu'elle exploite. Elle a présenté aussi du prussiate de potasse, du bleu de Prusse, du sulfate de cuivre et du vitriol de Salzbourg.

Cette société s'est formée en 1816; elle est parvenue à créer un établissement important, qui fournit des produits chimiques pour l'intérieur de la France, et qui même en exporte beaucoup à l'étranger.

Le jury lui a décerné une médaille d'argent.

Rappel de médaille d'argent.

MM. PAYEN et PLUVINET, à Paris, rue du Doyenné, n.° 3,

Ont exposé du borax factice, du charbon animal, différens produits ammoniacaux, du sous-phosphate de soude, du sous-chlorure de chaux et du sous-carbonate de soude.

Ces différens produits sont tous parfaitement préparés. MM. *Pluvinet* et *Payen* ont aussi présenté un instrument qui porte le nom de *décolorimètre*, et qui remplit bien son objet. Ces fabricans industrieux reçurent en 1819 une médaille d'argent qu'ils continuent à bien mériter.

---

MM. BÉRARD et DELPECH, au Mas-d'Asile (Ariége), Rappel de médailles de bronze.

Qui obtinrent en 1819 une médaille de bronze, se sont montrés toujours dignes de cette distinction par les échantillons d'alun parfaitement pur qu'ils ont envoyés.

M. JACOB, à Marseille (Bouches-du-Rhône),

Qui obtint en 1819 une médaille de bronze pour du borax factice, fabrique toujours très-bien cette substance, et a donné une nouvelle extension à son établissement. Il continue à mériter la distinction qu'il a reçue.

Une médaille de bronze a été décernée par le jury à chacun des fabricans dont les noms suivent : Médailles de bronze.

MM. VINCENT et compagnie, à Vaugirard (Seine).

Ils ont exposé des échantillons de prussiate de potasse et de prussiate de soude très-beaux et parfaitement cristallisés. Ces fabricans ont aussi présenté une suite d'échantillons de bleu de Prusse, dont nous parlerons plus particulièrement à l'article des couleurs.

Médailles de bronze.

M. DUMOLARD, à Valmunster (Moselle).

Il a établi depuis 1822 une fabrique d'alun et de couperose, au moyen des produits d'une mine de lignite dont il est concessionnaire. Son usine fournit déjà de très-beaux résultats.

LA COMPAGNIE DES SALINES DE L'EST, à Dieuze (Meurthe),

A exposé différens échantillons de soude cristallisée. Ces produits sont fabriqués avec les résidus de salines, qui étaient autrefois perdus; ils font honneur à l'industrie des chefs de l'établissement.

M. DUBRUEL, à Poissy (Seine-et-Oise).

Il a exposé de la soude factice, plusieurs sels dont cet alcali forme la base, de l'acide muriatique et du savon de suif. Il paraît certain que ce fabricant est le premier qui soit parvenu à recueillir en grand l'acide muriatique. C'est du moins principalement à lui que l'on doit la modicité actuelle du prix de cette substance. Il contribue aussi à maintenir le savon de suif à des prix modérés, par la grande quantité de cet article qu'il répand dans le commerce.

MM. BURAN jeune et MARCHAND, à Charenton (Seine).

Ils ont exposé du camphre raffiné, du borax, des produits mercuriaux et du blanc de baleine raffiné. Ces produits sont tous de très-bonne qualité.

M. SOUCHON, pharmacien, à Lyon (Rhône), Médaille de bronze.

Déjà cité relativement aux teintures,

A exposé du prussiate de potasse et du prussiate de soude. Ces produits sont convenablement préparés; ils ont concouru avec les articles de teinture présentés par M. *Souchon* pour le rendre digne de la médaille de bronze.

---

Les fabricans ci-après dénommés ont mérité d'être mentionnés honorablement : Mentions honorables.

MM. CARTIER fils et GRIEU, à Pontoise (Seine-et-Oise).

Ils ont exposé de l'acide sulfurique, de l'acide oxalique, du sulfate de cuivre, du bleu de Prusse, du phosphate de soude et du jaune minéral. Tous ces produits annoncent des fabricans pleins d'intelligence.

M. ADONE, à Saint-Gaudens (Haute-Garonne).

Il fabrique du salin en brûlant les tiges du maïs, les fanes de pomme de terre et la paille de sarrazin.

## SECTION II.

### *Savons.*

M.me veuve ROËLANT, à Paris, rue Culture-Sainte-Catherine, n.° 21, Rappel de médaille d'argent.

Qui obtint une médaille d'argent en 1819,

A exposé une collection complète de savons de toilette et de savons de ménage, à base de suif. Son établissement se soutient bien au point où il était parvenu à la dernière exposition, et il est toujours digne de la récompense qui lui fut alors accordée.

---

Médailles de bronze.

M. DEMARSON, à Paris, rue de la Verrerie, n.° 95,

Qui s'est depuis peu livré à la fabrication des savons de toilette, y a déjà fait de grands progrès. Les produits de cette sorte qu'il a présentés, sont de très-belle qualité. Dans les savons transparens, sur-tout, il est parvenu à la perfection.

Le jury lui a décerné une médaille de bronze.

M. CALLET, à Choisy-le-Roi,

Fabrique de très-bons savons avec de la potasse et de la soude factice qu'il prépare lui-même. Son établissement présente un ensemble complet de l'industrie du savonnier; le jury a vu tous ses produits avec un grand intérêt, et lui a décerné une médaille de bronze.

---

Mention honorable.

M. PAYEN, à Marseille (Bouches-du-Rhône),

Qui fut mentionné honorablement en 1819, continue de mériter cette distinction par les bons savons en table qu'il fabrique au moyen de la soude factice.

## SECTION III.

### *Colles.*

Plusieurs fabriques de colles ont été établies depuis quelques années, et fournissent en partie aux divers besoins de notre industrie. La consommation de cet article excède néanmoins encore sa production, et nous sommes toujours obligés d'en tirer une certaine quantité de l'étranger.

---

M. ESTIVANT DE BRAUX, à Givet (Ardennes), Rappel de médailles d'argent.

Auquel une médaille d'argent fut décernée en 1819, a prouvé, par les colles de bonne qualité qu'il a exposées, que sa fabrique est toujours digne de cette distinction.

M. P. J. ESTIVANT, à Givet (Ardennes),

Qui obtint une médaille d'argent en 1819, pour des colles bien fabriquées, s'est montré de plus en plus digne de cette récompense, par les bons produits du même genre qu'il a envoyés à l'exposition.

---

M. BERTOUT, à Saint-Saens (Seine-Inférieure), Rappel de médaille de bronze.

Obtint en 1819 une médaille de bronze, et continue à la mériter par une bonne fabrication de colle.

M. JULLIEN, à Paris, rue Saint-Sauveur, n.° 18, Médailles de bronze.

Déjà cité pour ses appareils de décantation, a perfectionné le collage des vins, en substituant aux œufs, dont on fait communément usage dans cette opération, des colles fabriquées avec des substances qui étaient rejetées comme inutiles, ou qui sont de très-peu de valeur. L'une de ses préparations peut tenir lieu, avec avantage, de la colle de poisson.

Médailles de bronze.

M. *Jullien* obtint en 1819 une médaille de bronze, dont il continue à se rendre digne.

MM. LEFEBURE et BERTHÉLEMY, à Rouen (Seine-Inférieure),

Fabriquent très-bien plusieurs sortes de colles, particulièrement la colle tremblante, à l'usage des tisseurs et des apprêteurs.

Le jury leur a décerné une médaille de bronze.

M. PERNET aîné, à Clichy (Seine),

A exposé des colles qu'il obtient au moyen de la vapeur, après avoir passé préalablement les matières premières à la chaux. La bonne qualité de ces produits lui a mérité la médaille de bronze.

---

Mentions honorables.

Le jury a décidé qu'il serait fait mention honorable des fabricans dont les noms suivent :

M. SEIGNORET, à Marseille (Bouches-du-Rhône),

Déjà cité honorablement en 1819.

Il a exposé des colles bien fabriquées.

M. DEVOULX, à Marseille (Bouches-du-Rhône).

Il a exposé des colles façon de Flandre, qui sont bien fabriquées et bien coupées. Pour débiter les pains de colle, ce fabricant emploie une machine qui coupe à la fois une grande quantité de feuilles, dans toutes les dimensions demandées.

M. PIQUEFEU, à Pont-Audemer (Eure).

Il a présenté des colles bien fabriquées.

---

Les fabricans de colles dont les noms suivent ont mérité d'être cités dans le rapport : Citations.

M. DUMAS, à Limoges (Haute-Vienne).

MM. WEISHARDT et STOCKBURGER, à Delle (Haut-Rhin).

## SECTION IV.

### *Couleurs.*

M. ROARD, à Clichy (Seine), Rappel de médaille d'or.

A exposé de la céruse, du minium, de la mine orange et du blanc d'argent. En 1819, cet habile manufacturier obtint une médaille d'or, et depuis cette époque il n'a cessé d'augmenter et de perfectionner sa fabrication.

C'est à M. *Roard* que l'on doit le rétablissement dans les fabriques de Lyon des bons procédés de teinture qui y étaient tombés en oubli. Les importantes améliorations qu'il a introduites dans la préparation de diverses couleurs, ont fait baisser le prix de ces substances, rendu leur emploi plus facile, et diminué la masse d'importation qui en était faite au préjudice du commerce français.

Le jury eût décerné une médaille d'or à M. *Roard*, si cette distinction ne lui eût pas déjà été accordée.

---

M. DESMOULINS, à Paris, rue Sainte-Avoie, n.° 41, Médaille d'argent.

A présenté du vermillon, égal en beauté à celui de la Chine. Cet article manquait jusqu'ici à notre industrie; nous étions obligés de le tirer de l'étranger. En

1819, M. *Desmoulins*, dont l'industrie était déjà très-avancée, reçut une médaille de bronze : l'expérience ayant constaté le mérite de ses produits, le jury lui décerne une médaille d'argent.

---

Rappel de médaille de bronze.

M. PÉCARD-TASCHEREAU, à Tours (Indre-et-Loire),

Déjà cité relativement au plomb,

Prépare de très-beau minium au moyen de plomb provenant de démolitions. Il obtint, en 1819, une médaille de bronze dont il continue à se rendre digne.

Médailles de bronze.

Une médaille de bronze a été décernée à chacun des fabricans ci-après désignés :

MM. BONNET frères, CHAMPION et DESFOSSES, à Besançon (Doubs).

Ils ont exposé du bleu de Prusse de bonne qualité et du prussiate de potasse. Leur établissement, qui fournit de très-beau noir animal, exporte beaucoup en Suisse et en Allemagne, après avoir pourvu à la consommation de nos départemens de l'est, qui s'approvisionnaient autrefois de ces mêmes produits à l'étranger.

M. SALMON, à Marseille (Bouches-du-Rhône).

Il a présenté des échantillons de céruse qui ont été jugés de bonne qualité. Mais ce fabricant mérite sur-tout des éloges pour l'assainissement qu'il est parvenu à introduire dans ses ateliers : suivant le apport du jury spécial des Bouches-du-Rhône,

M. *Salmon* prépare la céruse dans un grand coffre de bois qui est hermétiquement fermé ; perfectionnement d'une haute importance pour la santé des ouvriers, et sur lequel est particulièrement basée la récompense accordée par le jury central.

Médailles de bronze.

## M. LEFRANÇOIS, à Paris, rue Saint-Maur, n.° 66.

Il fabrique un nouveau vert plus fixe et d'une teinte plus agréable que le vert-de-gris dont on fait ordinairement usage en peinture.

## M. DECAVAILLON, à Passy (Seine),

Il est le premier qui ait opéré la revivification du charbon animal qui a servi à la clarification des sirops. Autrefois ce produit était jeté comme inutile : M. *Decavaillon*, en le calcinant à vase clos, le rend susceptible d'un nouvel usage, et contribue ainsi à empêcher le renchérissement des os.

## M. L. J. GOHIN, à Paris, rue Neuve Saint-Jean, n.° 29,

Sa fabrique de couleurs est une des plus importantes de Paris, tant pour son étendue que pour la bonté de ses produits.

## MM. VINCENT et compagnie, à Vaugirard (Seine),

Déjà cités relativement au prussiate de potasse.

Ils ont exposé une belle série d'échantillons de bleu de Prusse de différentes qualités et à divers

Médailles de bronze.

prix. Ces produits remarquables partagent avec ceux dont nous avons déjà fait mention, la récompense accordée par le jury.

M. DAUSSE, à Avignon (Vaucluse).

Il a exposé des laques de garance très-pures, égales en beauté à celles qui proviennent d'Anvers.

---

Mentions honorables.

Les fabricans dont les noms suivent ont mérité d'être mentionnés honorablement :

MM. CAVAIGNAC et BEAULÈS, à Paris, rue Saint-Julien-le-Pauvre, n.° 5.

Ils tiennent une des meilleurs fabriques d'encre d'imprimerie, et ils ont publié, avec tous les détails nécessaires le procédé à suivre pour fabriquer, au moyen d'un mélange de colle et de mélasse, des rouleaux suceptibles de remplacer avec avantage les balles dont on fait usage dans le travail de l'imprimerie.

M. COLCOMB, à Paris (quai de l'École n.° 18).

Il fabrique très-bien les couleurs fines.

M. BERGER, à Paris, rue de Sully, n.° 8.

Il fabrique des crayons communs qui sont très-bons et qu'il vend à bas prix.

MM. MOUVET et MATHIEU, à Saint-Privé (Loiret).

Ils fabriquent de la cérnse de bonne qualité, suivant le procédé hollandais.

M.[me] COSSERON, à Paris, quai de l'École, n.° 10. Mention honorable.

Les couleurs lucidoniques fabriquées par cette dame sont depuis long-temps connues; on sait qu'elles ont l'avantage de sécher promptement, et de permettre d'habiter de suite les appartemens les plus nouvellement peints.

---

Les fabricans dont les noms suivent ont mérité d'être cités : Citations.

M. LARENAUDIÈRE, à Paris, rue du Mouton,

Pour une encre de sûreté qui paraît bien remplir son objet.

M. FLORENTIN-STEVERLINCK, à Lille (Nord),

Pour du bleu d'azur bien préparé.

MM. DEBEHR et fils, à Givet (Ardennes),

Pour céruse ordinaire bien fabriquée.

MM. FAUVE et DUPRÉ, à Givet (Ardennes),

Pour produits de même nature et de même qualité.

## SECTION V.

### *Ciment, Bitume, Cire à cacheter.*

M. DOURNAY, à Lobsann (Bas-Rhin),

Qui, depuis 1815, est concessionnaire d'une mine de lignite et de malthe, en obtient, par l'enchaînement

Médailles de bronze.

de ses procédés, un malthe ou bitume asphaltique propre au goudronnage des vaisseaux, et un mastic résultant du mélange d'une partie de malthe avec trois parties de calcaire bitumineux. Ce mastic est employé avantageusement pour garantir les murs de l'humidité.

Le jury décerne une médaille de bronze à M. *Dournay.*

M. DEDREUX, à Montmartre (Seine),

A exposé une belle collection de statues et d'ornemens d'architecture en pierres artificielles. Ces pierres sont fabriquées avec une composition analogue au ciment de Dhil; elles ont la propriété de se durcir à l'air et de résister beaucoup mieux que les pierres calcaires aux intempéries des saisons.

Le jury a décerné à M. *Dedreux* une médaille de bronze.

Rappel de médaille de bronze.

MM. GRAFFE frères, à Paris, rue des Fossés-Montmartre, n.° 13,

Ont exposé de belles cires à cacheter. Ces fabricans ont été distingués aux dernières expositions. En 1819, ils obtinrent une médaille de bronze, dont ils continuent à se rendre dignes.

Médaille de bronze.

MM. HERBIN et MARESCHAL, à Paris, rue de la Verrerie, n.° 52,

Ont présenté une très-belle collection de cires à cacheter dans toutes sortes de teintes. On a sur-tout admiré les cires bleues et les cires blanches, qui sont les plus difficiles à préparer.

Le jury a décerné une médaille de bronze à ces industrieux fabricans.

---

M. THIBAULT, à Paris, rue de la Verrerie, n.° 46, Rappel de mention honorable.

Qui fut mentionné honorablement en 1819, continue à se rendre digne de cette distinction par des cires bien préparées.

MM. GUIBERT et CHAULIN, à Paris, rue du Faubourg Saint-Jacques, n.° 55, Mention honorable.

Ont présenté une suite de produits de corderie, des toiles et des tuyaux à incendie qui sont enduits et imbibés d'une composition dont la base est le bitume minéral des mines de Lobsann et de Seyssel.

Le jury a vu avec intérêt ces différens produits, et a décerné une mention honorable à MM. *Guibert* et *Chaulin.*

---

Les fabricans dont les noms suivent ont mérité d'être cités avec éloge : Citations.

M. DIDIER, à Paris, rue Percée-Saint-André, n.° 12.

Il emploie avec avantage le bitume de Seyssel à la confection des mastics et au carrelage en petits cailloux.

M. QUESNEL, à Paris, boulevart de la Barrière Montmartre, n.° 33,

Il fait usage avec succès d'un enduit particulier pour recouvrir des tableaux de démonstration, des

Citations. toiles et des tôles. Cet enduit est à la fois souple, dur et très-solide.

## M. SOUILLARD, à Paris, rue des Vieux-Augustins, n.° 41,

A inventé une composition à l'aide de laquelle on parvient à raccommoder les objets cassés. Il prépare aussi une matière plastique, propre à prendre, par le moulage, toutes sortes d'empreintes, et à former de jolis bas-reliefs.

## M. LEBEL, à Lampertsloch (Bas-Rhin).

Il a envoyé du pétrole raffiné, provenant des usines de Lampertsloch. Ce produit est de bonne qualité ; on l'emploie avec succès pour graisser les essieux de voitures et les fils-de-fer dans les tréfileries. Il peut servir aussi à la production du gaz hydrogène propre à l'éclairage.

# CHAPITRE XXXII.

## *TERRE CUITE, POTERIES ET PORCELAINE.*

### SECTION I.re

### *Terre cuite.*

#### ARTICLE I.er

#### *Carreaux.*

DIFFÉRENS perfectionnemens ont été introduits depuis quelques années dans la fabrication des carreaux d'appartemens; ils consistent dans l'emploi de terres naturellement colorées, soit pour toute la masse du carreau, soit seulement pour sa surface, et dans un moulage mécanique, dont le résultat est d'obtenir une plus grande variété de formes, ainsi qu'une régularité plus parfaite de compartimens.

Les carreaux ainsi fabriqués sont d'un prix plus élevé que les autres; mais ce désavantage paraît pouvoir être compensé par une plus grande facilité de posage.

---

Les fabricans dont les noms suivent ont exposé des carreaux fabriqués à la mécanique. Le jury a décidé qu'ils seraient mentionnés honorablement : Mentions honorables.

M. JUILLIEN, aux Fourneaux, près Melun (Seine-et-Marne).

Il a présenté des carreaux noirs et blancs, d'une couleur bien déterminée, d'une densité convenable, et en tout d'une bonne fabrication.

Mentions honorables.

MM. BELLANGER-PAGÉ, LEBLANC, CARLIER et compagnie, à Saint-Cyr près Tours (Indre-et-Loire).

Ils ont présenté des carreaux rouges, noirs et blancs, de diverses formes, et d'une fabrication soignée.

M. MATELIN, à Orléans (Loiret),

Déjà mentionné honorablement en 1819.

Il fabrique des carreaux de diverses formes et de couleurs variées.

ARTICLE 2.

*Creusets.*

Médaille de bronze.

M. Laurent GILBERT, à Orléans (Loiret),

Fabrique des creusets qui ont avec ceux de la Hesse une grande ressemblance, et des briques réfractaires dont les consommateurs rendent un témoignage favorable.

Le jury lui a décerné une médaille de bronze.

---

Mentions honorables.

Les fabricans ci-dessous dénommés ont mérité d'être mentionnés honorablement :

M. DELAMONTAGNE, à Limoges (Haute-Vienne).

Il fabrique des creusets qui ont été soumis au feu du four de porcelaine sans éprouver d'altération.

MM. FOUQUE et ARNOUX, à Toulouse (Haute-Garonne). Mentions honorables.

Ils ont exposé des creusets couvenablement fabriqués.

M. MOUCHARD, à Angoulême (Charente).

Il est parvenu à fabriquer des creusets d'un bon usage, en se servant d'un kaolin impur découvert par lui près de Dignac.

## SECTION II.

### *Poterie commune.*

Sous le nom de *poterie commune*, nous désignons les poteries à pâte rouge et poreuse, qui sont recouvertes extérieurement d'un vernis brun et à l'intérieur d'un émail blanc. Dans le commerce du faïencier, elles sont appelées *terres à feu.*

Pour remplir convenablement leur destination, ces simples ustensiles de ménage doivent supporter, sans se rompre, l'action d'un feu ordinaire; l'émail stannifère qui les revêt intérieurement, doit être appliqué avec soin, de manière à n'éprouver ni trésaillement, ni gerçure; ils doivent être enfin d'un prix très-modique.

Ces différentes qualités distinguaient en général les divers assortimens de poterie commune qui ont figuré à l'exposition; cependant le jury croit devoir citer plus particulièrement

M. LEJEUNE, à Baumont-le-Chartis (Eure-et-Loir), Citation.

Pour la bonne confection de ses produits en ce genre.

## SECTION III.

### *Faïence.*

L'art de fabriquer la faïence est d'origine italienne; mais c'est en France qu'il a été cultivé avec le plus de succès. La défaveur qui, pendant long-temps, a pesé sur les produits de cet art, tenait à des vices de composition ou de préparation qui ont disparu, et l'on peut dire que la faïence est maintenant pour notre pays ce que la terre de pipe est pour l'Angleterre.

A la pâte rouge et poreuse de la faïence de Nevers, on a substitué, depuis quelque temps, la pâte blanche et dense de la terre de pipe ; aussi la faïence nouvelle porte-t-elle actuellement dans le commerce le nom de *terre de pipe émaillée.* L'émail stannifère que l'on applique sur le biscuit, a été aussi perfectionné; il en est résulté une couverte plus blanche, plus solide, moins sujette à se fendiller.

---

Médaille de bronze.

M. KELLER, à Lunéville (Meurthe),

A exposé une série de produits en faïence parmi lesquels on a sur-tout remarqué des assiettes en terre de pipe émaillée, qui, par la blancheur, le peu d'épaisseur de la pâte, et par une fabrication des plus soignées, rivalisent presque avec la porcelaine. En 1806, M. *Keller* fut distingué par une mention honorable: les progrès notables qu'il a faits depuis cette époque, ont déterminé le jury à lui accorder une médaille de bronze.

---

M. AMÉDÉE-LAMBERT, à Rouen (Seine-Inférieure), Mention honorable.

Fabrique avec beaucoup de succès les pièces les plus grandes en faïence. Parmi ses produits, on a distingué un broc et une cuvette de garde-robe qui étaient particulièrement recommandables par une bonne fabrication.

Le jury a décidé qu'il serait fait mention honorable de ce fabricant.

---

M. LEDOUX-WOOD, à Forges-les-Eaux, près Neufchâtel (Seine-Inférieure), Citations.

Et M. GUILLEMOT-ÉPRON, à Tours (Indre-et-Loire),

Ont mérité l'un et l'autre d'être cités pour des faïences convenablement fabriquées.

## SECTION IV.

### *Terre de pipe ou Cailloutage.*

La pâte de la poterie appelée *terre de pipe, cailloutage* ou *faïence fine*, est faite avec un mélange d'argile plastique et de silice, et la couverte en est formée par un verre de plomb. On reproche souvent à ce genre de poterie la porosité de son biscuit, le peu de dureté de sa couverte, défauts qui proviennent toujours d'un manque de cuisson, et qu'il faut attribuer à l'économie mal entendue que les fabricans veulent faire sur la consommation du combustible. Parmi les produits en terre de pipe qui ont été vus à l'exposition, il en est plusieurs dans lesquels ces défauts étaient nuls ou peu sensibles.

---

Médaille de bronze.

MM. FOUQUE et ARNOUX, à Toulouse (Haute-Garonne),

Déjà cités relativement aux creusets,

Ont exposé un assortiment de pièces en faïence fine convenablement fabriquée, et à des prix très-modérés. On y remarquait des assiettes de bonne qualité, dans le prix de 2 fr. 40 cent. la douzaine. Ces fabricans ont fait, depuis quelques années sur-tout, des progrès remarquables.

Le jury leur a décerné une médaille de bronze.

---

Mention honorable.

M. FIOLET, à Saint-Omer (Pas-de-Calais),

Possède une fabrique de terre de pipe dont les produits sont recherchés, et qui exporte beaucoup dans les colonies.

Le jury lui a décerné une mention honorable.

## SECTION V.

### *Poteries de grès.*

Le grès se rapproche beaucoup de la porcelaine, par la dureté et par la densité de sa pâte; par la haute température à laquelle il faut le soumettre pour le cuire; enfin par la nature terreuse de l'émail qui le recouvre, et dans lequel il n'entre jamais aucun mélange de substance métallique. Comme la porcelaine, il est susceptible aussi de produire des objets d'ornement d'un grand prix, ou des vases de peu de valeur, en raison de la forme qu'il reçoit, et du soin plus ou moins grand que l'on apporte à le préparer.

---

M. UTZSCHNEÏDER, à Sarreguemines (Moselle), Rappel de médaille d'or.

A paru avantageusement à toutes les expositions précédentes, et les différens genres de distinction affectés à l'encouragement de l'industrie lui ont été successivement accordés. Sa fabrique est particulièrement connue pour la confection des objets les plus beaux et les plus riches qui puissent être obtenus en poterie de grès. Les produits de ce genre qu'il a exposés en 1823, étaient supérieurs à tous ceux que l'on avait vus jusqu'ici sortir de ses ateliers. On y remarquait plus de variété de couleurs, une imitation plus exacte des pierres dures, une élégance et une pureté de formes plus soutenues.

Il a exposé en outre des faïences à couverte stannifère, des terres de pipe blanches et rouges, des poteries ornées de lustres métalliques présentant différens jeux de couleur. Tous ces produits donnent l'idée la plus satisfaisante de l'ensemble de la fabrication de M. *Utzschneïder*, et prouvent qu'il est de plus en plus digne de la médaille d'or.

---

M. DE MEILLONAS, à Meillonas (Ain), Mention honorable.

A exposé des cruchons à bière, en grès, qui sont recommandables par une bonne fabrication et des prix modiques. Le jury lui a décerné une mention honorable.

---

Citation. MM. REVOL père et fils, à Saint-Uze (Drôme),

Ont mérité d'être cités pour poterie de grès bien fabriquée.

## SECTION VI.

### *Porcelaine.*

La France a depuis long-temps acquis une grande supériorité dans l'art de fabriquer la porcelaine. Les produits de nos manufactures en ce genre sont d'une admirable variété ; ils composent les nombreux termes d'une série qui commence à de petits bijoux et qui finit à ces vases, objet d'un luxe royal, dont on admire à-la-fois les dimensions colossales et les magnifiques ornemens.

Pendant quelque temps, on remarquait dans cette importante industrie une disposition à se concentrer à Paris; mais elle paraît être maintenant sur le point de prendre une autre direction. Déjà la cherté du combustible a déterminé plusieurs manufacturiers à transporter dans la province la fabrication des pièces en blanc, et à ne conserver dans la capitale que des ateliers de peinture et de décoration.

Ces deux parties de l'art sont, au reste, indépendantes, et doivent être soigneusement distinguées. L'une ne sert souvent qu'à masquer les défauts de l'autre, et c'est toujours sur des pièces non décorées que l'amateur doit porter son attention, lorsqu'il veut acquérir une idée précise de la bonté des produits d'une fabrique.

Une tendance bien prononcée vers la diminution des prix a été observée dans plusieurs des objets en porcelaine présentés à l'exposition; elle eût été l'indice d'un grand perfectionnement, si la qualité des produits l'eût toujours accompagnée.

Dans leur intérêt comme dans celui de l'art, les fabricans doivent s'abstenir d'employer des pâtes trop fusibles; ils doivent éviter cette transparence presque vitreuse, qui dénote une matière fragile, incapable de résister au plus léger choc, et de supporter les diverses variations de température qui se présentent dans les usages domestiques.

Les qualités qui constituent une bonne porcelaine sont la blancheur et la solidité de la pâte, jointes à une transparence légère. Les pièces doivent être d'une grande légèreté, par conséquent peu chargées en matières; elles doivent présenter des surfaces bien planes, ou des courbures parfaitement régulières, et l'émail qui les recouvre doit être exempt de toute déchirure, de gerçure et de boursoufflure.

Ces qualités ont presque toutes été remarquées dans les produits des fabriques auxquelles le jury a décerné des récompenses.

---

Comme les autres établissemens royaux, la manufacture de Sèvres prend part aux expositions sans participer aux concours; fondée et dotée par la munificence de nos Rois, elle est conduite dans l'intérêt des progrès de l'art, et non dans des vues de spéculation. Les beaux produits dont, sans cesse, elle enrichit le mobilier de la couronne et les palais de plusieurs souverains, excitent toujours l'admiration et la surprise; ils prouvent que, sous l'administration du savant distingué qui la dirige, cette manufacture est digne à-la-fois de sa noble origine et de son importante destination.

---

Rappel de médaille d'or.

MM. NAST frères, à Paris, rue des Amandiers-Popincourt, n.° 8,

Offrent dans leur fabrication une réunion presque complète des qualités qui constituent la bonne porcelaine. La pâte dont ils se servent est bien préparée; elle est cuite au point nécessaire, et la couverte qui la revêt a réellement l'aspect de l'émail, sans jamais présenter celui du verre. Les pièces, souvent d'un grand volume, qui sortent des ateliers de MM. *Nast*, ont des formes généralement avantageuses; elles sont bien tournées et d'une épaisseur convenable; les ornemens en relief qui les décorent sont modelés avec soin; les garnitures en sont bien réparées; les fonds au grand feu que l'on y remarque sont d'une extrême pureté de couleur, particulièrement les fonds bleus.

L'étendue des débouchés de MM. *Nast* est en proportion avec la belle qualité de leurs produits. En 1819, ces fabricans reçurent une médaille d'or; le jury reconnaît, avec beaucoup de satisfaction, qu'ils sont de plus en plus dignes de cette récompense.

---

Médailles de bronze.

M. BLANC, à Ville-Dieu (Indre),

A exposé une suite de pièces en blanc, semblables à celles qu'il livre habituellement à la consommation. Parmi ces pièces, qui étaient en général bien tournées, et p[illegible]a plupart exemptes d'accidens, on a particulièrement distingué un grand vase, d'une belle forme et d'une préparation soignée.

Le jury a décerné à M. *Blanc* une médaille de bronze.

M. PILLIWUYT, à Foescy (Cher), Médaille de bronze.

S'est fait remarquer à l'exposition par une suite de belles pièces en porcelaine blanche. Il imite avec beaucoup de soin, dans ses tasses à thé, les formes et la délicatesse de celles de Sèvres.

Le jury lui a décerné une médaille de bronze.

M. LANGLOIS, à Bayeux (Calvados), Rappel de médaille de bronze.

Fabrique une porcelaine très-solide, et qui supporte bien l'action du feu. Le kaolin dont il se sert est tiré du bourg des Vieux, près Cherbourg. Son établissement concourt avec la manufacture de Sèvres pour produire les capsules de porcelaine dont on fait usage dans les laboratoires de chimie. En 1819, ce fabricant obtint une médaille de bronze, dont il continue à être digne.

M. DENUELLE, à Paris, rue de Crussol, n.° 8, Médaille de bronze.

A exposé une suite de produits de porcelaine, presque tous bien tournés. Il prépare avec soin les fonds au grand feu; ses fonds imitant l'écaille, surtout, sont faits avec une perfection que l'on n'avait pas encore atteinte.

M. *Denuelle* est toujours digne de la médaille d'argent qu'il a obtenue en 1819, pour sa fabrication en général; mais le jury lui décerne une médaille de bronze, pour le perfectionnement particulier apporté dans ses fonds au grand feu.

---

Mention honorable. M. THARAUD, à Limoges (Haute-Vienne),

A monté récemment une fabrique de porcelaine, pour les pièces blanches et à filet d'or. La bonne direction dans laquelle il paraît être fait espérer qu'il obtiendra de prompts succès. Le jury lui décerne une mention honorable.

## SECTION VII.

## *Décoration des poteries et de la porcelaine.*

---

### ARTICLE I.er

### *Décorations à la main.*

Mention honorable. M. ANDRÉ, à Paris, rue Notre-Dame de Nazareth, n.° 8,

Fait décorer à la main des porcelaines blanches, dans différens degrés de richesse. Les produits de ce genre qu'il a exposés ont prouvé qu'il choisit bien les pièces dont il fait usage, que ses ornemens sont de bon goût, sa dorure très-solide, et que ses prix sont en général modérés.

Le jury lui a décerné une mention honorable.

---

Citation. M. LECOMTE, à Paris, rue Saintonge, n.° 44,

A exposé un assortiment de petits objets en porcelaine, tels que flacons, boucles d'oreilles, épingles, &c., qu'il décore à la main. Ces bijoux sont de formes agréables; les peintures et les dorures qui les recouvrent sont bien choisies et bien exécutées. Le jury a décidé que M. *Lecomte* serait cité dans le rapport.

## ARTICLE 2.

### *Décoration par procédés mecaniques.*

M. LEGROS D'ANISY, à Paris, rue Ticquetone, n.° 14, Médaille d'argent.

Qui obtint, en 1819, une médaille d'argent pour divers procédés relatifs à la décoration des poteries et de la porcelaine, s'est fait distinguer à l'exposition de 1823 par deux nouveaux produits de son invention.

Le premier est relatif à la dorure des faïences en plein, au moyen d'une préparation d'or fulminant, qui se réduit sur la pièce même par l'action du feu. Ce procédé diminue beaucoup la consommation de l'or et les frais de brunissage; car il suffit presque de frotter fortement avec un linge les pièces dorées pour leur donner un vif éclat. Le procédé dont il s'agit peut être appliqué à toute espèce de faïence, à la terre de pipe et à la porcelaine; la durée de la dorure qui en résulte est relative à la solidité de la couverture ou de l'émail qui revêt la pièce sur laquelle on agit, et de la qualité de l'or employé.

Le second produit présenté par M. *Legros* résulte de l'application, par voie d'impression, des ornemens pleins en or sur porcelaine. Jusqu'ici l'on n'avait réussi qu'à former de simples traits par l'impression; mais M. *Legros* est parvenu à l'application des ornemens entiers, tels que les fait le doreur avec son pinceau. Ce procédé, dont l'auteur n'avait mis que des essais à l'exposition de 1819, est maintenant pratiqué en grand; il a été employé par la manufacture de Sèvres pour la décoration de plusieurs services de table. La dorure qui en résulte est assez solide, mais un peu grenue, et elle ne présente pas exactement le même brillant ni le même poli que celle qui est exécutée à la main.

Le jury, prenant en considération les services rendus à l'industrie par M. *Legros d'Anisy*, depuis la dernière exposition, lui a décerné une nouvelle médaille d'argent.

### ARTICLE 3.

### *Couleurs vitrifiables sur faïence.*

Mention honorable.

M. MORTELÈQUE, à Paris, rue du Faubourg Saint-Martin, n.° 132,

A exposé des pièces de faïence peintes au moyen de couleurs métalliques vitrifiables. Ses produits ne sont encore que des essais; mais le procédé qu'ils indiquent peut être susceptible d'heureuses applications en le combinant avec les moyens déjà connus. Le jury décerne à M. *Mortelèque* une mention honorable.

# CHAPITRE XXXIII.

## *VERRERIE, CRISTALLERIE.*

### SECTION I.re

### *Glaces.*

L'ART de fabriquer les glaces et de les étamer est parvenu depuis long-temps, en France, au point où il peut être porté avec les moyens actuellement connus. L'exposition de 1823 a prouvé que cet art se soutient bien dans l'état de prospérité où il a paru lors des expositions précédentes, et que les établissemens dans lesquels il est pratiqué obtiennent toujours de grands succès.

---

LA MANUFACTURE ROYALE de Saint-Gobin, ( Aisne ), — Rappel de médaille d'or.

Qui obtint une médaille d'or en 1819, est toujours à la tête de la fabrication des glaces. Quelques-uns des produits qu'elle livre à la consommation sont remarquables par un volume extraordinaire; tous offrent la réunion d'une excellente composition de matière, d'une homogénéité très-grande et d'un poli parfait. Ce bel établissement est ainsi de plus en plus digne de la récompense qu'il a précédemment obtenue.

---

Rappel de médaille d'argent. Les Manufactures de SAINT-CUIRIM et de CIREY (Meurthe),

Qui obtinrent une médaille d'argent en 1819, sont toujours très-dignes de cette récompense, par la variété comme par la beauté de leurs produits.

## SECTION II.

### *Cristallerie.*

L'art de fabriquer le cristal était encore bien imparfait en France, au commencement du siècle actuel; mais il a fait en peu de temps des progrès rapides, et, d'un état voisin de l'enfance, on l'a vu passer, presque subitement, à la perfection. Cette heureuse amélioration est due aux travaux de M. *d'Artigues;* elle a été opérée de 1806 à 1812.

Depuis cette époque, il ne paraît pas que les procédés de fabrication aient éprouvé des changemens sensibles; mais la taille des cristaux a été véritablement perfectionnée par l'emploi de machines et de quelques procédés importés d'Angleterre, qui l'ont rendue plus régulière, plus vive, et qui n'en augmentent point le prix.

---

Rappel de médaille d'or. MM. CHAGOT frères, au Creusot, près Montcenis (Côte-d'Or),

Qui obtinrent une médaille d'or en 1819,

Ont exposé plusieurs produits remarquables à-la-fois par la pureté du cristal, l'élégance des formes et la régularité de la taille. Sous ce dernier rapport,

MM. *Chagot* ont fait des progrès sensibles depuis la dernière exposition. Le jury se plaît à reconnaître qu'ils sont toujours dignes de la médaille d'or.

MM. GODARD père et fils, à Baccarat (Moselle), — Médaille d'or.

Sont les successeurs de M. *d'Artigues*, et ils continuent à bien appliquer les procédés inventés par ce savant. Leurs cristaux sont très blancs et fort homogènes, et la taille en est bien soignée.

La cristallerie de Baccarat ne concourut point en 1819, parce que M. *d'Artigues* était membre du jury central; mais les produits, mis en œuvre par M.me *Desarnod*, valurent à cette dame une médaille d'or. Sous la direction de MM. *Godard*, cet établissement continue de suivre la bonne direction qui lui a été donnée par le fondateur. Le jury lui décerne une médaille d'or.

---

MM. BONTEMPS et GEORGEON, à Choisy-le-Roi, — Médaille d'argent.

Ont exposé des cristaux d'une composition louable et bien taillée. Ils ont aussi présenté des glaces soufflées, des verres plats et autres, qui dénotent une fabrication étendue et satisfaisante dans son ensemble. Le jury leur décerne une médaille d'argent.

## SECTION III.

## *Verres ordinaires.*

M. DE VIOLAINE, à Prémontré (Aisne), — Médaille de bronze.

A présenté une belle suite de produits de verrerie, tels que bouteilles de verre vert et de verre demi-blanc, cloches à jardin, verres à vitres et verres verts pour lunettes. Ils ont aussi exposé des verres colorés pour vitraux d'église. Ces derniers produits sont le résultat d'une fabrication nouvelle, qui n'a pris encore que peu de développement, mais qui est susceptible de s'étendre.

Le jury décerne à M. *de Violaine* une médaille de bronze.

---

Mention honorable. MM. le comte DE LIEDEKERKE-BEAUFORT et compagnie, à Hardinghem (Pas-de-Calais),

Ont mérité d'être mentionnés honorablement, pour des bouteilles de diverses grandeurs, d'une très-bonne fabrication.

---

Citation. M. BARABINO, à Harberg (Meurthe),

A mérité d'être cité pour du verre à vitres bien fabriqué.

## SECTION IV.

### *Strass.*

La préparation du strass comprend, comme celle du cristal, deux parties assez distinctes pour être quelquefois l'objet de deux fabrications particulières : l'une est la production de la matière blanche ou colorée, imitant le diamant ou les pierres gemmes ; l'autre est l'art de tailler cette matière et de la monter en bijoux.

---

M. DOUAULT-WIELAND, à Paris, rue Sainte-Avoie, n.° 19, Médaille d'argent.

Qui obtint une médaille de bronze à la dernière exposition, a tellement perfectionné la fabrication du strass, qu'il a mis la France presque entièrement en possession du commerce que l'Allemagne faisait autrefois sur cette matière. En 1819, son industrie, quoique déjà complète sous le rapport des procédés, n'avait encore acquis que peu de développement : aujourd'hui elle est fort active et fort étendue, non-seulement dans les ateliers de l'inventeur, mais dans plusieurs autres encore, qui se sont élevés à l'instar des siens.

Le jury décerne à M. *Douault-Wieland* une médaille d'argent.

---

M. BOURGUIGNON, à Paris, rue de la Paix, n.° 1, Mention honorable.

Se livre avec succès à la fabrication des pierres fausses ; il imite sur-tout dans la perfection la pierre appelée *chrysophrase*. Le jury lui décerne une mention honorable.

## SECTION V.

### *Peinture vitrifiable et Inscriptions sur verre.*

M. DESVIGNES, à Paris, rue de Lancry, n.° 28, Médaille de bronze.

A donné une nouvelle direction à l'art de dorer et de peindre le verre et le cristal avec des couleurs vitrifiables. Les différens produits de ce genre qu'il a présentés à l'exposition, étaient tous fort jolis et de prix peu élevés. Le jury lui a décerné une médaille de bronze.

M. LUTTON, à Paris, rue du Marché-Neuf, n.° 23,

Rappel de médaille de bronze.

Est parvenu à placer sur les vases de verre ou de cristal des étiquettes vitrifiées, qui sont inattaquables par les acides et par les réactifs les plus puissans. Sa découverte est depuis long-temps appréciée dans les laboratoires de chimie et dans les pharmacies, où elle prévient beaucoup d'erreurs. Aux expositions de 1806 à 1819, M. *Lutton* obtint une médaille de bronze, et il continue à la bien mériter.

---

# CHAPITRE XXXIV.

## *ÉBÉNISTERIE, MENUISERIE, ORNEMENS SCULPTÉS ET MOULÉS.*

### SECTION I.re

### *Ébénisterie et Menuiserie.*

L'ÉBÉNISTERIE se soutient bien au rang où elle s'est depuis long-temps placée dans le système général de notre industrie; elle est toujours, pour la nombreuse population ouvrière de Paris, une cause puissante de travail et une source féconde de profits.

A l'acajou, dont quelques personnes trouvent la couleur un peu sombre, des fabricans habiles ont substitué avec succès des bois indigènes, tels que le frêne rosé, l'aulne, l'orme, le cerisier de vigne, l'érable, le platane, le saule, le peuplier, qui sont tous très-faciles à travailler, et dont les nuances plus ou moins délicates sont bien en harmonie avec certaines étoffes de tenture et d'ameublement.

On a généralement remarqué dans tous les meubles qui ont figuré à l'exposition, des formes élégantes, bien appropriées à l'usage auquel ils sont destinés, un sage emploi d'ornemens, et une disposition très-ingénieuse dans les ferrures qui y sont adaptées.

Rappel de médaille d'or.

L'ÉCOLE ROYALE D'ARTS ET MÉTIERS de Châlons-sur-Marne,

Déjà citée relativement au bronze et aux outils divers,

A présenté de très-beaux meubles qui concourent avec les autres produits de cette école pour la rendre toujours digne de la médaille d'or qu'elle a obtenue en 1819.

---

Rappel de médaille d'argent.

M. WERNER, à Paris, rue de Grenelle-Saint-Germain, n.° 126,

A contribué beaucoup à faire naître et à répandre le goût des meubles en bois français. Quelques-uns des meubles de ce genre qu'il a présentés, avaient déjà paru à l'exposition de 1819; il les a remis sous les yeux du public pour donner la preuve qu'ils ne se déjetaient pas en vieillissant. Tous les produits qui sortent des ateliers de M. *Werner* sont remarquables par une exécution soignée, par des formes commodes, et par des prix en général modérés. Ce fabricant éclairé mérite aussi des éloges pour avoir introduit dans l'ébénisterie l'usage des marbres indigènes. En 1819, il reçut une médaille d'argent, dont il continue de plus en plus à se rendre digne.

Médailles d'argent.

M. HOCKESHOVEN, à Paris, rue Jean-Jacques Rousseau, n.° 20,

A présenté des meubles exécutés en bois de peuplier noir. Ces produits sont de très-bon goût et bien soignés.

Le jury lui décerne une médaille d'argent.

M. ROGUIN, à Paris, rue du Temple, n.° 124, — Médaille d'argent.

A formé un établissement dans lequel il exécute la menuiserie par des procédés mécaniques. Ce genre d'industrie est susceptible de prendre un grand développement.

Le jury décerne une médaille d'argent à M. *Roguin.*

---

L'ÉCOLE ROYALE D'ARTS ET MÉTIERS D'ANGERS, — Médailles de bronze.

Déjà citée relativement aux outils divers,

A présenté des meubles en bois indigènes, qui méritaient d'être remarqués par une grande simplicité de forme et par une justesse parfaite d'exécution.

Cet établissement fait d'heureux efforts pour remplir son utile destination.

Le jury lui a décerné une médaille de bronze.

M. SCHUILLER, à Bourges (Cher),

A exposé des meubles en bois d'acajou, qui sont à-la-fois élégans et solides.

Le jury lui a décerné une médaille de bronze.

M. PUTEAUX, à Paris, rue de la Pépinière, n.° 11,

A exposé des meubles élégans et bien confectionnés.

Le jury lui a décerné une médaille de bronze.

---

Mentions honorables.

Les fabricans dont les noms suivent ont mérité d'être mentionnés honorablement :

M. KOLPILG, à Paris, rue Saint-Antoine,

Pour meubles plaqués bien exécutés.

M. RÉMOND, à Paris, rue Saint-Florentin, n.° 6,

Pour meubles bien confectionnés et pour des parquets en mosaïque exécutés avec beaucoup de précision.

M. DEHM, à Paris, rue de la Grande-Truanderie, n.° 12,

Pour meubles bien confectionnés, et placage en bois exécuté sur métaux et sur verre.

---

Citations.

Les fabricans ci-après dénommés ont mérité d'être cités au rapport :

M. LEMARCHAND, à Paris, rue du Pas-de-la-Mule, n.° 6,

Pour meubles bien confectionnés, avec ornemens d'acier.

M. BÉNARD, à Paris, rue Neuve-Saint-Martin, n.° 26,

Pour meubles fabriqués en bois français et très-richement décorés.

M. FRENTZ, à Metz (Moselle), Citations.

Pour feuilles de placage très-régulièrement débitées à la mécanique.

M. CHATELET, à Paris, rue de Rochechouart, n.° 9,

Pour meubles bien confectionnés.

## SECTION II.

### *Ornemens sculptés et moulés.*

MM. HACKS et compagnie, à Paris, rue du Faubourg Saint-Antoine, n.° 47, Médaille d'argent.

Fabriquent, au moyen d'un procédé mécanique pour lequel ils ont pris un brevet d'invention, des cadres ornés de moulures plus ou moins compliquées.

L'exactitude des profils et des assemblages donne aux cadres ainsi fabriqués une grande supériorité sur ceux qui sont faits par des moyens ordinaires.

Le jury a décerné une médaille d'argent à MM. *Hacks* et compagnie.

---

M. ROMAGNESI, à Paris, rue de la Tour-d'Auvergne, n.° 10, Médailles de bronze.

Est parvenu à préparer un carton qu'il nomme *carton-pâte*, et qu'il propose pour être employé au moulage des statues, en remplacement du plâtre. Il a exposé la Vénus de Milo et deux candélabres

Médailles de bronze.

moulés avec cette matière. Dans ces différens objets, on remarquait des lignes bien nettes et des contours très-purs.

Le jury lui a décerné une médaille de bronze.

MM. WALLET et HUBERT, à Paris, rue Porte-Foin, n.° 3,

Ont imaginé une autre sorte de carton qu'ils appellent *carton-pierre*, et qu'ils proposent aussi pour le moulage de la figure et des ornemens. Parmi les produits de leur industrie, on a remarqué un Christ d'un très-bon style.

Le jury leur a décerné une médaille de bronze.

---

Mention honorable.

M. GARNEREY, à Paris, rue Saint-Honoré, n.° 123,

A présenté une suite d'ornemens d'architecture exécutés en cartonnage, et qui sont d'un très-bon effet.

Le jury lui a décerné une mention honorable.

---

# CHAPITRE XXXV.

## *TYPOGRAPHIE, GRAVURE, LITHOGRAPHIE, PEINTURE, ÉCRITURE, RELIURE DES LIVRES.*

---

Nos imprimeries contractent souvent d'heureuses alliances avec nos ateliers de gravure et de lithographie, et de cette réunion d'efforts on voit résulter presque toujours de bons ouvrages. Il en a paru de diverses sortes à l'exposition. Les uns, éditions nouvelles d'ouvrages anciens, offraient un texte connu, accompagné d'estampes plus ou moins nombreuses; d'autres, entièrement nouveaux, présentaient des collections d'estampes subordonnées à un texte de peu d'étendue, ou seulement réunies sous un seul et même titre.

Dans de tels ouvrages, les procédés mécaniques de l'imprimeur ne peuvent être comptés que pour bien peu de chose; c'est à l'artiste, auteur des dessins qu'en est dû le principal mérite : on ne peut dès-lors les classer parmi les produits industriels; ils appartiennent à la sphère plus élevée des beaux-arts.

Le jury a dû s'abstenir d'émettre aucune opinion sur ces productions remarquables. Le salon d'exposition est le lieu où elles doivent figurer; c'est là que le public les reverra sans doute bientôt, et qu'elles trouveront des juges compétens pour les apprécier.

Dans les récompenses qu'il a décernées relativement à l'art du graveur et du lithographe, le jury n'a pris en considération que la partie matérielle de ces arts, et il a toujours fait abstraction du mérite des tableaux ou des dessins qu'ils ont pour objet de reproduire.

## SECTION I.re

### *Gravure et Fonte de Caractères d'imprimerie.*

Rappel de médailles d'or.

M. Henri DIDOT, à Paris, rue du Petit-Vaugirard, n.° 13,

A introduit dans la fonte des caractères d'imprimerie, des perfectionnemens d'une haute importance. Par les anciennes méthodes de fondage on n'obtenait qu'une seule lettre à-la-fois, et l'on était obligé de multiplier les moules pour la même lettre. Le moule à *refouloir* imaginé par M. *Didot* produit, d'un seul jet, cent à cent quarante lettres absolument uniformes. Cet ingénieux procédé, dont les résultats furent présentés pour la première fois à l'exposition de 1806, a reçu depuis de grands développemens et une foule d'applications nouvelles; l'auteur l'a étendu à tous les détails de l'imprimerie, depuis les caractères microscopiques jusqu'aux *grosses de fonte*, et depuis le simple *filet* jusqu'aux vignettes de la plus grande dimension.

L'établissement de M. *Didot* est connu sous le nom de *fonderie polymatype*; il jouit d'une grande réputation pour l'exactitude et la correction des fontes, ainsi que pour la célérité avec laquelle elles sont obtenues.

M. *Didot* obtint en 1819 une médaille d'or ; il se montre de plus en plus digne de cette distinction.

M. HERHAN, à Paris, rue Servandoni, n.° 13, — Rappel de médaille d'or.

Est connu depuis long-temps pour l'invention du stéréotypage, exécuté au moyen de matrices mobiles. Cet artiste obtint en 1802 [an X] une médaille d'or, qu'il s'est attaché depuis à mériter de plus en plus.

MM. DIDOT (Firmin) fils, à Paris, rue Jacob, n.° 24, — Médailles d'or.

Dirigent maintenant l'imprimerie qui fut créée par M. *Firmin Didot* leur père, et dont la réputation est si bien établie par le grand nombre d'ouvrages du premier ordre qu'elle a produits, ainsi que par la beauté des caractères qui y sont gravés et fondus. Cet établissement est surtout très-renommé pour la gravure des caractères imitant l'écriture.

MM. *Didot* fils ont présenté plusieurs cadres renfermant des cartes de géographie exécutées par un procédé typographique. Ces produits, dont les premiers essais parurent en 1819, ont été depuis perfectionnés d'une manière sensible.

En 1819, une médaille d'or fut décernée à M. *Firmin Didot* père; le jury, prenant en considération la nouvelle impulsion donnée à l'établissement par MM. *Didot* fils, leur a décerné une nouvelle médaille de même classe.

Médailles d'or.

M. DIDOT (Jules) aîné, à Paris, rue du Pont-de-Lodi, n.° 6,

Est auteur d'une presse en fonte, qui est d'un très-bon usage pour l'imprimerie. On a pu juger de la grande beauté des caractères qui sortent de sa fabrique, par l'édition in-folio, sur satin, des fables de *Phèdre*, que cet habile artiste a présentée à l'exposition.

Le jury lui a décerné une médaille d'or.

M. MOLÉ jeune, à Paris, rue de Madame, n.° 4,

A présenté une collection de deux cent six caractères modernes, tant français qu'étrangers ; plus, une série de fleurons, d'accolades, de filets et de lettres de deux points ; enfin le dessin et l'explication de deux nouvelles garnitures à jour. Tous ces produits sont dus au burin ou à l'invention de M. *Molé.* Son établissement typographique est un des plus considérables de l'Europe ; il approvisionne de caractères un grand nombre d'imprimeries, soit en France, soit à l'étranger.

Le jury décerne une médaille d'or à M. *Molé.*

---

Médaille d'argent.

M. LÉGER, à Paris, place de l'Estrapade, n.° 28,

A présenté de nouveaux caractères d'écriture, fondus sans interruption dans les déliés, et des caractères italiques d'une forme nouvelle en typographie.

Les uns et les autres sont remarquables par une netteté parfaite, ainsi que par un effet fort agréable.

Le jury a décerné une médaille d'argent à M. *Léger*.

---

M. PINARD (Jean), à Paris, rue d'Anjou-Dauphine, n.° 8, Rappel de médaille de bronze.

Qui obtint en 1819 une médaille de bronze, pour la gravure et la fonte des caractères, continue à bien mériter cette distinction.

---

M.me veuve CONSTANTIN et M. CONSTANTIN jeune, à Nancy (Meurthe), Mention honorable.

Ont [illegible] d'être mentionnés honorablement pour une fonderie en caractères dont la bonne direction est attestée par les épreuves qui ont été présentées à l'exposition.

## SECTION II.

## *Procédés de Gravure.*

### ARTICLE I.er

### *Gravure sur acier.*

La gravure sur acier est particulièrement affectée à la production des billets de banque, des effets de commerce et des vignettes à l'usage de l'imprimerie. Cet art est pratiqué avec succès en France, et ceux de nos artistes qui s'y livrent sont souvent employés par les étrangers.

Médaille d'argent.

M. CORNOUAILLES, à Paris, rue Contrescarpe, n.° 21,

A gravé sur acier les billets de la banque de Rouen, ceux de la banque de Bordeaux et de la caisse hypothécaire. On admire dans ses diverses productions une fermeté d'exécution surprenante et une grande finesse de détails. Il est le premier qui ait fait frapper des poinçons de vignettes pour le service de l'imprimerie royale.

Par la perfection de sa gravure, M. *Cornouailles* a rendu presque impossible la contre-façon des billets de banque.

Le jury lui a décerné une médaille d'argent.

Mention honorable.

M. DESCHAMPS, à Saint-Denis (Seine),

Grave en relief sur acier avec une grande perfection. Les planches qu'il emploie sont formées de petites pièces toutes mobiles; et en variant convenablement la disposition de ces pièces, il parvient à multiplier, presque à l'infini, les sujets qu'elles sont susceptibles de reproduire.

Le jury a décerné une mention honorable à M. *Deschamps*.

Citation.

M. SAMPIER-D'ARÉNA jeune, à Paris, rue des Fossés-Saint-Germain-l'Auxerrois, n.° 14,

A mérité d'être cité pour gravure sur acier très-bien exécutée.

## ARTICLE 2.

### *Gravure en taille-douce.*

Le nombre des artistes qui s'occupent de la gravure en taille-douce a beaucoup augmenté depuis quelques années; tous rivalisent entre eux pour relever un art autrefois très-florissant en France, et que l'on avait à tort négligé de cultiver.

---

M.[me] veuve GONORD, à Paris, rue Saint-Antoine, n.° 69, Rappel de médaille d'or.

Continue avec succès l'application d'un procédé imaginé par feu M. *Gonord* son mari, pour obtenir, au moyen d'une planche gravée, des épreuves de la même planche, sur des échelles variées à volonté. Cette dame a étendu le procédé dont il s'agit à l'impression sur porcelaine et sur faïence.

En 1819, une médaille d'or fut accordée à M. *Gonord;* le jury a reconnu avec satisfaction que madame sa veuve mérite la continuation de cette récompense.

---

M. MALBESTE, à Paris, rue du Roule, n.° 12, Médailles de bronze.

A présenté des produits de gravure sur cuivre, en taille-douce, qui annoncent beaucoup d'adresse et de dextérité. Il est renommé pour la beauté de ses vignettes et pour la perfection avec laquelle il reproduit l'écriture et la musique.

Le jury lui a décerné une médaille de bronze.

Médaille de bronze.

M. ADAM, à Paris, rue du Plâtre-Saint-Jacques, n.° 13,

A présenté la gravure du pont de Bordeaux. Cette œuvre suffit pour donner une idée du talent de M. *Adam*.

Le jury lui a décerné une médaille de bronze.

---

Mentions honorables.

M. et M.me MASSARD, à Paris, rue des Fossés-Saint-Victor, n.° 37,

Ont présenté une collection de gravures d'objets d'histoire naturelle.

Le jury a vu ces produits avec beaucoup d'intérêt, et a décerné une mention honorable à M. et M.me *Massard*.

La même distinction a été accordée

A M. PIERI-BÉNARD, à Paris, boulevart des Italiens, n.° 11,

Qui a raccommodé, avec une grande habileté, la planche du portrait de Louis XVI gravé par *Bervic*, laquelle avait été cassée.

### ARTICLE 3.

#### *Gravure sur bois.*

Médaille d'argent.

M. THOMPSON, à Paris, rue des Noyers, n.° 33,

A fait revivre la gravure sur bois, que, depuis long-temps, on avait presque abandonnée. La perfection qu'il donne à cette sorte de gravure, la fait presque rivaliser avec celle qui est exécutée sur des planches de métal.

M. *Thompson* obtint, en 1819, une médaille de bronze; le jury, satisfait de ses progrès, lui décerne une médaille d'argent.

---

M.[me] BOUGON, à Paris, rue des Noyers, n.° 33,

Médaille de bronze.

Est élève de M. *Thompson*, et fait beaucoup d'honneur à son maître. Les produits de gravure sur bois qu'elle a présentés, annoncent un talent déjà très-distingué.

Le jury lui a décerné une médaille de bronze.

## SECTION III.

## *Procédés de Lithographie.*

M. SENEFELDER, à Paris, rue Servandoni, n.° 13,

A déjà été cité dans le chapitre des machines, pour sa belle presse lithographique et pour les planches au moyen desquelles il parvient à remplacer les pierres dont on a jusqu'ici fait usage dans la lithographie.

Nous croyons devoir néanmoins rappeler ici une partie des titres qui recommandent cet artiste à tous les amis des arts.

Par un grand nombre d'établissemens qu'il a fondés en divers pays, M. *Senefelder* est parvenu à répandre en Europe le goût de la lithographie; c'est à sa suite que cette heureuse rivale de la gravure a paru en

France; et c'est encore à lui qu'elle doit une partie des succès que chaque jour elle y obtient.

Nous avons annoncé qu'une médaille d'argent avait été décernée à M. *Senefelder*.

Médaille d'argent.

M. ENGELMANN, à Paris, rue Louis-le-Grand, n.° 27,

A contribué beaucoup aux progrès de la lithographie, par le vaste établissement qu'il a créé. Ses produits sont d'une vigueur et d'une netteté d'exécution qui attestent la perfection de ses procédés mécaniques.

Le jury lui a décerné une médaille d'argent.

M. MOTTE, à Paris, rue des Marais, n.° 13,

A exposé une collection de portraits des acteurs et actrices de nos différens théâtres. On remarque dans tous ces produits une précision admirable d'exécution.

Nous avons déjà parlé de M. *Motte* en traitant des machines, et nous avons fait connaître que le jury lui avait accordé une médaille d'argent.

---

Médailles de bronze.

M. CONSTANS, rue Neuve-Saint-Augustin, n.° 5,

Est un dessinateur habile, attaché à la manufacture de Sèvres, et qui exécute lui-même la lithographie. Il a présenté une œuvre qu'il publie sous le nom de *Caprices des peintres de Sèvres*, et qui dénote une bonne méthode d'impression lithographique. M. *Constans* est auteur d'un procédé au moyen duquel il parvient à corriger immédiatement les défauts d'une planche, sans détruire l'harmonie de l'ensemble. Médailles de bronze.

Le jury a décerné à M. *Constans* une médaille de bronze.

M. CHAPUY, ancien élève de l'école poly-techique, à Paris, rue de Seine, n.° 56,

Est à-la-fois dessinateur habile et bon lithographe. Il a présenté plusieurs livraisons d'un ouvrage qu'il publie, dans un grand format, sur les cathédrales françaises, et au moyen duquel il parvient à reproduire heureusement les détails d'architecture que la gravure paraissait seule susceptible de rendre avec précision.

Le jury a décerné à M. *Chapuy* une médaille de bronze.

---

M. DESMADRYS, à Paris, rue du Four-Saint-Germain, n.° 55, Mentions honorables.

A fait une très-heureuse application de la lithographie à l'impression des cartes de géographie. On ne connaît, jusqu'ici, qu'un très-petit nombre de personnes qui se soient livrées à ce genre particulier de lithographie : M. *Desmadrys* est à leur tête. Le jury lui a décerné une mention honorable.

M. LANGLUMÉ, à Paris, rue de l'Abbaye, n.° 4,

A présenté la belle collection de la galerie de S. Bruno d'après *Lesueur*, dont M. *Prosper Laurent* est éditeur. On doit, de plus, à M. *Langlumé*, plusieurs

Mentions honorables.

perfectionnemens dans la composition des crayons et dans la confection des instrumens employés en lithographie. Le jury lui a décerné une mention honorable.

La même distinction a été accordée à

M. LEVRAULT, de Strasbourg (Bas-Rhin),

Pour le plan de la ville de Strasbourg, exécuté à la plume et au *tire-ligne*, par un procédé lithographique.

---

Citation.

M. GIHAUT, à Paris, boulevart des Italiens, n.$^{os}$ 5 et 7,

A mérité d'être cité pour des lithographies coloriées, qui sont d'un fort bel effet.

## SECTION IV.

### *Procédés de Peinture.*

Médaille de bronze.

M. SŒHNÉE, à Paris, rue de la Contrescarpe-Saint-Antoine, n.° 50,

Applique, au moyen d'une mixtion de sa composition, les ornemens les plus délicats et les plus recherchés sur le cuivre, le fer et l'acier. Ces métaux, ainsi décorés ou vernis, sont garantis de la rouille et conservent toute leur malléabilité. M. *Sœhnée* donne à sa composition le nom de *peinture pyrotechnique ;* elle est susceptible d'applications heureuses dans la décoration des meubles et des appartemens.

Le jury a décerné une médaille de bronze à M. *Sœhnée.*

---

M. HEIM, à Paris, rue des Fossés-du-Temple, n.° 48, — Mention honorable.

A présenté un essai de peinture au pastel, exécuté par un procédé qui lui est particulier, et dont l'objet est de donner de la fixité à ce genre de peinture.

Le jury a décidé qu'il serait fait mention honorable de ce procédé, qu'il renvoie au reste à l'examen de l'administration du Muséum.

---

M. LUCAS, à Paris, rue Sainte-Apolline, n.° 7, — Citation.

A importé d'Angleterre un procédé au moyen duquel il applique sur le verre des couleurs de toutes sortes, sans l'intermédiaire d'aucune gomme ou vernis, qui ont le défaut d'altérer plus ou moins la transparence du verre. Les produits de ce genre de peinture, que l'auteur nomme *peinture vitro-graphique*, ont paru très-satisfaisans. Le jury a décidé qu'ils seraient cités avec éloge dans le rapport.

## SECTION V.

### *Objets relatifs aux Arts du Dessin.*

M. MOULIN, à Paris, enclos du Temple, n.° 17, — Médailles de bronze.

S'est voué, depuis long-temps, à la préparation de tous les objets qui sont employés dans la peinture. Avec des poils d'animaux indigènes, il fabrique des pinceaux qui sont estimés à l'égal de ceux que l'on compose avec le poil de la zibeline ou de la martre, et qui coûtent beaucoup moins cher que ces derniers.

Médailles de bronze. Le jury a décerné à M. *Moulin* une médaille de bronze.

M. QUÉNÉDEY, à Paris, rue Neuve des Petits-Champs, n.° 15,

Emploie, avec beaucoup de succès, la gélatine pour fabriquer le papier-glace et des pains à cacheter transparens, sur lesquels il peut graver des camées ou des chiffres. Son papier-glace est fort estimé des dessinateurs et des graveurs, et l'on en fait usage dans plusieurs administrations.

Le jury a décerné une médaille de bronze à M. *Quénédey*.

M. DURIEUX, à Paris, hôtel de la Banque de France,

A présenté du papier-glace et plusieurs sortes de papiers à calquer. Ces produits sont tous préparés convenablement pour les usages auxquels ils se rapportent.

Le jury décerne une médaille de bronze à M. *Durieux*.

---

Citation. M. SAULNIER, à Paris, rue des Lavandières-Sainte-Opportune, n.° 21,

A mérité d'être cité pour les brosses dites *brosses de Lyon* et les diverses sortes de pinceaux qu'il a présentées.

---

## SECTION VI.

### *Écriture.*

M. Barbier, à Versailles ( Seine-et-Oise ), Médailles de bronze.

A inventé une nouvelle sorte d'écriture qui peut être lue dans l'obscurité. Son procédé est adopté par l'institution des aveugles : il est très-simple, et peut être saisi par toutes les intelligences. On doit aussi à M. *Barbier* plusieurs moyens nouveaux de correspondance, qui ont été adoptés dans les armées.

Le jury lui a décerné une médaille de bronze.

M. Jullien, à Paris, rue Saint-Sauveur, n.° 18,

Déjà cité plusieurs fois dans ce rapport, est inventeur d'un instrument appelé *cæcographe*, au moyen duquel les aveugles peuvent écrire par les procédés ordinaires. Cet instrument a l'avantage de guider la main très-sûrement, et de conserver avec beaucoup d'exactitude le parallélisme des lignes.

On sait que M. *Jullien* obtint, en 1819, une médaille de bronze, et qu'une médaille nouvelle du même genre lui a été décernée pour l'ensemble des produits dont les arts lui sont redevables, depuis la dernière exposition.

---

M. Dejernon, à Paris, rue des Prêtres-Saint-Germain-l'Auxerrois, n.° 14, Citation.

Est auteur de plusieurs procédés ingénieux d'écriture, et il a inventé un grand nombre de petits outils au moyen desquels on parvient à corriger les vices d'une mauvaise écriture. Le jury a décidé qu'il serait cité dans le rapport pour ses utiles inventions.

## SECTION VII.

### *Reliure des livres.*

Médailles d'argent.

M. THOUVENIN aîné, à Paris, rue Mazarine, n.° 34,

Est bien connu de tous les amateurs de livres, pour la perfection de ses reliures. Il a eu l'idée de faire laminer le carton dont il se sert, et il a renouvelé avec succès l'usage des matrices en cuivre, pour imprimer toutes sortes de dessins sur le maroquin et sur la peau. Entre autres perfectionnemens introduits dans l'art du relieur, on lui doit de nouveaux fers à dorer, qui sont d'un très-bon emploi.

En 1819, M. *Thouvenin* obtint une mention honorable : le jury lui décerne une médaille d'argent.

M. SIMIER, relieur du Roi, à Paris, rue Saint-Honoré, n.° 152,

A introduit une grande économie dans la dorure employée pour la décoration des reliures. On lui doit l'usage des molettes en relief, et plusieurs autres inventions utiles. Ses produits sont d'une grande perfection et généralement estimés.

Le jury lui a décerné une médaille d'argent.

M. PURGOLD, à Paris, — Médaille de bronze.

A présenté des reliures d'une exécution très-louable, et dans des prix modérés.

Le jury lui a décerné une médaille de bronze.

---

M. DÈCLE, à Paris, rue du Roule, n.° 15, — Mentions honorables.

S'occupe particulièrement de la reliure des livres d'église. Il réussit également bien dans les décorations simples et dans celles qui exigent le plus d'ornemens.

Le jury lui a décerné une mention honorable.

La même distinction a été accordée à

M. THOUVENIN jeune, à Paris, rue de la Parcheminerie, n.° 2,

Qui a présenté de fort belles reliures, et qui paraît appelé à marcher sur les traces de son frere.

---

M. VOGEL, à Paris, rue Dauphine, n.° 24, — Citations.

A mérité d'être cité pour ses reliures bien confectionnées.

La même distinction est accordée à

MM. LEMONIER et CHESLE, à Paris, rue de la Montagne Sainte-Geneviève, n.° 24,

Qui ont exposé des gravures en relief susceptibles d'être employées avec avantage dans la reliure.

---

# CHAPITRE XXXVI.

## *OBJETS DIVERS.*

### ARTICLE 1.er

### *Cloches et Paniers en toiles métalliques.*

Médaille de bronze. M. ALLARD, à Paris, rue Saint-Denis, n.° 368,

Déjà cité relativement à l'éclairage,

A présenté des cloches ou couvre-plats et des paniers en toile de métal à mailles très-fines. Ces produits obtiennent une grande vogue ; ils donnent lieu à une fabrication étendue, qui a doublé à Paris la consommation des toiles métalliques. Le jury décerne à M. *Allard* une médaille de bronze.

### ARTICLE 2.

### *Socques articulés.*

Citation. M. DUPORT, à Paris, rue Saint-Honoré, n.° 258,

A exposé des socques qui présentent, sur tous les patins brisés qui ont été faits jusqu'ici, l'avantage que la brisure est placée transversalement, à l'endroit où se fait la flexion du pied. Cette modification, quoique légère, contribue beaucoup à faciliter la marche.

Le jury a décidé que M. *Duport* serait cité dans le rapport avec éloge.

ARTICLE 3.

*Instrumens de chasse et de pêche.*

Le jury a décidé qu'il serait fait mention honorable des deux fabricans dont les noms suivent : Mentions honorables.

M. KRETZ, à Paris, rue Grenetat, n.° 36.

Il a monté une fabrique d'ustensiles de chasse et de pêche à l'instar de celles d'Angleterre. Ses produits, traités avec soin, sont d'un tiers meilleur marché que ceux de ce pays.

M. MAHEUT-ROMAIN, à Saint-Silvain (Calvados).

Il exploite une fabrique de caparaçons et de carnassières qui procure de l'occupation à cinq cents individus.

ARTICLE 4.

*Vannerie.*

Le canton d'HIRSON, département de l'Aisne, Citation.

A envoyé, sans désignation de noms des fabricans, quelques ouvrages de vannerie fine, parfaitement bien exécutés. Cet industrie est particulière au département de l'Aisne ; la commune d'Origny, en Thiérache, en est le centre ; elle donne lieu à un commerce qui s'étend jusqu'en Angleterre et aux colonies.

Le jury a décidé que les produits de la fabrique d'Origny seraient cités dans le rapport, collectivement, ainsi qu'ils sont présentés.

### ARTICLE 5.

### *Cartonnage.*

Mention honorable.

M. MORIN DE GUÉRIVIÈRE, à Paris, rue Chapon, n.° 2,

Est à la tête de tous ceux qui s'occupent du cartonnage. C'est à lui qu'est due l'invention d'un genre d'ornemens sous verre, dont le succès a été très-remarquable, et qui se reproduit encore aujourd'hui sur la plupart des objets de cartonnage. Nous voulons parler des gravures noires ou coloriées qui s'appliquent sous une feuille de verre, dont le pourtour étamé fait ressortir avantageusement la gravure. Il a imaginé depuis une espèce de plaqué d'or ou d'argent, sur lequel il imprime différens dessins, et qu'il enduit quelquefois d'un vernis coloré. Avec cette sorte de plaqué il recouvre des boîtes, des étuis, des rouleaux, des bordures de cadre, auxquels il donne une très-riche apparence.

Le jury décerne une mention honorable à M. *Morin de Guérivière.*

---

Citations.

Les fabricans ci-après dénommés ont mérité d'être cités avec éloge :

M. LUCAS, à Paris, rue Sainte-Apolline, n.° 7,

Qui a présenté différens petits meubles d'une forme élégante et ornés de peintures sous verre exécutées avec soin.

M. BERNARD, à Paris, rue de Montmorency, n.° 3, Citations.

Pour des ouvrages en bois doré, qu'au moyen de procédés très-économiques il peut livrer au-dessous du prix du cartonnage.

M. LIOCHE, à Paris, rue Molay, n.° 42,

Pour l'excellente confection de ses album et porte-feuilles.

M. BRUCY, à Paris, rue Sainte-Élisabeth, n.° 7,

Pour cadres en carton, qui présentent le double avantage de la légèreté et de la solidité dans la dorure.

ARTICLE 6.

*Registres à l'usage du commerce.*

M. QUINEY, à Paris, rue du Croissant, n.° 20, Mention honorable.

Est mentionné honorablement pour registres dont la disposition est ingénieuse et facilite les opérations du commerce.

# CHAPITRE XXXVII.

## *PRODUITS DU TRAVAIL DANS LES ÉTABLISSEMENS DE CHARITÉ.*

LE jury central a vu avec le plus grand intérêt les produits du travail dans plusieurs des établissemens que la charité a fondés en France pour le soulagement du malheur. Quelques-uns de ces produits pourraient être comparés, sans désavantage, à ceux qui, dans les mêmes genres, proviennent de fabriques particulières; ils prouvent qu'il est peu de situations dans lesquelles l'homme ne puisse lui-même subvenir à une partie de ses besoins, quand il s'applique au travail avec persévérance, et qu'une bonne direction est donnée à ses efforts.

Médaille de bronze.

L'Hospice de PONTORSON (Manche)

A présenté des dentelles d'une fort belle exécution. Cet hospice est le seul établissement d'industrie que possède le pays, et l'unique soutien d'un grand nombre de pauvres. Le jury lui décerne une médaille de bronze.

Mentions honorables.

La Maison de charité de MONTEBOURG (Manche)

A présenté de beaux échantillons de dentelles.

En 1819 elle obtint une mention honorable qu'elle continue à mériter.

La Fabrique de charité de VANNES (Morbihan), fondée par M.me *de Lamoignon*, veuve *Molé de Champlâtreux*. **Mentions honorables.**

Cet établissement occupe un grand nombre de jeunes personnes indigentes. Il a exposé des tulles et des dentelles d'une très-belle fabrication et à des prix modérés. En 1819 il fut mentionné honorablement, et il mérite de plus en plus cette distinction.

---

L'Hospice de FALAISE (Calvados) **Citations.**

A mérité d'être cité pour la bonne exécution de ses produits en bonneterie.

L'Hospice de VALOGNE (Manche)

A mérité d'être cité pour dentelles bien fabriquées.

---

# CHAPITRE XXXVIII.

## *PRODUITS DU TRAVAIL DANS LES MAISONS DE DÉTENTION ET DE CORRECTION.*

LES résultats du travail dans les maisons de détention et de correction sont de plus en plus satisfaisans. Le jury, pour témoigner sa satisfaction aux personnes par qui ces maisons sont dirigées, a décerné les récompenses qui vont être indiquées :

Mentions honorables.

La Maison centrale de détention de CAIRVAUX (Aube)

A été mentionnée honorablement pour coutils, perkales et cotons filés d'une fabrication convenable.

La Maison centrale de détention de MELUN (Seine-et-Marne)

A présenté des coutils, des perkales et des cotons filés. Ces produits sont d'une fabrication convenable. En 1819, cet établissement fut mentionné honorablement; il continue à mériter cette distinction.

La Maison de correction de POISSY (Seine-et-Oise)

A été mentionnée honorablement, pour perkales et tissus de coton très-soignés.

La Maison centrale de détention de POISSY (Seine-et-Oise) Mentions honorables.

A été mentionnée honorablement pour tabletterie en nacre bien confectionnée, à des prix modérés.

---

La Maison de détention d'ENSISHEIM (Haut-Rhin), dirigée par MM. *Titot* et *Chastellux.* Citations.

A exposé des calicots légers, bien fabriqués, qui méritent d'être cités avec éloge.

La Maison centrale de détention de BEAULIEU (Calvados)

A mérité d'être citée pour tissus de coton de diverses sortes.

La Maison de détention de GAILLON (Eure)

A mérité d'être citée pour tapis ras et veloutés, d'une bonne exécution.

---

# ORDONNANCES

## ET CIRCULAIRE

### RELATIVES À L'EXPOSITION DE 1823.

# ORDONNANCE DU ROI

## *RELATIVE À L'EXPOSITION PUBLIQUE DES PRODUITS DE L'INDUSTRIE FRANÇAISE.*

aris, le 29 Janvier 1823.

LOUIS, par la grâce de Dieu, ROI DE FRANCE ET DE NAVARRE, à tous ceux qui ces présentes verront, SALUT.

Sur le rapport de notre ministre secrétaire d'état de l'intérieur,

Vu notre ordonnance du 13 janvier 1819,

NOUS AVONS ORDONNÉ et ORDONNONS ce qui suit :

ART. 1.er L'exposition publique des produits de l'industrie française aura lieu, cette année, le 25 août et jours suivans, dans les salles et galeries de notre palais du Louvre.

2. Tous les manufacturiers et fabricans établis en France qui voudront concourir à cette exposition, seront tenus de se faire inscrire au secrétariat général de la préfecture de leur département, à l'époque qui sera indiquée par notre ministre secrétaire d'état de l'intérieur.

3. Chaque préfet nommera un jury composé de

cinq membres, pour prononcer sur l'admission ou le rejet des objets qui lui seront présentés.

4. Un jury central, composé de quinze membres, sera nommé par notre ministre secrétaire d'état de l'intérieur, à l'effet de juger les produits de l'industrie. Il désignera les manufacturiers qui auront mérité, soit des prix, soit une mention honorable.

5. Un échantillon de chacune des productions désignées par le jury sera déposé au Conservatoire des arts et métiers, avec une inscription particulière qui rappellera le nom du manufacturier ou fabricant qui en sera l'auteur.

6. Notre ministre secrétaire d'état au département de l'intérieur est chargé de l'exécution de la présente ordonnance.

Donné en notre château des Tuileries, le 29 janvier, l'an de grâce 1823, et de notre règne le vingt-huitième.

*Signé* LOUIS.

Par le Roi :

*Le Ministre Secrétaire d'état au département de l'intérieur,*

Signé CORBIÈRE.

# MINISTÈRE DE L'INTÉRIEUR.

Paris, le 31 Janvier 1823.

MONSIEUR LE PRÉFET, S. Exc. le ministre de l'intérieur me charge d'avoir l'honneur de vous transmettre une ordonnance du Roi du 29 de ce mois, fixant au 25 août, fête de S. Louis, l'ouverture de l'exposition publique des produits de l'industrie française qui a lieu cette année en exécution de l'ordonnance du 13 janvier 1819.

Je n'ai pas besoin d'exciter votre zèle pour vous engager à aider de tous vos efforts au succès de la mesure protectrice que le Roi s'est complu à ordonner. Vous vous empresserez, Monsieur, à faciliter le concours des fabricans et de leurs produits, à lever les obstacles qui pourraient les détourner; et en contribuant ainsi à l'éclat de l'industrie nationale, vous ferez vos efforts pour que celle de votre département y conserve ou y acquière de plus en plus une part distinguée.

Les instructions que j'ai à vous donner sont les mêmes qu'à la dernière exposition, et je me borne à transcrire une partie des circulaires des 26 janvier et 10 juillet 1819.

« Le premier objet dont vous avez à vous occuper, est la » composition du jury. Vous en choisirez les membres » parmi les hommes les plus éclairés dans les arts, et les » plus capables d'en juger les produits.

» Ce jury prononcera sur tous les objets qui seront pré» sentés, et n'admettra que ceux qui lui paraîtront réunir » une bonne fabrication et une grande utilité. Il doit sur» tout s'attacher aux objets qui forment une industrie par» ticulière au département : ceux-ci présentent toujours de » l'intérêt, et caractérisent les localités.

» Le jury observera sur-tout de ne pas rejeter les pro» duits grossiers, lorsqu'ils sont à bas prix et d'un usage » général.

» Il excitera le zèle et l'émulation de tous manufacturiers » et fabricans, pour qu'ils donnent à leurs produits tous les » degrés de perfection dont ils sont susceptibles; il leur » dira que c'est moins un produit très-soigné et fabriqué » à grands frais, sans toutefois l'exclure, qu'un bel échan- » tillon d'une fabrication ordinaire, qu'il faut présenter à » l'exposition.

» Tous les articles d'industrie reçus par le jury doivent » être rendus au Louvre avant le 1.er août; le Gouverne- » ment en paiera le port.

» Vous aurez l'attention, Monsieur, de faire mettre un » numéro à chacun des produits, ainsi que le nom du fa- » bricant et celui du département.

» Vous m'enverrez séparément une note détaillée, dans » laquelle vous me ferez connaître l'étendue de la fabri- » cation, les lieux de consommation, le nombre d'ouvriers » employés, l'origine des matières premières, les encou- » ragemens qu'on pourrait accorder à chaque genre d'indus- » trie, &c. Ces renseignemens deviennent nécessaires au » jury central de Paris, pour déterminer son jugement; et » ils seront utiles au Gouvernement pour fixer le degré d'in- » térêt qu'il doit accorder à chaque fabrique.

» Le local qui est destiné dans le palais du Louvre à la » prochaine exposition des produits de l'industrie, offre » de vastes emplacemens susceptibles de recevoir des mar- » chandises d'un volume quelconque et des plus grandes » dimensions : ainsi les fabricans qui desirent que les objets » présentés par eux, et que le jury départemental aura jugés » dignes du concours, attirent les regards du public et » soient examinés et appréciés sous tous les rapports, ne » doivent pas se borner à en remettre de simples échan- » tillons; ils peuvent déposer les objets entiers, et si ce » sont des tissus, des pièces entières ou des demi-pièces. » C'est ce que vous voudrez bien leur faire savoir, en vous » adressant principalement aux manufacturiers de coton, » de lainages, de papiers peints, &c. Quelles que soient les » dimensions des produits industriels qu'ils offriront au con- » cours général du 25 août prochain, il sera facile de les y » exposer en les développant dans toute leur étendue. Des » mesures sont prises, d'ailleurs, pour qu'on en ait le plus

» grand soin, et pour qu'ils n'éprouvent pas la plus légère » avarie. »

Il me reste à vous faire remarquer que le terme du 1.er août est le dernier qui soit accordé pour recevoir des produits au Louvre; mais qu'il y aurait un encombrement très-fâcheux, si l'on attendait au dernier moment. Vous devez nommer le jury de votre département sur-le-champ, et presser la présentation, et le départ à mesure, de tout ce qui se trouvera confectionné et agréé.

Je vous prie de m'accuser réception de cette lettre, et de me rendre compte successivement, tant des soins que vous aurez pris pour vous y conformer, que des résultats obtenus.

Agréez, Monsieur, l'hommage de la considération distinguée avec laquelle j'ai l'honneur d'etre

Votre très-humble et très-obéissant serviteur.

*Le Conseiller d'état Directeur,*

Signé CASTELBAJAC.

# ORDONNANCE DU ROI

## *RELATIVE AUX RÉCOMPENSES À ACCORDER À LA SUITE DE L'EXPOSITION DES PRODUITS DE L'INDUSTRIE.*

LOUIS, par la grâce de Dieu, ROI DE FRANCE ET DE NAVARRE, à tous ceux qui ces présentes verront, SALUT.

Sur le rapport de notre ministre secrétaire d'état au département de l'intérieur,

NOUS AVONS ORDONNÉ et ORDONNONS ce qui suit :

ART. 1.er Si, dans les départemens où il existe une ou plusieurs branches de la grande industrie manufacturière, il est survenu, depuis l'époque de la dernière exposition des produits de l'industrie en 1819, quelque perfectionnement remarquable, soit par l'invention ou la confection des machines, soit par des changemens introduits dans la teinture, dans le tissage ou dans les autres procédés des manufactures et des arts, ces améliorations notables seront constatées par les jurys établis dans chaque département en vertu de notre ordonnance du 29 janvier dernier. Ils signaleront les artistes à qui sont dues ces découvertes et leur mise en pratique.

2. Après s'être assuré du mérite de ces perfectionnemens que chaque jury aura constatés, et de

l'importance des manufactures aux progrès desquelles ils ont concouru, notre ministre de l'intérieur nous en rendra compte.

3. Les artistes auteurs de ces perfectionnemens nouveaux pourront avoir part aux récompenses que nous nous proposons d'accorder à la suite de l'exposition publique des produits de l'industrie ordonnée pour le 25 août de la présente année.

4. Notre ministre secrétaire d'état de l'intérieur est chargé de l'exécution de la présente ordonnance.

Donné en notre château des Tuileries, le 20 février de l'an de grâce 1823, et de notre règne le vingt-huitième.

*Signé* LOUIS.

Par le Roi :

*Le Ministre Secrétaire d'état de l'intérieur*,

Signé CORBIÈRE

---

**TABLEAU CHRONOLOGIQUE**

*des Expositions des Produits de l'industrie française, depuis l'origine de l'institution.*

| NUMÉROS d'ordre. | ANNÉE. | OUVERTURE. | CLÔTURE. | MINISTRE DE L'INTÉRIEUR. | RAPPORTEUR DU JURY. |
|---|---|---|---|---|---|
| | | | | MM. | MM. |
| 1. | An VI, 1798. | 3 complémentaire, 19 septembre. | 5 complémentaire, 21 septembre. | FRANÇOIS DE NEUF-CHÂTEAU. | CHAPTAL. |
| 2. | An IX, 1801. | 2 complémentaire, 19 septembre. | 2 vendém.re an X, 24 septembre. | CHAPTAL. | COSTAZ. |
| 3. | An X, 1802. | 1.er complém.re, 18 septembre. | 2 vendém.re an XI, 24 septembre. | CHAPTAL. | COSTAZ. |
| 4. | 1806. | 25 septembre. | 19 octobre. | DE CHAMPAGNY. | COSTAZ. |
| 5. | 1819. | 25 août. | 30 septembre. | DECAZES. | COSTAZ. |
| 6. | 1823. | 25 août. | 15 octobre. | DE CORBIÈRE. | HÉRICART DE THURY. MIGNERON. |

# TABLE DES MATIÈRES.

AVANT-PROPOS.................... *Page* vij.

RAPPORT du Jury de l'exposition........... 1.

COUP D'ŒIL GÉNÉRAL sur l'exposition de 1823. *ibid.*

CHAP. I.er *LAINES*.................... 6.

SECT. I.re *Amélioration, triage et lavage des laines.* *ibid.*

SECT. II. *Laine filée et poils filés*............. 13.

SECT. III. *Étoffes drapées*.................. 16.

CLASSE I.re *Draperie*..................... 17.

ART. I.er Draperie fine et moyenne....... 19.

ART. II. Draperie commune............ 38.

SECONDE CLASSE. *Flanelles, molletons, coatings.* 40.

SECT. IV. *Étoffes rases*.................. 42.

CHAP. II. *DUVET DE CHÈVRE*.......... 44.

SECT. I.re *Fil de cachemire*................. 46.

SECT. II. *Tissus unis de cachemire et châles*..... 48.

CHAP. III. *SOIE*..................... 56.

SECT. I.re *Soie grége et soie ouvrée*............ *ibid.*

SECT. II. *Fil de bourre de soie*............. 63.

SECT. III. *Étoffes de soie*.................. 65.

SECT. IV. *Rubans et passementerie*........... 78.

CHAP. IV. *TISSUS DE CRIN*............ 82.

CHAP V. *LIN ET CHANVRE*............ 83.

SECT. I.re *Filage*....................... *ibid.*

SECT. II. *Batiste*........................ *ibid.*

SECT. III. *Toiles de lin et de chanvre*.......... 85.

SECT. IV. *Toiles à voiles*.................. 87.

SECT. V. *Coutils et mouchoirs*............... 90.

CHAP. VI. *COTON*.................... 91.

SECT. I.re *Coton filé*....................... *ibid.*

SECT. II. *Tulle de coton*.................... 96.
SECT. III. *Mousseline*...................... 98.
SECT. IV. *Perkales, Jaconats et calicots*........ 101.
SECT. V. *Coutils et satins de coton, piqués, basins et velventines*...................... 104.
SECT. VI. *Étoffes mélangées de coton, mouchoirs façon madras, madras en couleur*....... 106.
CHAP. VII. *LINGE DE TABLE OUVRÉ, DAMASSÉ*.................... 110.
CHAP. VIII. *DENTELLES, BLONDES, BRODERIES DIVERSES*........... 112.
SECT. I.re *Dentelles et blondes*.............. 113.
SECT. II. *Broderies diverses*................. 116.
CHAP. IX. *FLEURS ARTIFICIELLES*...... 119.
CHAP. X. *COUVERTURES EN LAINE ET EN COTON*.................... 121.
CHAP. XI. *BONNETERIE*............... 125.
SECT. I.re *Bonneterie ordinaire*.............. ibid.
SECT. II. *Bonneterie orientale*............... 127.
CHAP. XII. *CHAPELLERIE*............. 130.
SECT. I.re *Chapeaux en feutre*................ ibid.
SECT. II. *Chapeaux en paille*................ 133.
SECT. III. *Chapeaux tressés en soie*........... 134.
SECT. IV. *Chapeaux et schakos en osier de baleine* 135.
CHAP. XIII. *TAPIS, TAPISSERIES ET TENTURES*................... 137.
SECT. I.re *Tapis et moquettes*................ ibid.
SECT. II. *Ouvrages en tapisserie*.............. 141.
SECT III. *Velours imitant la peinture*.......... 142.
SECT. IV. *Velours peints*..................... 143.
SECT. V. *Tapis et tentures en feutre verni*....... 144.
SECT. VI. *Papiers peints*..................... 146.
CHAP. XIV. *TEINTURE, APPRÊT ET BLANCHIMENT*.................... 148.
SECT. I.re *Teinture sur laine*................ ibid.

SECT. II. *Teinture sur soie*.................. 153.
SECT. III. *Teinture sur coton*................ 154.
ART. I.er Teinture sur fil de coton......... *ibid.*
ART. II. Teinture sur étoffes de coton...... 156.
SECT. IV. *Apprêt et blanchiment*............ *ibid.*

CHAP. XV. *IMPRESSION SUR ÉTOFFES*.. 159.
SECT. I.re *Impression sur étoffes de laine*........ *ibid.*
SECT. II. *Impression sur étoffes de soie*......... 160.
SECT. III. *Impression sur toiles*................ *ibid.*

CHAP. XVI. *CUIRS ET PEAUX*.......... 165.
SECT. I.re *Tannage*........................ 166.
SECT. II. *Corroyage*........................ 167.
SECT. III. *Cuirs factices*..................... 169.
SECT. IV. *Cuir façon de Russie*............... 170.
SECT. V. *Mégisserie*......................... 171.
SECT. VI. *Parcheminerie*..................... 172.
SECT. VII. *Chamoiserie*...................... *ibid.*
SECT. VIII. *Ganterie et culotterie*.............. 174.
SECT. IX. *Maroquins*......................... 175.
SECT. X. *Cuirs vernis*........................ 178.

CHAP. XVII. *PAPETERIES*.............. 179.
SECT. I.re *Papiers faits à la cuve*............. 181.
SECT. II. *Papier fait à la mécanique*.......... 186.
SECT. III. *Papiers de couleur et de fantaisie*..... 187.
SECT. IV. *Draps pour la fabrication du papier*... 188.
SECT. V. *Cartons à lisser et à presser les draps*.. 189.

CHAP. XVIII. *PRODUITS NATURELS DU RÈGNE MINÉRAL*............ 191.
SECT. I.re *Marbres*.......................... *ibid.*
SECT. II. *Marbres artificiels*.................. 197.
SECT. III. *Pierres lithographiques*............. *ibid.*
SECT. IV. *Albâtre gypseux*................... 198.
SECT. V. *Sel gemme*......................... 199.
SECT. VI. *Pierres à fusil*...................... 201.
SECT. VII. *Tripoli*.......................... 202.
SECT. VIII. *Graphite ou fer carburé*.......... 203.

SECT. IX. *Soufre raffiné* .......... 204.
SECT. X. *Jayet* .......... *ibid.*

CHAP. XIX. *ARTS MÉTALLURGIQUES* .... 206.
SECT. I.re *Plomb* .......... *ibid.*
SECT. II. *Cuivre* .......... 208.
SECT. III. *Zinc* .......... 211.
SECT. IV. *Laiton* .......... 213.
SECT. V. *Fonte de fer* .......... 214.
SECT. VI. *Fer* .......... 218.
SECT. VII. *Acier* .......... 222.
SECT. VIII. *Tôles et fers noirs* .......... 226.
SECT. IX. *Fer blanc* .......... 228.
SECT. X. *Tréfilerie* .......... 229.

CHAP. XX. *OUTILS, INSTRUMENS, OBJETS DIVERS EN FER ET EN ACIER*. 233.
SECT. I.re *Faulx et faucilles* .......... *ibid.*
SECT. II. *Limes et râpes* .......... 235.
SECT. III. *Scies* .......... 239.
SECT. IV. *Aiguilles* .......... 240.
SECT. V. *Cardes* .......... 241.
SECT. VI. *Peignes et rots* .......... 243.
SECT. VII. *Alènes* .......... 244.
SECT. VIII. *Toiles métalliques* .......... 245.
SECT. IX. *Clouterie* .......... 246.
SECT. X. *Serrurerie* .......... 247.
SECT. XI. *Coutellerie* .......... 250.
SECT. XII. *Outils divers* .......... 259.
SECT. XIII. *Armes blanches* .......... 265.
SECT. XIV. *Armes à feu* .......... 267.

CHAP. XXI. *BRONZES ET DORURES, ORFÉVRERIE, PLAQUÉ D'OR ET D'ARGENT* .......... 271.
SECT. I.re *Bronzes et dorures* .......... *ibid.*
SECT. II. *Orfévrerie* .......... 275.
SECT. III. *Plaqué d'or et d'argent* .......... 277.

CHAP. XXII. *BIJOUTERIE, JOAILLERIE, TABLETTERIE* .......... 279.
SECT. I.re *Bijouterie* .......... *ibid.*

ART. I.er Bijouterie d'acier.............. 279.
ART. II. Bijouterie dorée................ 281.
ART. III. Bijouterie en platine........... 282.
SECT. II. *Joaillerie*...................... *ibid.*
SECT. III. *Mosaïques en miniature*............ 283.
SECT. IV. *Tabletterie et nécessaires*............ 284.
CHAP. XXIII. *MACHINES ET INSTRUMENS PROPRES À L'AGRICULTURE*.. 289.
CHAP. XXIV. *MACHINES HYDRAULIQUES, POMPES; MONTURES ET APPAREILS Y RELATIFS*........ 293.
CHAP. XXV. *MACHINES PROPRES À LA FABRICATION DES DIVERS TISSUS, ET MÉCANISMES DIVERS*.................. 303.
SECT. I.re *Machines propres à la fabrication des divers tissus*...................... *ibid.*
SECT. II. *Mécanismes divers*................... 310.
CHAP. XXVI. *INSTRUMENS D'ASTRONOMIE, DE GÉODÉSIE ET DE PHYSIQUE*.................. 320.
CHAP. XXVII. *OPTIQUE*............... 325.
SECT. I.re *Lunettes*...................... *ibid.*
SECT. II. *Phares*......................... 327.
CHAP. XXVIII. *MÉCANIQUE DE PRÉCISION, HORLOGERIE*...... 329.
SECT. I.re *Mécanique de précision*............ *ibid.*
SECT. II. *Horlogerie*..................... 333.
ART. I.er Chronomètres et montres........ *ibid.*
ART. II. Pendules......................... 342.
CHAP. XXIX. *INSTRUMENS DE MUSIQUE*. 350.
SECT. I.re *Instrumens à cordes*.............. *ibid.*
ART. I.er Pianos......................... *ibid.*
ART. II. Harpes.......................... 352.

ART. III. Violons et basses... 353.
ART. IV. Cordes à boyaux... 354.
SECT. II. *Instrumens à vent*... 355.
ART. I.er Bassons et clarinettes... *ibid.*
ART. II. Cors, flûtes et serpens... 357.
ART. III. Orgues... 358.
CHAP. XXX. *ÉCONOMIE DOMESTIQUE*... 359.
SECT. I.re *Éclairage*... 360.
SECT. II. *Chauffage*... 365.
SECT. III. *Distillation*... 369.
SECT. IV. *Préparation des substances alimentaires*. 370.
ART. I.er Gélatine... *ibid.*
ART. II. Farine... 371.
ART. III. Sucre de betteraves... 372.
ART. IV. Décantation des vins... 374.
ART. V. Vinaigre... *ibid.*
ART. VI. Fromage façon de Hollande... *ibid.*
ART. VII. Conservation des comestibles... 375.
CHAP. XXXI. *ARTS CHIMIQUES*... 378.
SECT. I.re *Sels, acides et autres produits chimiques*... *ibid.*
SECT. II. *Savons*... 383.
SECT. III. *Colles*... 384.
SECT. IV. *Couleurs*... 387.
SECT. V. *Ciment, bitume, cire à cacheter*... 391.
CHAP. XXXII. *TERRE CUITE, POTERIES ET PORCELAINES*... 395.
SECT. I.re *Terre cuite*... *ibid.*
ART. I.er Carreaux... *ibid.*
ART. II. Creusets... 396.
SECT. II. *Poterie commune*... 397.
SECT. III. *Faïence*... 398.
SECT. IV. *Terre de pipe ou cailloutage*... 399.
SECT. V. *Poterie de grès*... 400.
SECT. VI. *Porcelaine*... 402.
SECT. VII. *Décoration des poteries et de la porcelaine*... 406.

Art. I.er Décoration à la main........... 406.
Art. II. Décoration par procédés mécaniques. 407.
Art. III. Couleurs vitrifiables sur faïence... 408.
CHAP. XXXIII. *Verrerie et cristallerie*................ 409.
Sect. I.re *Glaces*......................... ibid.
Sect. II. *Cristallerie*.......................... 410.
Sect. III. *Verres ordinaires*................... 411.
Sect. IV. *Strass*.............................. 412.
Sect. V. *Peinture vitrifiable et inscriptions sur verre.* 413.
CHAP. XXXIV. *Ébénisterie, menuiserie, ornemens sculptés et moulés*..................... 415.
Sect. I.re *Ébénisterie et menuiserie*............ ibid.
Sect. II. *Ornemens sculptés et moulés*......... 419.
CHAP. XXXV. *Typographie, lithographie, peinture, écriture, reliure des livres*........ 421.
Sect. I.re *Gravure et fonte de caractères d'imprimerie*.......................... 422.
Sect. II. *Procédés de gravure*................ 425.
Art. I.er Gravure sur acier............... ibid.
Art. II. Gravure en taille douce.......... 427.
Art. III. Gravure sur bois............... 428.
Sect. III. *Procédés de lithographie*........... 429.
Sect. IV. *Procédés de peinture*............... 432.
Sect. V. *Objets relatifs aux arts du dessin*..... 433.
Sect. VI. *Écriture*........................... 435.
Sect. VII. *Reliure des livres*................. 436.
CHAP. XXXVI. *Objets divers*......... 438.
Art. I.er Cloches et paniers en toiles métalliques.......................... ibid.
Art. II. Socques articulés................ ibid.
Art. III. Instrumens de chasse et de pêche.. 439.
Art. IV. Vannerie..................... ibid.
Art. V. Cartonnage.................... 440.
Art. VI. Registres à l'usage du commerce .. 441.

CHAP. XXXVII. *PRODUIT DU TRAVAIL DANS LES ÉTABLISSEMENS DE CHARITÉ* .................... 442.
CHAP. XXXVIII. *PRODUIT DU TRAVAIL DANS LES MAISONS DE DÉTENTION ET DE CORRECTION* .... 444.
*ORDONNANCES et CIRCULAIRES relatives à l'exposition de 1823* .......................... 449.
*TABLEAU CHRONOLOGIQUE des Produits de l'industrie française, depuis l'origine de l'institution*.... 456.



FIN DE LA TABLE DES MATIÈRES.

# LISTE ALPHABÉTIQUE

## DES FABRICANS ET DES ARTISTES

### QUI ONT OBTENU DES MÉDAILLES OU AUTRES DISTINCTIONS À L'EXPOSITION DE 1823.

| NOMS des ARTISTES ou FABRICANS. | DÉSIGNATION DES PRODUITS PRÉSENTÉS. | DISTINCTION obtenue. | PAGE du rapport. |
|---|---|---|---|
| | **A** | | |
| Abat, Sans et Morlière... | Limes ........................ | M. d'argent. | 236. |
| Accary frères............ | Couvertures de coton. .......... | Ment. hon.. | 122. |
| Adam ................ | Gravure sur cuivre............. | M. bronze.. | 428. |
| Adone................ | Satin......................... | Ment. hon.. | 383. |
| Agneray (*Jacques-Marie*). | Batteur-éplucheur, double laminoir, &c. | M. bronze.. | 307. |
| Ajac.................. | Châles en bourre de soie, imitant le cachemire. | M. d'or.... | 69. |
| Allard ................ | Moiré métallique, lampes, gardevue. | R. m. d'or.. | 361. |
| | Couvre-plats et paniers en tissu métallique. | M. bronze.. | 438. |
| Alaux fils.............. | Peaux corroyées............... | Ment. hon.. | 169. |
| Alavoine (*Joseph*) ....... | Montre à cylindre. ............ | M. bronze.. | 340. |
| Albert-Renette......... | Canons de fusil............... | M. bronze.. | 268. |
| Albouy. .............. | Serrurerie.................... | Ment. hon.. | 250. |
| Allizeau.............. | Modèles de solides polyédriques, exécutés en bois. | Ment. hon.. | 286. |
| Allombert ........... | Peignes en écaille et en corne..... | Ment. hon.. | 286. |

| NOMS des ARTISTES ou FABRICANS. | DÉSIGNATION DES PRODUITS PRÉSENTÉS. | DISTINCTION obtenue. | PAGE du rapport. |
|---|---|---|---|
| André (*Pierre*) | Sucre de betteraves | Ment. hon. | 373. |
| André | Porcelaines décorées | Ment. hon. | 406. |
| Angrand | Papiers de fantaisie | M. bronze. | 187. |
| Argy-Guillet | Ganterie | Citation. | 175. |
| Armand (M.me) | Objets de fantaisie | M. bronze. | 77. |
| | Broderies sur mousseline, sur tulle et sur batiste. | Ment. hon. | 117. |
| Armfield (M.lle) | Flanelles à chaîne et trame cardées, coatings. | M. d'argent. | 41. |
| Armonville | Tapis économiques | M. bronze. | 140. |
| Arnheiter et Petit | Outils de jardinage | Citation. | 264. |
| Arnold-Haucitz | Voiture à flèche et essieux mouvans. | Citation. | 319. |
| Arnollet | Pompes pour épuisement, incendies, &c. | M. d'argent. | 295. |
| Assy-Guérin fils et Givelet. | Flanelle croisée, circassienne | Ment. hon. | 42. |
| Asté | Instrumens pour musiques militaires. | Ment. hon. | 356. |
| Aubert et Somborn | Limes | Ment. hon. | 238. |
| | Scies et autres outils | M. bronze. | 240. |
| Aubertot | Bandages de roues percés à froid par le moyen d'une mécanique. | M. d'argent. | 220. |
| Aucoc et Gavet | Nécessaires enrichis | R. m. d'arg. | 285. |
| Audenbron | Coutellerie | Ment. hon. | 255. |
| Aynard et fils | Draperie | R. m. d'arg. | 29. |
| Aynard frères | Draperie | .......... | 38. |

# B

| | | | |
|---|---|---|---|
| Bacot père et fils | Draperie | R. m. d'or. | 20. |
| Bacot et compagnie | Couvertures en laine mérinos, en bourre de soie et en coton. | M. d'argent. | 121. |

| NOMS des ARTISTES ou FABRICANS. | DÉSIGNATION DES PRODUITS PRÉSENTÉS. | DISTINCTION obtenue. | PAGE du rapport. |
|---|---|---|---|
| Badin frères | Draperie | R. m. d'arg. | 29. |
| Balbâtre fils aîné | Broderie sur mousseline, tulle, &c. | M. bronze. | 117. |
| Balon | Nécessaires | Citation. | 288. |
| Banse et compagnie | Crêpes et gazes de différentes espèces et de diverses nuances. | M. d'or. | 69. |
| Barabino | Verre à vitres | Citation. | 412. |
| Barbet | Toiles peintes | M. d'argent. | 162. |
| Barbier | Procédé d'écriture à l'usage des aveugles. | M. bronze. | 435. |
| Barde (Le vicomte de) | Moulin à broyer les pommes | Ment. hon. | 292. |
| Barjon | Papier | Citation. | 185. |
| Barnoville et Bajolle | Linon-batiste broché en coton de couleur. | M. bronze. | 85. |
| Barriol | Coutellerie et modèle de projectile dit *boulet à lames*. | Citation. | 259. |
| Barthélemy | Couvertures | Ment. hon. | 122. |
| Barthélemy | Joaillerie et bijouterie | M. bronze. | 282. |
| Bassecourt fils | Couvertures | Ment. hon. | 123. |
| Bassignol | Chapeaux | Ment. hon. | 132. |
| Bauduin-Kammenne | Poils filés à la mécanique, pour lisières de draps et de casimirs. | M. bronze. | 16. |
| Bauquer | Châles mérinos imprimés | M. bronze. | 160. |
| Bauzon | Châles cachemire à la manière de l'Inde. | M. d'or. | 49. |
| Bayle et compagnie | Châles en bourre de soie et en cachemire. | M. d'argent. | 52. |
| Beaujeu (De) | Sucre de betteraves | M. bronze. | 373. |
| Beaulieu (La maison centrale de détention de). | Tissus de coton | Citation. | 445. |

| NOMS des ARTISTES ou FABRICANS. | DÉSIGNATION DES PRODUITS PRÉSENTÉS. | DISTINCTION obtenue. | PAGE du rapport. |
|---|---|---|---|
| Beaumier | Peaux chamoisées | Citation | 173. |
| Beaunier | Aciers fondus et autres | R. m. d'or. | 223. |
| Beaunier et Milleret | Fonte pour acier | R. m. d'or. | 215. |
| Bellanger-Pagé, Leblanc, Carlier et compagnie. | Carreaux en terre, de diverses couleurs. | Ment. hon. | 396. |
| Bellissent | Flûtes | Ment. hon. | 357. |
| Bénard | Toile de cretone | Ment. hon. | 86. |
| Bénard | Ébénisterie | Citation | 418. |
| Benoist | Mouture à l'anglaise | M. d'argent. | 372. |
| Benoît-Alais | Tulles brochés par un nouveau procédé. | Ment. hon. | 78. |
| Bérard | Produits chimiques | R. m. d'arg. | 380. |
| Bérard et Delpech | Alun | R. m. bronze | 381. |
| Bérard frères et Vétillard | Toiles; — blanchiment de toiles | M. d'argent. | 86. 157. |
| Bercy-Serault | Bonneterie | Citation | 127. |
| Bergé (*Victor*) | Bijoux en jayet | Ment. hon. | 205. |
| Berger | Crayons communs | Ment. hon. | 390. |
| Berger et compagnie | Tourbe comprimée | Ment. hon. | 369. |
| Bergougnan | Coutellerie | M. bronze. | 254. |
| Bernadac père et fils | Acier naturel et acier cémenté | M. d'or. | 223. |
| Bernadda | Bijouterie en platine | M. bronze. | 282. |
| Bernard | Tabletterie; — ouvrages en bois doré. | Citation | 287. 441. |
| Bernard aîné | Chandelles moulées | Citation | 364. |
| Bernardière (*Achille* de) | Fleurs artificielles en baleine; — chapeaux et schakos en osier de baleine. | M. d'argent. | 119. 135. |
| Beroud (*Pierre*) | Soies blanches, ouvrées en grenadines. | M. bronze. | 62. |

| NOMS des ARTISTES ou FABRICANS. | DÉSIGNATION DES PRODUITS PRÉSENTÉS. | DISTINCTION obtenue. | PAGE du rapport. |
|---|---|---|---|
| Berrola. .............. | Horlogerie de commerce; appareils à quantièmes. | Ment. hon.. | 349. |
| Berthe et Grevenich. .... | Papiers faits à la mécanique....... | R. m. d'arg. | 186. |
| Berthet-Bassecourt....... | Couvertures ................. | Ment. hon.. | 122. |
| Berthier............... | Acier....................... | M. bronze.. | 225. |
| Berthoud............... | Montres marines............... | M. d'argent. | 333. |
| Bertinot (*Auguste-Victor*).. | Draperie. ................... | Ment. hon.. | 35. |
| Bertout............... | Colle-forte.................. | R. m. bronze | 385. |
| Bertrand (*Pierre*)........ | Drap commun.................. | Ment. hon.. | 40. |
| Bertrand-Fourmand...... | Câbles en fer, à l'usage de la marine | M. bronze.. | 261. |
| Besson............... | Laine peignée et filée............ | Ment. hon.. | 15. |
| Besson............... | Pierres à fusil................ | Ment. hon.. | 202. |
| Beugé. .............. | Presses en cuivre et en fonte...... | M. bronze.. | 317. |
| Bezançon............. | Produits divers de quincaillerie.... | Citation. .. | 264. |
| Bietry et Belleville...... | Fils de cachemire.............. | Ment. hon.. | 47. |
| Bigel ................ | Cheminées en tôle et cheminées en cuivre. | Ment. hon.. | 367. |
| Bigot-Frigard.......... | Coutils ..................... | Ment. hon.. | 90. |
| Billet aîné............ | Pompes et compartimens de pompes. | Citation. .. | 302. |
| Billet jeune............ | Seaux d'incendie en tôle vernie; brides de pompes en fer coulé et étamé; gobelets à soupape en fonte étamée. | Citation. .. | 302. |
| Billiard .............. | Diverses pièces d'une grande sonde propre à la recherche des substances minérales. | M. bronze.. | 262. |
| Billot................ | Faulx obtenues de l'acier fabriqué par M. Billot. | M. bronze.. | 234. |
| Binet (*Pierre-Jacques*).... | Pompes à tubes mobiles, sans garnitures. | Ment. hon.. | 301. |

| NOMS des ARTISTES ou FABRICANS. | DÉSIGNATION DES PRODUITS PRÉSENTÉS. | DISTINCTION obtenue. | PAGE du rapport. |
|---|---|---|---|
| Biset | Baignoires | Ment. hon.. | 368. |
| Blanc | Porcelaines | M. bronze.. | 404. |
| Blanchet frères et Kléber.. | Papiers de diverses sortes | M. bronze.. | 184. |
| Bleuse | Linge ouvré, en coton | Citation. .. | 111. |
| Blum | Objets coulés en fonte de fer | Ment. hon.. | 217. |
| Bobée | Produits chimiques, viandes conservées. | R. m. d'arg. | 379. |
| Bobilier | Cuivre laminé | Ment. hon.. | 210. |
| Bodin | Organsins blancs et organsins jaunes. | M. d'argent. | 60. |
| Boichis et Vesiau | Draperie | Ment. hon.. | 36. |
| Boilvin frères | Alènes et poinçons; — clous à monter. | R. m. d'arg. | 244. 247. |
| Bolley | Ouvrages exécutés au tour | Ment. hon.. | 287. |
| Bolton | Laine filée à l'usage de la bonneterie. | Ment. hon.. | 15. |
| Bonjour | Toile vernie | Ment. hon.. | 145. |
| Bonnaire et compagnie... | Blondes blanches et dentelles | R. m. d'arg. | 113. |
| Bonnand, Laverrière et Boudot. | Peigne sans ligature, pour le tissage de la soie. | M. d'or. ... | 243. |
| Bonnefoi (*Frédéric*) | Soie grége, pour trame | Ment. hon. | 63. |
| Bonnemain | Régulateur du feu | Ment. hon.. | 369. |
| Bonnet et Ronchaud | Fil provenant du mélange de la bourre de soie avec la laine et avec le duvet de cachemire. | Ment. hon.. | 64. |
| Bonnet frères, Champion et Desfosses. | Prussiate de potasse et bleu de Prusse. | M. Bronze.. | 388. |
| Bontemps et Georgeon .. | Cristallerie | M. d'argent. | 411. |
| Bordier-Marcet | Appareils d'éclairage; phares | R. m. d'arg. | 328. |
| Borel | Serrurerie | Ment. hon.. | 250. |
| Bosquillon | Châles au lancé et autres, imitant le travail de l'Inde. | M. d'or. ... | 50. |

| NOMS des ARTISTES ou FABRICANS. | DÉSIGNATION DES PRODUITS PRÉSENTÉS. | DISTINCTION obtenue. | PAGE du rapport. |
|---|---|---|---|
| Bossat | Soie jaune organsinée | Ment. hon. | 63. |
| Bost-Membrun | Coutellerie | M. d'argent. | 253. |
| Bouchet aîné | Papiers communs | Ment. hon. | 185. |
| Bouchon aîné | Peaux chamoisées; — ganterie | Ment. hon. | 173. 175. |
| Bouffon | Faulx | M. bronze. | 234. |
| Bougon (M.me) | Gravure sur bois | M. bronze. | 429. |
| Bouillon | Draperie; — flanelles en laine cardée et couvertures en laine. | Ment. hon. | 36,41 |
| Boulanger (*Martin-Liévin*). | Bonneterie | Citation. | 127. |
| Boulay | Coutellerie | Ment. hon. | 256 |
| Bourgeois | Laine en suint | M. bronze. | 11. |
| Bourgeois (M.me veuve) | Tapis veloutés et autres | M. bronze. | 139. |
| Bourguignon | Pierres gemmes, fausses | Ment. hon. | 413. |
| Bouvard (M.me veuve) | Ornemens d'église et autres articles de soierie. | M. d'argent. | 72. |
| Bouxvillers (La société des mines de lignite de). | Prussiate de potasse, alun et autres produits chimiques. | M. d'argent. | 380. |
| Boyer et compagnie | Étoffes en couleur | Citation. | 108. |
| Brachet et compagnie | Rubans découpés au moyen d'une machine. | M. bronze. | 80. |
| Bréant | Acier fondu | Ment. hon. | 226. |
| | Traitement du platine et du palladium; acier damassé. | M. d'or. | 265. |
| Brefford | Papiers de fantaisie | Citation. | 188. |
| Brehier | Peaux corroyées | R. m. d'arg | 167. |
| Breidt et compagnie | Fils de lin | M. bronze. | 83. |

| NOMS des ARTISTES ou FABRICANS. | DÉSIGNATION DES PRODUITS PRÉSENTÉS. | DISTINCTION obtenue. | PAGE du rapport. |
|---|---|---|---|
| Brest fils | Soies gréges | M. bronze. | 62. |
| Bridier frères | Draperie | M. bronze. | 32. |
| Brimmeyer | Harpes | Ment. hon. | 353. |
| Brincourt père et fils | Draperie | ......... | 37. |
| Brissiel | Lampes à la Girard perfectionnées. | Ment. hon. | 363. |
| Brohart | Broches mécaniques | Citation | 319. |
| Brucy | Cadres en carton | Citation | 441. |
| Brulley | Drap teint | Ment. hon. | 152. |
| Brun (M.me veuve) | Tulle de coton brodé | Ment. hon. | 117. |
| Bruneel et Callemien | Linge ouvré | Ment. hon. | 111. |
| Brunel | Soie teinte | Ment. hon. | 153. |
| Buisson-Martignat | Coutellerie | Ment. hon. | 255. |
| Bunten | Baromètres, thermomètres, et autres instrumens de physique. | Ment. hon. | 324. |
| Buran jeune et Marchand. | Camphre raffiné, borax, produits mercuriaux. | M. bronze. | 382. |
| Burette | Machine pour la fabrication de la fécule de pomme de terre. | M. bronze. | 291. |
| Busson | Laine mérinos | ......... | 12. |

# C

| NOMS des ARTISTES ou FABRICANS. | DÉSIGNATION DES PRODUITS PRÉSENTÉS. | DISTINCTION obtenue. | PAGE du rapport. |
|---|---|---|---|
| Cabane | Tricots de soie chinés | M. d'argent. | 76. |
| Cahier | Orfévrerie | R. m. d'or. | 276. |
| Caire (*Claude-Antoine*) | Presse pour les marcs de vendange. | Ment. hon. | 292. |
| Callet | Savons fabriqués avec de la soude et de la potasse factices. | M. bronze. | 384. |

| NOMS des ARTISTES ou FARTICANS. | DÉSIGNATION DES PRODUITS PRÉSENTÉS. | DISTINCTION obtenue. | PAGE du rap-port |
|---|---|---|---|
| Calvet et Degoer....... | Sacs et tuyaux de chanvre, sans coutures. | Citation... | 89. |
| Capron............... | Pompe dite *norpac*, et autres machines hydrauliques. | M. bronze.. | 298. |
| Carcassonne frères....... | Châles en bourre de soie, imitant le cachemire. | M. d'argent. | 75. |
| Cardeilhac............ | Coutellerie................... | M. bronze.. | 254. |
| Cardon.............. | Cotons filés.................. | M. bronze.. | 95. |
| Careing.............. | Taffetas..................... | Ment. hon.. | 78. |
| Carnal et Nébon........ | Couvertures en laine............ | Citation... | 123. |
| Caron............. | Lampes à la Girard, perfectionnées. | Ment. hon.. | 363. |
| Caron-Langlois......... | Toile façon de Hollande; — blanchiment de toiles............ | R. m. d'arg. | 85. 157. |
| Caron (*Firmin*)........ | Bonneterie.................. | Citation... | 126. |
| Carpentier (M.^me^)...... | Dentelles.................... | M. d'argent. | 115. |
| Cartier............... | Cardes à matelas montées sur deux roues. | M. bronze.. | 308. |
| Cartier-Cousin et compag.^e^ | Étoffes pour meubles et pour tentures | M. bronze.. | 76. |
| Cartier fils et Grieu..... | Acide sulfurique, acide oxalique et autres produits chimiques. | Ment. hon.. | 383. |
| Casseneuve........... | Chapeaux imperméables......... | Citation... | 133. |
| Castelle.............. | Fusils à deux coups............ | Ment. hon.. | 270. |
| Castille.............. | Horlogerie................... | M. bronze.. | 347. |
| Cauchoix............. | Lunettes de diverses grandeurs..... | M. d'or.... | 325. |
| Cavaignac et Beaulès.... | Encre d'imprimerie............ | Ment. hon.. | 390. |
| Cellarier et compagnie... | Cotons filés, tissus en coton...... | M. bronze.. | 95. |
| Cesbron fils et frères..... | Étoffes en coton............... | M. d'argent. | 102. |
| Cessier............... | Fusils de munition à magasin volant | M. bronze.. | 269. |

| NOMS des ARTISTES ou FABRICANS. | DÉSIGNATION DES PRODUITS PRÉSENTÉS. | DISTINCTION obtenue. | PAGE du rapport. |
|---|---|---|---|
| Chabre | Chapeaux | Ment. hon.. | 132. |
| Chagot frères | Cristallerie | R. m. d'or.. | 410. |
| Chaillot | Harpes | Ment. hon.. | 353. |
| Chamaret-Tirouffiet | Coutils en fil | M. bronze.. | 90. |
| Chambellan-Petit | Tapis de pied | Ment. hon.. | 141. |
| Chambon | Soies blanches et soies jaunes | M. d'argent | 61. |
| Champion | Mesures linéaires sur rubans | Ment. hon. | 324. |
| Chancel | Graphite | Ment. hon.. | 203. |
| Channebot | Châles | M. d'argent. | 51. |
| Chantrel (*Jean-Baptiste*). | Bonneterie | Citation... | 127. |
| Chapelle | Bougie en blanc de baleine | Ment. hon.. | 363. |
| Chaptal fils, d'Arcet et Holker. | Alun et autres produits chimiques.. | .......... | 379. |
| Chapuis | Papier | Citation... | 185. |
| Chapuy | Produits lithographiques | M. bronze.. | 431. |
| Charles (M.me veuve) | Coutellerie | M. bronze.. | 254. |
| Chartron | Soie blanche et soie jaune en flottes. | M. d'argent. | 59. |
| Chastagnac | Lampes à courant d'air | Citation... | 364. |
| Chatelet | Ébénisterie | Citation... | 419. |
| Chatoney | Couvertures en coton | Ment. hon. | 123. |
| Chatoney, Leutener et compagnie. | Mousselines unies et brodées, gazes coton, &c. | R. m. d'or.. | 99. |
| Chauve | Dentelles | Citation... | 116. |
| Chauvel-Joua | Tulle écru, tulle blanc | Ment. hon. | 97. |
| Chauvet | Mécanique pour le filage du chanvre et du lin. | Citation... | 310. |
| Chayaux frères | Draperie | M. d'or... | 25. |

| NOMS des ARTISTES ou FABRICANS. | DÉSIGNATION DES PRODUITS PRÉSENTÉS. | DISTINCTION obtenue. | PAGE du rapport. |
|---|---|---|---|
| Chayaux-Lombard et Monard. | Draperie.................... | M. bronze.. | 32. |
| Chefderue et Léon Chaulvreux. | Draperie.................... | M. bronze.. | 33. |
| Chenavard............ | Tapis moquettes et autres........ | Ment. hon.. | 140. |
| | Tapis en feutre verni........... | M. d'or.... | 144. |
| Cheneaux............. | Coutellerie.................. | Citation... | 258. |
| Chenut jeune.......... | Broderies.................... | M. bronze.. | 116. |
| Chéron.............. | Ouvrages exécutés au tour....... | Ment. hon.. | 286. |
| Chervet-Vacher........ | Coutellerie.................. | Ment. hon.. | 255. |
| Chevalier (*Vincent*)..... | Instrumens d'optique.......... | Ment. hon.. | 326. |
| Chevalier (Le chevalier). | Lunettes, longues-vues et autres instrumens d'optique. | Ment. hon.. | 327. |
| Choffin (M.me)........ | Blanchiment d'étoffes.......... | Citation... | 158. |
| Choiselat............. | Bronzes dorés pour ornemens d'église. | M. bronze.. | 274. |
| Chopin.............. | Bronzes dorés................ | M. bronze.. | 274. |
| Choquet............. | Coutellerie.................. | Citation... | 258. |
| Christin aîné.......... | Peaux chamoisées............. | Ment. hon.. | 173. |
| Christin aîné.......... | Ganterie.................... | Ment. hon.. | 175. |
| Chuard et compagnie.... | Étoffes de soie, or et argent...... | .......... | 68. |
| Clairvaux (La maison centrale de détention de). | Coutils, perkales et cotons filés.... | Ment. hon.. | 444. |
| Clavau de Bourisson..... | Papiers de diverses sortes........ | M. bronze.. | 184. |
| Clément.............. | Violons et basses.............. | M. bronze.. | 354. |
| Clerc neveu........... | Draperie.................... | M. d'argent. | 27. |
| Clerembault.......... | Dentelles.................... | M. d'argent. | 99. |
| Clerembault et Lecoq-Guibé. | Mousselines unies, brochées et brodées, &c. | R. m. d'arg. | 115. |

| NOMS des ARTISTES ou FABRICANS. | DÉSIGNATION DES PRODUITS PRÉSENTÉS. | DISTINCTION obtenue. | PAGE du rapport. |
|---|---|---|---|
| Cœur................ | Pendules..................... | Ment. hon.. | 348. |
| Coiffier et compagnie.... | Calicots tissés à la mécanique...... | M. bronze.. | 103. |
| Colcomb.............. | Couleurs fines................. | Ment. hon.. | 390. |
| Colletta-Lefebvre....... | Tabatières dites *écossaises*........ | Ment. hon. | 285. |
| Collier.............. | Appareils pour distribuer le combustible sur la grille d'un fourneau | Ment. hon.. | 368. |
| Collier (*John*).......... | Machines à tondre les draps...... | M. d'or.... | 303. |
| Colombel............ | Teinture sur coutils........... | Citation... | 156. |
| Constans............. | Produits lithographiques......... | M. bronze.. | 430. |
| Constantin (*Charles*).... | Échelle propre au service de la marine. | Citation... | 301. |
| Constantin (M.me veuve) et Constantin jeune. | Fonte de caractères............ | Ment. hon.. | 425. |
| Contamine............ | Râpes à l'usage des sculpteurs; — bronzes dorés. | M. bronze.. | 237. 275. |
| Corbitt-Bailey et compag.e | Tulle..................... | Ment. hon.. | 97. |
| Corderier et Lemire..... | Brocard or et argent, tapis fond velours | M. d'argent. | 73. |
| Cornouailles.......... | Gravure sur acier.............. | M. d'argent. | 426. |
| Cosseron (M.me)........ | Couleurs lucidoniques.......... | Ment. hon.. | 391. |
| Cost (*Joachim*) et Dellorte. | Marbres.................... | Ment. hon.. | 194. |
| Costallat............. | Marbres.................... | Ment. hon.. | 194. |
| Couchonnat........... | Châles en bourre de soie imitant le cachemire. | R. m. d'arg. | 74. |
| Coulaux et compagnie... | Limes et râpes; — quincaillerie; — scies laminées et trempées en acier naturel et en acier fondu. | M. d'or.... | 236. 239. 259. |
| | Armes blanches en acier de damas. | Ment. hon.. | 266. |
| Coulon père et fils...... | Jayet; — peignes en buis et en corne. | M. bronze.. | 204. 285. |

| NOMS des ARTISTES ou FABRICANS. | DÉSIGNATION DES PRODUITS PRÉSENTÉS. | DISTINCTION obtenue. | PAGE du rapport. |
|---|---|---|---|
| Coyère (*Florentin*) et comp. | Chapeaux de paille............ | Ment. hon.. | 133. |
| Crémière-Jeuffrain...... | Passementerie en soie........... | Ment. hon.. | 81. |
| Crespel de Lisse........ | Sucre de betteraves............ | M. d'argent. | 372. |
| Crouset (*L.*) père et fils.. | Drap commun................ | Ment. hon.. | 39. |
| Cruvillier............. | Mouchoirs et écharpes en tulle chiné. | M. bronze.. | 77. |
| Cunin (*Laurent*) et comp.[e] | Draperie.................. | M. d'or.... | 24. |
| Cuvru de Surmont...... | Tissus de coton mélangés....... | Ment. hon.. | 108. |

# D

| NOMS des ARTISTES ou FABRICANS. | DÉSIGNATION DES PRODUITS PRÉSENTÉS. | DISTINCTION obtenue. | PAGE du rapport. |
|---|---|---|---|
| Dallemagne et Guibout.. | Métiers à fabriquer les galons..... | Citation... | 309. |
| Dalloz-Gaillard......... | Tabatières, nécessaires et flûtes.... | Citation... | 287. |
| Dambrun de Vandelles... | Guingams et zéphyrines......... | Citation... | 109. |
| Dandré............... | Linge de table et mousselines brodées | M. d'argent. | 100. |
| Danet................ | Draperie.................. | M. d'or.... | 23. |
| Darche (M.[me] veuve).... | Bas de fil et bas de cachemire..... | Ment. hon.. | 126. |
| Daret................ | Machine à vapeur............. | M. bronze.. | 297. |
| Datis................ | Draperie.................. | R.m. bronze | 31. |
| Dausse............... | Laque de garance............. | M. bronze.. | 390. |
| Dautremont et Doyen... | Laine peignée et filée à la mécanique; — étoffes mérinos. | M. d'or.... | 14. 42. |
| Dautreville............ | Bonneterie................. | Citation... | 127. |
| David................ | Métier mécanique pour la fabrication des lacets. | Ment. hon.. | 309. |
| David (*Jules*).......... | Basins câblés et perkales......... | Ment. hon.. | 105. |
| Davrainville........... | Jeu d'orgues................ | M. bronze.. | 358. |
| Debehr et fils.......... | Céruse................... | Citation... | 391. |

| NOMS des ARTISTES ou FABRICANS. | DÉSIGNATION DES PRODUITS PRÉSENTÉS. | DISTINCTION obtenue. | PAGE du rapport. |
|---|---|---|---|
| Debladis et compagnie... | Cuivre laminé................ | R. m. d'or.. | 209. |
| | Toles de fer.................. | M. d'or.... | 227. |
| | Fer-blanc.................. | M. d'or.... | 229. |
| Debuyer (M.me veuve)... | Fer-blanc.................. | M. d'argent. | 229. |
| Decaens jeune......... | Guingams façon batiste......... | Ment. hon.. | 107. |
| Decannecaude......... | Éventails et divers ouvrages en corne | Citation... | 288. |
| Decavaillon........... | Charbon animal revivifié........ | M. bronze.. | 389. |
| Dècle............... | Reliures.................... | Ment. hon.. | 437. |
| Dedreux............. | Pierres factices............... | M. bronze.. | 392. |
| Defrenne (*Auguste*)..... | Cotons filés pour trame.......... | Ment. hon.. | 96. |
| Defrennes fils (M.me v.e).. | Cotons filés.................. | M. d'or.... | 92. |
| Degallois............. | Fonte de fer.................. | M. d'or.... | 214. |
| Degrand frères et Prades.. | Draperie.................... | M. bronze.. | 33 |
| Degrand (M.me), née Gurgey. | Coutellerie et armes blanches..... | M. d'argent. | 252. |
| | Armes blanches en acier de damas. | Ment. hon.. | 266. |
| Deharme............. | Quincaillerie................. | M. bronze.. | 260. |
| Dehèque............. | Ouvrages en bronze........... | Ment. hon.. | 275. |
| Dehm............... | Ébénisterie.................. | Ment. hon.. | 418. |
| Dejernon............. | Procédés d'écriture........... | Citation... | 435. |
| Delacour............. | Soies...................... | M. bronze. | 61. |
| Delaforge............ | Soufflets de forge............. | Citation... | 318. |
| Delahaye............ | Toiles peintes................ | Ment. hon. | 164. |
| Delamontagne......... | Creusets.................... | Ment. hon.. | 396. |
| Delaporte............ | Dés à l'usage des tailleurs, dés doublés d'argent et d'or. | Ment. hon. | 263. |
| Delarue (*Alph.* et *Édouard*). | Draperie.................... | Citation... | 37. |
| Delarue............. | Apprêts d'étoffes.............. | R. m. d'arg. | 156. |

| NOMS des ARTISTES ou FABRICANS. | DÉSIGNATION DES PRODUITS PRÉSENTÉS. | DISTINCTION obtenue. | PAGE du rapport. |
|---|---|---|---|
| Delebourse | Fusils à percussion | Ment. hon. | 269. |
| Delloye (Veuve) et fils | Mouchoirs de batiste, en couleur | R. m. bronze | 84. |
| Delon fils | Châles de laine et de cachemire | Ment. hon. | 55. |
| Deloynes (*Benoît*), Hallier, Dujoncquoy et comp.ie | Bonneterie orientale | M. d'argent. | 128. |
| Demarson | Savons de toilette, savon de ménage, à base de suif. | M. bronze | 384. |
| Demenegart père | Couvertures en laine | Citation | 124. |
| Demenou et compagnie | Tapis-tricots, feutrés et imprimés. | M. bronze | 160. |
| Denière | Ouvrages en bronze | M. d'or | 272. |
| Denimal et Minisdoux | Tissus métalliques | Ment. hon. | 246. |
| Denuelle | Porcelaines | M. bronze | 405. |
| Dépouilly - Schirmer et compagnie. | Étoffes et châles divers | R. m. d'or. | 68. |
| Dépouilly et Pinet | Étoffes en soie façonnées | M. d'argent. | 74. |
| Dequenne | Aciers cémentés | R. m. d'or. | 224. |
| | Limes | Ment. hon. | 238. |
| Derosne | Alambic à distillation continue | .......... | 369. |
| Derosnes et Vertel | Ustensiles en fonte de fer émaillée. | M. d'argent. | 215. |
| Deschamps | Couverture en laines | Citation | 124. |
| Deschamps | Gravure sur acier | Ment. hon. | 426. |
| Desclaux | Maroquins | Ment. hon. | 177. |
| Descroisille | Alcali-mètre | M. bronze | 370. |
| Desfresches et compagnie. | Draperie | M. d'argent. | 28. |
| Desgranges | Papiers | M. d'argent. | 183. |
| Desmadrys | Produits lithographiques | Ment. hon. | 431. |
| Desmarais | Fromage façon de Hollande | Ment. hon. | 375. |
| Desmoulins | Vermillon | M. d'argent. | 387. |

| NOMS des ARTISTES ou FABRICANS. | DÉSIGNATION DES PRODUITS PRÉSENTÉS. | DISTINCTION obtenue. | PAGE du rapport. |
|---|---|---|---|
| Deshaye-Fournival et Buirette. | Flanelle, circassienne.......... | Ment. hon. | 42. |
| Desobry.............. | Mouture à l'anglaise............ | M. d'argent. | 371. |
| Desolme et Quériau..... | Châles au lancé.............. | M. bronze.. | 53. |
| Dessoye.............. | Limes.................... | Ment. hon. | 239. |
| Dessoye.............. | Burins.................... | Ment. hon. | 263. |
| Desurmont............ | Calicots et linge de table ouvré.... | M. bronze.. | 103. |
| Desvaux (*Guillaume*).... | Basins.................... | Ment. hon. | 106. |
| Desvignes père et fils..... | Objets de passementerie en or, en argent et en cannetille. | ......... | 80. |
| Desvignes............ | Décoration et couleurs sur verre... | M. bronze.. | 413. |
| Detrey père........... | Bonneterie de fil et de soie....... | R. m. d'arg. | 125. |
| Detrey-Oudouart........ | Bas de fil et bas de coton........ | Ment. hon. | 125. |
| Devoulx.............. | Colle-forte................ | Ment. hon. | 386. |
| Didelot et compagnie.... | Fil de bourre de soie.......... | M. bronze.. | 64. |
| Didiée............... | Compas propres au tracé des volutes; modèle d'un atelier de serrurerie. | M. bronze.. | 249. |
| Didier (M.lles)......... | Fleurs en batiste............. | Ment. hon. | 120. |
| Didier............... | Cuirs, chapeaux et feutres vernis.. | R. m. d'arg. | 178. |
| Didier............... | Bitume.................. | Citation... | 393. |
| Diet-Philippeaux........ | Tapis veloutés.............. | M. bronze.. | 139. |
| Dietz (*Jean-Christian*)... | Roue à vapeur, pompe à manivelle. | M. d'argent. | 294. |
| Didot (M.me veuve)..... | Fleurs en cire............... | Citation... | 120. |
| Didot (*Henri*).......... | Règles d'acier faites à la mécanique. | Ment. hon. | 262. |
| Didot Saint-Léger....... | Fonte et gravure en caractères.... | R. m. d'or. | 422. |
| | Machines à fabriquer le papier.... | R. m. d'arg. | 310. |
| Didot (*Firmin*) fils...... | Ouvrages typographiques........ | M. d'or.... | 423. |
| Didot (*Jules*) aîné...... | Ouvrages typographiques........ | M. d'or.... | 424. |

| NOMS des ARTISTES ou FABRICANS. | DÉSIGNATION DES PRODUITS PRÉSENTÉS. | DISTINCTION obtenue. | PAGE du rapport. |
|---|---|---|---|
| Dobo | Encliquetage | M. d'argent. | 311. |
| Dollé | Linge de table ouvré et damassé en lin. | M. d'argent. | 111. |
| Dollfus (*Gaspar-Huguenin*), et compagnie. | Toiles peintes | M. d'argent. | 163. |
| Domet de Mont | Tripoli | Ment. hon. | 203. |
| | Objectifs achromatiques | M. bronze. | 326. |
| Douault-Wieland | Strass | M. d'argent. | 413. |
| Douinet | Châles soie et laine, dans le genre cachemire. | M. bronze. | 54. |
| Dournay | Goudron minéral et mastic minéral. | M. bronze. | 391. |
| Dubois et Bertou-Piron | Moussel. en couleur, guingams, &c. | Ment. hon. | 101. |
| Dubourg | Tabletterie | Citation. | 288. |
| Dubruel | Soude factice, sulfate de soude et autres produits chimiques. | M. bronze. | 382. |
| Dubuquoi-Lalouette (M.me) | Ouvrages en tapisserie | Ment hon. | 142. |
| Duchemin | Montres marines | M. d'argent. | 335. |
| Dufaud | Fer affiné par le moyen de la houille et étiré au laminoir. | R. m. d'or. | 220. |
| Dufort | Cuir factice | M. bronze. | 169. |
| Dufour frères | Châles en cachemire et en bourre de soie, tissus de fantaisie en cachemire. | M. bronze. | 53. |
| Dugas-Vialis, Esnault jeune et compagnie. | Rubans de soie | M. d'or. | 79. |
| Duhil | Laines teintes | Citation. | 152. |
| Dulaurent (Veuve) et fils. | Calicots en couleur | Ment. hon. | 108. |

| NOMS des ARTISTES ou FABRICANS. | DÉSIGNATION DES PRODUITS PRÉSENTÉS. | DISTINCTION obtenue. | PAGE du rapport. |
|---|---|---|---|
| Dulfoy et compagnie | Batistes imprimées | M. bronze | 164. |
| Dumas | Draperie | R. m. bronze | 31. |
| Dumas (*Abel-Loup*) | Étoffes dites *cotonilles* | Citation | 108. |
| Dumas | Roulettes en fonte de fer et autres objets. | M. bronze | 217. |
| Dumas | Coutellerie | M. d'argent | 253. |
| Dumas | Colle-forte | Citation | 387. |
| Dumay (M.[me] veuve) | Instrumens de chirurgie, coutellerie | Citation | 258. |
| Duméril | Éventails en acier poli et autres objets du même genre. | Ment. hon. | 281. |
| Dumolard | Alun et couperose | M. bronze | 382. |
| Dupont-Boilletot | Calicots et molleton de coton | R. m. d'arg | 124. |
| Duport | Socques articulés | Citation | 438. |
| Dupré | Chapeaux de paille | Ment. hon. | 134. |
| Durand | Marbres artificiels | Ment. hon. | 197. |
| | Outils de jardinage | Citation | 264. |
| | Moulins à blé | Ment. hon. | 292. |
| Durand (*Amédée*) | Presse d'imprimerie | M. bronze | 316. |
| Durand-Frétière | Dentelles et blondes | Ment. hon. | 118. |
| Durieux | Papier à calquer, papier-glace | M. bronze | 434. |
| Dutilleu | Veloutés, étoffes figurées, satins gaufrés, &c. | M. d'or | 67. |
| Duval-Duval | Cuirs façon de Russie | M. bronze | 170. |
| Duverger et Gotten | Lampes mécaniques | M. bronze | 362. |
| Duvergier | Farines de légumes | M. bronze | 376. |
| Drulhon et Miergue | Chapeaux à fond de feutre imperméable. | Citation | 133. |

| NOMS des ARTISTES OU FABRICANS. | DÉSIGNATION DES PRODUITS PRÉSENTÉS. | DISTINCTION obtenue. | PAGE du rapport. |
|---|---|---|---|
| **E** | | | |
| École royale d'arts et métiers d'Angers. | Étaux, bigornes et autres outils.... | Ment. hon. | 262. 309. |
| | Meubles en bois indigène........ | M. bronze.. | 417. |
| École royale d'arts et métiers de Châlons-sur-Marne. | Étaux, enclumes, filières et autres outils. | Ment. hon. | 262. |
| | Tamtams en bronze, ouvrages en bronze doré; — ébénisterie. | R. m. d'or.. | 273. 416. |
| | Mouvemens d'horlogerie......... | M. bronze.. | 341. |
| Echtégoin (Dr)......... | Fil de bourre de soie............ | M. bronze.. | 64. |
| Écouchard............ | Instrumens d'agriculture......... | Ment. hon. | 292. |
| Ehrenberg............ | Presses et outils de menuiserie..... | Ment. hon. | 318. |
| Élaud............... | Tissus en crin................ | Ment. hon | 82. |
| Embser et Georger...... | Maroquins.................. | M. d'argent. | 177. |
| Engelmann............ | Produits lithographiques......... | M. d'argent. | 430. |
| Ensisheim (La maison de détention d'). | Calicots.................... | Citation... | 445. |
| Érard frères........... | Pianos; — harpes............ | M. d'or.... | 350. 352. |
| Estivant de Braux....... | Colle-forte.................. | R. m. d'arg. | 385. |
| Estivant (*P. J.*)......... | Colle-forte.................. | R. m. d'arg. | 385. |
| Évrard (*Dieudonné*)..... | Laine peignée et filée........... | Ment. hon. | 15. |
| Évrard.............. | Ouvrages exécutés au tour........ | Ment. hon. | 287. |
| Eymieu (*Pascal*)........ | Fil de bourre de soie............ | R. m. d'arg. | 63. |

| NOMS des ARTISTES ou FABRICANS. | DÉSIGNATION DES PRODUITS PRÉSENTÉS. | DISTINCTION obtenue. | PAGE du rapport. |
|---|---|---|---|
| | **F** | | |
| Fabre frères | Bas de coton brodés | Ment. hon. | 126. |
| Fabreguettes et Martel (*Frédéric*). | Drap commun | Ment. hon. | 39. |
| Falaise (L'hospice de) | Bonneterie | Citation | 443. |
| Falatieu | Plomb laminé | Ment. hon. | 207. |
| | Fer-blanc | M. d'argent. | 229. |
| | Fil de fer | Ment. hon. | 231. |
| Falatieu jeune | Acier | Ment. hon. | 226. |
| Farel et fils | Mouchoirs en couleur, façon des Indes. | R. m. bronze | 106. |
| | Teintures sur fil de coton | M. bronze | 155. |
| Fauconnier | Orfévrerie | M. d'or | 276. |
| Fauler père et fils | Maroquins | R. m. d'or | 176. |
| Fauve et Dupré | Céruse | Citation | 391. |
| Ferrand et Baudot | Draperie | Ment. hon. | 36. |
| Feray | Linge de table ouvré et damassé, en coton. | M. d'argent. | 111. |
| Ferry-Millon | Papiers communs | Ment. hon. | 185. |
| Fiévet (*Charles*) et fils | Cotons filés pour chaine | M. d'argent. | 93. |
| Fiolet | Terre de pipe | Ment. hon. | 400. |
| Flament frères | Cotons filés pour chaine | M. d'argent. | 95. |
| Flary (M.me) | Cartons pour presser les draps | M. bronze | 190. |
| Fleury (M.me) | Ligniguise | Ment. hon. | 257. |
| Florentin-Steverlinck | Bleu d'azur | Citation | 391. |
| Fonsès | Draperie | M. d'argent. | 30. |

| NOMS des ARTISTES ou FABRICANS. | DÉSIGNATION DES PRODUITS PRÉSENTÉS. | DISTINCTION obtenue. | PAGE du rapport. |
|---|---|---|---|
| Fontaine | Clouterie | M. d'argent. | 246. |
| Fontaine | Vis de différens numéros | Citation | 264. |
| Fontenillat | Cotons filés et calicots écrus | R. m. d'arg. | 94. |
| Forster-Stair | Fil de duvet de cachemire | M. d'argent. | 47. |
| Fortin | Cercle mural | M. d'or | 320. |
| Forvielle | Serpents d'une nouvelle forme | Ment. hon. | 358. |
| Fossey | Machine pour cylindrer les chapeaux de paille. | M. bronze | 308. |
| Fouque et Arnoux | Creusets | Ment. hon. | 397. |
| | Faïence fine | M. bronze | 400. |
| Fouques | Tôle fabriquée au laminoir; — fer-blanc. | M. d'or | 227. 229. |
| | Limes | Ment. hon. | 238. |
| Fouquet | Châles cachemire | Ment. hon. | 55. |
| Fouquier fils | Peignes en acier poli | Ment. hon. | 281. |
| Fourneau-Godard | Toiles peintes | Ment. hon. | 164. |
| Fournel | Tissus unis de cachemire et châles | M. d'argent. | 52. |
| Fournival (*Pierre-Bénigne*) | Tissus mérinos renforcés | M. d'argent. | 43. |
| Frémeaux frères | Cotons filés | M. d'or | 92. |
| Frentz | Feuilles de placage débitées par un procédé mécanique. | Citation | 419. |
| Frère | Modèle de temple en albâtre | Citation | 199. |
| Fresnel | Phares lenticulaires | M. d'or | 327. |
| Frestel | Coutellerie | Ment. hon. | 256. |
| Frichot | Bijoux en acier poli | M. d'or | 279. |
| Fulcrand-Captier | Draperie | R. m. d'arg. | 29. |
| Fulcrand-Delpont | Drap commun | Ment. hon. | 39. |
| Fulcrand-Foulquier | Drap commun | M. bronze | 38. |

| NOMS des ARTISTES ou FABRICANS. | DÉSIGNATION DES PRODUITS PRÉSENTÉS. | DISTINCTION obtenue. | PAGE du rapport. |
|---|---|---|---|
| | **G** | | |
| Gagneau | Lampes à mouv. d'horlog. simplifié. | R. m. bronze | 361. |
| Gaillard | Toiles métalliques | R. m. d'arg. | 246. |
| Gaillard (*Jean-François*) | Pompes à incendie | M. bronze | 298. |
| Gaillon (La maison de détention de). | Tapis ras, tapis veloutés | Citation | 445. |
| Galais | Toiles | Citation | 87. |
| Galle | Ouvrages en bronze | M. d'or | 273. |
| Galon frères | Châles cachemire | M. bronze | 54. |
| Gambey | Grand équatorial conduit par une horloge; nouvelle boussole; héliostat. | M. d'or | 321. |
| Gambon-Delarue | Toiles de coton rouge | Ment. hon. | 107. |
| Gampé | Ganterie | Ment. hon. | 172. |
| Gancel (*François*) | Pompe portative | M. bronze | 299. |
| Gard-Letertre (M.[lle]) | Blondes | M. d'argent | 114. |
| Gardon | Cuivre laminé | Ment. hon. | 211. |
| | Fils de cuivre dits *traits* | R. m. d'arg. | 231. |
| Garrigou, Sans et compag. | Acier cémenté; — faulx | R. m. d'or. | 223. 234. |
| | Limes | Ment. hon. | 239. |
| Garnerey | Ornemens d'architecture en carton. | Ment. hon. | 420. |
| Garnier | Appareils d'éclairage par le gaz | M. bronze. | 362. |
| Gastine fils | Draperie | Ment. hon. | 35. |
| Gatay | Couvertures en laine | Citation | 124. |
| Gatine | Châles cachemire | Ment. hon. | 55. |
| Gau frères | Toiles à voiles | Ment. hon. | 88. |
| Gauffre (*Pierre*) | Drap commun | Ment. hon. | 39. |

| NOMS des ARTISTES ou FABRICANS. | DÉSIGNATION DES PRODUITS PRÉSENTÉS. | DISTINCTION obtenue. | PAGE du rapport. |
|---|---|---|---|
| Gautheur (*Joseph*)....... | Toiles écrues, toiles blanches..... | Citation... | 87. |
| Gavet................. | Coutellerie.................. | M. d'argent. | 252. |
| Gency (Le bar.) et Metcalfe | Cardes..................... | M. bronze.. | 242. |
| Gengembre............. | Machines à vapeur; presses hydrauliq. | M. d'argent. | 295. |
| Gensoul (*Joseph-François*). | Machines à vapeur............. | R. m. d'or.. | 293. |
| Gentil................ | Cartons pour presser les draps..... | R. m. d'arg. | 190. |
| Gentil-Caroillon........ | Cartons pour presser les draps..... | R. m. bronze | 190. |
| Georget............... | Serrurerie................... | R. m. d'arg. | 248. |
| Gérard (M.lle)......... | Ouvrages en tapisserie.......... | Ment. hon. | 142. |
| Gerdret l'aîné.......... | Draperie..................... | R. m. d'or.. | 22. |
| Gerdret (*Anatole*)....... | Draperie.................... | M. d'or.... | 25. |
| Gernon................ | Chem. en fonte de fer, dites *Désarnod*. | R. m. d'or.. | 365. |
| Gihaut................ | Lithographies coloriées......... | Citation... | 432. |
| Gilbert................ | Calorifère à double courant d'air... | Ment. hon. | 367. |
| Gilbert (*Laurent*)....... | Creusets.................... | M. bronze.. | 396. |
| Gille.................. | Peignes de tissage.............. | Ment. hon. | 244. |
| Gillet................. | Coutellerie.................. | M. bronze.. | 254. |
| Girard................ | Fusils de chasse à piston, sans chien apparent. | Citation... | 270. |
| Girod, Perrault, Fabry et Montanier, propriétaires du troupeau de Naz. | Laines mérinos............... | M. d'or.... | 8. |
| Glaize et compagnie..... | Mousselines unies, brodées et brochées, &c. | M. d'or.... | 99. |
| Gobert................ | Passementerie en or et en soie..... | M. bronze.. | 89. |
| Gobert (M.me)......... | Velours peints................ | Citation... | 143. |
| Godard père et fils...... | Cristallerie.................. | M. d'or.... | 411. |
| Godefroy.............. | Bonneterie.................. | Citation... | 127. |

| NOMS des ARTISTES ou FABRICANS. | DÉSIGNATION DES PRODUITS PRÉSENTÉS. | DISTINCTION obtenue. | PAGE du rapport. |
|---|---|---|---|
| Godefroy | Flûtes | Ment. hon. | 357. |
| Godin-Rigault | Peaux corroyées | Ment. hon. | 169. |
| Gohin (*L.-J.*) | Papiers peints | R. m. d'arg. | 147. |
| Gohin | Cardes | Ment. hon. | 242. |
| Gohin (*L.-J.*) | Couleurs | M. bronze. | 389. |
| Gonfreville | Teinture sur fil de coton | M. d'or | 154. |
| Gonin | Tissus de laine et de coton teints | Ment. hon. | 152. |
| | Teintures sur tissus de coton | M. d'argent. | 156. |
| Gonord (M.me veuve) | Reproduction des planches de gravure; impression sur porcelaine et sur faïence. | R. m. d'or. | 427. |
| Gosse et Durand | Peaux de phoques apprêtées | M. d'argent. | 171. |
| Gouré | Coutellerie | Ment. hon. | 256. |
| Gourlier | Briques cylindriques pour tuyaux de cheminées. | M. bronze. | 367. |
| Gouvenain | Vinaigre | R. m. bronze | 374. |
| Gozzoli | Objets divers en albâtre | Ment. hon. | 198. |
| Graffe frères | Cire à cacheter | R. m. bronze | 392. |
| Grand frères | Étoffes pour meubles et pour tenture. | R. m. d'or. | 67. |
| Grandin (*Louis-Jacques*) | Draperie | R. m. bronze | 31. |
| Grangeret | Coutellerie | M. bronze. | 253. |
| Granier fils | Couvertures en laine | Citation | 124. |
| Gravier | Modèles de moulins, tarare, trémies, cribles, &c. | M. d'argent. | 297. |
| Gréau aîné | Satins de coton, double croisé, &c. | M. bronze. | 105. |
| Grégoire frères | Tulle chiné | M. bronze. | 77. |
| Grégoire frères | Sujets en velours imitant la peinture. | R. m. d'arg. | 142. |
| Grellet père et fils | Tapis ras, tapis veloutés | Ment. hon. | 141. |

| NOMS des ARTISTES ou FABRICANS. | DÉSIGNATION DES PRODUITS PRÉSENTÉS. | DISTINCTION obtenue. | PAGE du rapport. |
|---|---|---|---|
| Grill (*Étienne*)......... | Mouchoirs de soie.............. | Ment. hon. | 78. |
| Guenet et Lantain....... | Compteur ou régulateur applicable à tous les métiers à filer. | Ment. hon. | 309. |
| Guerre................ | Coutellerie.................. | M. bronze.. | 255. |
| Guérineau............. | Laines lavées................. | Ment. hon. | 12. |
| Guérineau............. | Peaux d'oie préparées en pelleterie. | M. bronze.. | 171. |
| Guibal................ | Laines peignées et laines filées..... | Ment. hon. | 15. |
| Guibal-Veaute (*Anne*)... | Draperie..................... | M. d'or.... | 22. |
| Guibert et Chaulin...... | Produits de corderie, toiles et tuyaux a incendie. | Ment. hon. | 393. |
| Guichardière........... | Chapeaux en feutre... ......... | M. bronze.. | 131. |
| Guillaume............. | Instrumens aratoires............ | M. bronze.. | 290. |
| Guillebaud............ | Bateau zoolique................ | M. bronze.. | 300. |
| Guillemet aîné......... | Coutil bleu, flanelle de coton..... | Ment. hon. | 105. |
| Guillemin............. | Perkalines et léopoldines......... | Ment. hon. | 108. |
| Guillemin-Lambert...... | Fusils à percussion............. | Citation... | 270. |
| Guillemot-Épron........ | Faïence..................... | Citation... | 399. |
| Guillois............... | Bonneterie................... | Citation... | 126. |
| Guiraud-Fournil........ | Draperie..................... | M. bronze.. | 34. |

# H

| | | | |
|---|---|---|---|
| Hache-Bourgois......... | Cardes fabriquées par procédés mécaniques. | M. d'or.... | 241. |
| Hacks et compagnie..... | Moulures et cadres exécutés par un procédé mécanique. | M. d'argent. | 419. |
| Hadrot................ | Lampes à courant d'air.......... | Citation... | 364. |

| NOMS des ARTISTES ou FABRICANS. | DÉSIGNATION DES PRODUITS PRÉSENTÉS. | DISTINCTION obtenue. | PAGE du rapport. |
|---|---|---|---|
| Hamelin-Bergeron....... | Outils de tourneur et autres....... | Ment. hon. | 264. |
| | Tours........................ | M. bronze.. | 314. |
| Hanin (*Paul*).......... | Charrue avec avant-soc.......... | M. bronze.. | 291. |
| Harel................. | Fourneaux économiques......... | R. m. d'arg. | 365. |
| Harmey.............. | Cardes..................... | Ment. hon. | 242. |
| Hatey............... | Couvertures en laine........... | Citation... | 124. |
| Haussmann frères........ | Toiles peintes................ | R. m. d'or.. | 161. |
| Havard (*Mathieu*)....... | Couvertures en laine........... | Citation... | 124. |
| Havard (*Joseph*)........ | Couvertures en laine........... | Citation... | 124. |
| Hayet (*Pierre*) et Join (*Lambert*). | Draperie.................... | M. bronze.. | 33. |
| Hazard............... | Batiste écrue et batiste blanche.... | M. bronze.. | 84. |
| Hedde (*Philippe*)........ | Rubans brochés, soie et argent..... | Ment. hon. | 81. |
| Heilmann et compagnie.. | Toiles peintes................ | R. m. d'or.. | 161. |
| Heim................ | Procédé pour fixer la peinture au pastel. | Ment. hon. | 433. |
| Hénon............... | Peignes en écaille et en corne..... | Ment. hon. | 286. |
| Henri............... | Pelles et pincettes dorées et vernies. | Citation... | 264. |
| Henriot frères, sœur et compagnie. | Flanelles en laine peignée et en laine cardée; coatings. | M. d'argent. | 40. |
| Hérhan.............. | Stéréotypie.................. | R. m. d'or.. | 423. |
| Herbecourt (D')........ | Outils divers, nécessaire d'outils.... | R. m. d'arg. | 260. |
| Herbin et Mareschal..... | Cire à cacheter............... | M. bronze.. | 392. |
| Hervel............... | Pierres à fusil................ | Ment. hon. | 292. |
| Hildebrand............ | Cloches et sonnett. en alliage métall. | M. bronze.. | 261. |
| Hindenlang fils aîné..... | Fils de duvet de cachemire et tissus de cachemire. | M. d'or.... | 46. |
| Hirson (Le canton d')... | Vannerie fine................ | Citation... | 439. |

| NOMS des ARTISTES ou FABRICANS. | DÉSIGNATION DES PRODUITS PRÉSENTÉS. | DISTINCTION obtenue. | PAGE du rapport. |
|---|---|---|---|
| Hisette | Objets en acier poli ornés de bronze doré. | M. bronze.. | 280. |
| Hockeshoven | Meubles en bois indigène | M. d'argent. | 416. |
| Hocquet d'Orval | Tapis et moquettes | R. m. bronze | 139. |
| Hondeville | Laines mérinos | M. bronze.. | 11. |
| Hue | Marteau propre à la taille des meules; filières pour l'étirage des fils de cardes. | M. bronze.. | 261. |
| Huet de Guerville et fils | Draperie | Citation... | 37. |
| Huret | Serrurerie | R. m. d'arg. | 248. |
| **I** | | | |
| Isot et Eck | Châles | M. d'argent. | 52. |
| **J** | | | |
| Jackson père et fils | Acier fondu | M. d'or.... | 222. |
| Jacob | Borax factice | R. m. bronze | 381. |
| Jacoby-Lesourd | Bonneterie | Citation... | 127. |
| Jacquemard | Ouvrages exécutés au tour | Ment. hon.. | 287. |
| Jacquemart | Papiers peints | R. m. d'arg. | 146. |
| Jacquet, Demay et comp. | Couvertures en laine mérinos et couvertures en coton. | M. d'argent. | 121. |
| Jansen | Draperie | .......... | 38. |
| Janssen | Rouleaux pour les clefs de clarinettes. | Ment. hon.. | 356. |
| Janvier | Pendules à équation indiquant les éclipses de soleil et de lune. | R. m. d'or. | 342. |

| NOMS des ARTISTES ou FABRICANS. | DÉSIGNATION DES PRODUITS PRÉSENTÉS. | DISTINCTION obtenue. | PAGE du rapport. |
|---|---|---|---|
| Japy frères | Peignes de tissage à dents de cuivre et d'acier. | R. m. d'or.. | 243. |
| | Serrurerie | Ment. hon.. | 249. |
| | Mouvemens d'horlogerie et produits de quincaillerie. | M. d'or.... | 260. |
| Jaunez et compagnie | Limes | M. bronze.. | 237. |
| Jeandet | Bijoux en acier poli | Ment. hon.. | 281. |
| Jeannin, Brullet et Chauveau. | Tapis en poil de bœuf | Ment. hon.. | 141. |
| Jecker frères | Longues-vues, théodolite, sextans.. | R. m. d'arg. | 323. |
| Jeffery-Horne | Papiers de toutes sortes | M. d'or.... | 182. |
| Jolliet fils | Tissus de crin | Ment. hon.. | 82. |
| Joly frères | Linge ouvré et damassé | Ment. hon.. | 111. |
| Joubert-Bonnaire et Giraud. | Toiles à voiles | M. d'argent. | 88. |
| Jourdain (*Frédéric*) | Draperie | R. m. d'or. | 20. |
| Jourjon | Fusil double, à pierre et à batterie ordinaires, orné de sculptures et de ciselures. | Ment. hon.. | 269. |
| Juddelajudie | Aciers naturels corroyés | M. d'argent. | 225. |
| Juhel | Draperie | Citation... | 36. |
| Juillien | Carreaux en terre, noirs et blancs.. | Ment. hon.. | 395. |
| Julian-Griolet | Gaze barrège. | Ment. hon.. | 78. |
| Julliard | Ouvrages exécutés au tour | Ment. hon.. | 287. |
| Jullien | Canelles aérifères, appareils de décantation. | R. m. bronze | 374. |
| | Colle pour les vins; — cœcographe à l'usage des aveugles. | M. bronze.. | 385. 435. |
| Juvanon | Couvertures en coton | Citation... | 123. |

| NOMS des ARTISTES ou FABRICANS. | DÉSIGNATION DES PRODUITS PRÉSENTÉS. | DISTINCTION obtenue. | PAGE du rapport. |
|---|---|---|---|
| | **K** | | |
| Kettinger (*François*) | Toiles peintes | Ment. hon. | 164. |
| Keller | Faïence ordinaire | M. bronze. | 398. |
| Kermarec | Pompe à incendie, pompe pour les vaisseaux, différenciomètre. | M. bronze. | 299. |
| Kolpilg | Ébénisterie | Ment. hon. | 418. |
| Kretz | Ustensiles de chasse et de pêche | Ment. hon. | 439. |
| | **L** | | |
| Labbé et Boigues frères | Fer affiné à la houille et forgé au laminoir. | M. d'or | 219. |
| Laborde | Batteur, carde double, et autres machines. | M. d'argent. | 306. |
| Laboulaye-Marillac (Le comte de). | Teintures sur laine et sur soie | Ment. hon. | 153. |
| Lacourade et Georgeon | Papiers | R. m. bronze | 183. |
| Lacour | Ouvrages exécutés au tour | Ment. hon. | 287. |
| Lacroix jeune | Papiers | M. bronze. | 184. |
| Ladrière (veuve *Ferdinand*) | Calicots, perkale et autres tissus en coton. | M. d'or | 101. |
| Lagorce aîné et compagnie | Châles au lancé | M. d'or | 49. |
| Lainné et compagnie | Tissus unis de cachemire et châles | M. bronze. | 53. |
| Lallemant | Peaux chamoisées | Citation | 174. |
| Laloge | Cuirs vernis | M. bronze. | 178. |
| Lambert | Cardes | Ment. hon. | 242. |
| Lambert (*Amédée*) | Faïence | Ment. hon. | 399. |
| Lamerville (Le comte de). | Laine mérinos | .......... | 12. |

| NOMS des ARTISTES ou FABRICANS. | DÉSIGNATION DES PRODUITS PRÉSENTÉS. | DISTINCTION obtenue. | PAGE du rapport. |
|---|---|---|---|
| Lamorte | Chapeaux | Ment. hon. | 132. |
| Lamotte | Coutellerie | Citation | 259. |
| | Pistolets à canons damassés | M. bronze | 269. |
| Lami et Stocker | Machine pour élargir les toiles destinées à l'impression. | Citation | 309. |
| Lamy-Stackler | Toiles peintes | Ment. hon. | 164. |
| Lançon | Tabatières, nécessaires et flûtes | Citation | 287. |
| Langlois | Porcelaines | R. m. bronze | 405. |
| Langlois-Tailleur | Marbres | Citation | 196. |
| Langlumé | Produits de lithographie | Ment. hon. | 431. |
| Lansot | Parchemins | Ment. hon. | 172. |
| Laporte | Coutellerie | Citation | 258. |
| Laprévotte | Violons | Ment. hon. | 354. |
| Larenaudière | Encre de sûreté | Citation | 391. |
| Laresche | Montres à réveil, pendules de voyage | M. bronze | 339. |
| Larguèse | Peaux corroyées | M. bronze | 168. |
| Larminat et Huiot | Tulle de coton brodé | M. bronze | 116. |
| Laroche jeune | Papiers | M. bronze | 184. |
| Laroche, Monnier et comp. | Clouterie | Ment. hon. | 247. |
| Lasserre et Lenormand | Acier fondu | Ment. hon. | 226. |
| Lasserre et Lenormand | Coutellerie | Citation | 257. |
| Latune et compagnie | Papiers | M. bronze | 184. |
| Laurens jeune | Soie tramette | Ment. hon. | 63. |
| Laurent (*Henri*) | Moquettes et velours d'Utrecht | M. bronze | 139. |
| Lauzin | Cuirs vernis | M. bronze | 178. |
| Lavocat et Soucin | Peaux tannées | M. bronze | 167. |
| Layerle-Capelle | Marbres | Citation | 196. |

| NOMS des ARTISTES ou FABRICANS. | DÉSIGNATION DES PRODUITS PRÉSENTÉS. | DISTINCTION obtenue. | PAGE du rap-port. |
|---|---|---|---|
| Lebel................ | Pétrole raffiné................ | Citation... | 394. |
| Leblanc (*Julien-Timothée*). | Cotons filés.................. | M. d'argent. | 95. |
| Leblanc.............. | Capsules métalliques à amorce, et cartouches imperméables. | Ment. hon.. | 270. |
| Leblanc.............. | Gravures de machines et instrumens aratoires. | M. d'argent. | 290. |
| Leblanc-Paroissien..... | Scierie hydraulique........... | Ment. hon.. | 301. |
| Lebœuffle (*Louis*)....... | Calicots et linge ouvré.......... | Citation... | 104. |
| Leboucher-Villegaudin... | Toiles à voiles................ | R. m. d'arg. | 87. |
| Lebrun............... | Orfévrerie.................... | M. d'argent. | 276. |
| Lebrun............... | Pendules et vases en nacre....... | Ment. hon.. | 286. |
| Lecaron.............. | Velventines imprimées.......... | M. d'argent. | 159. |
| Lecointe et Rousselle.... | Blondes blanches, blondes de couleur et blondes nuancées. | M. d'argent. | 114. |
| Lecomte.............. | Porcelaines décorées............ | Citation... | 406. |
| Ledoux-Wood......... | Faïence..................... | Citation... | 399. |
| Lefaure père.......... | Canons à rubans d'acier, fusils à système. | M. bronze.. | 267. |
| Lefébure et Berthélemi... | Colle-forte................... | M. bronze.. | 386. |
| Lefébvre-Jacquet....... | Draps et châles de laine imprimés.. | M. d'argent. | 159. |
| Lefébvre.............. | Clarinettes................... | Ment. hon.. | 356. |
| Lefrançois............ | Vert fixe..................... | M. bronze.. | 389. |
| Legardeur frères et Delorme | Draperie..................... | Ment. hon.. | 35. |
| Léger et Émon......... | Limes....................... | Ment. hon.. | 238. |
| Léger................ | Caractères d'écriture fondus par un procédé particulier. | M. d'argent. | 424. |
| Leglâtre.............. | Peaux corroyées............... | Ment. hon.. | 168. |
| Legrand-Duruflé....... | Draperie..................... | M. d'argent. | 28. |
| Legrand-Lemor........ | Châles...................... | M. d'argent. | 52. |

| NOMS des ARTISTES ou FABRICANS. | DÉSIGNATION DES PRODUITS PRÉSENTÉS. | DISTINCTION obtenue. | PAGE du rap-port. |
|---|---|---|---|
| Legrand | Coutellerie | Citation | 258. |
| Legros d'Anisy | Poteries et porcelaines décorées par procédé mécanique. | M. d'argent. | 407. |
| Lehoult et compagnie | Cotons filés, perkale, mousseline et autres tissus en coton. | R. m. d'arg. | 102. |
| Leignadier | Tubes métalliques de tôle plaquée en laiton; lits et barreaux de rampe d'escalier fabriqués avec ces tubes. | Ment. hon. | 263. |
| Lejeune | Poterie commune | Citation | 397 |
| Lelong | Chaînes dorées, chaînes mexicaines. | M. bronze. | 281. |
| Lelong-Norbert | Chaînes dorées | Citation | 282. |
| Lemaire | Coutellerie | Citation | 258. |
| Lemarchand | Ébénisterie | Citation | 418. |
| Lemare | Caléfacteurs ou appareils de chauffage. | M. d'argent. | 366. |
| Lemoine des Mares et fils | Draperie | .......... | 14.19 |
| Lemoine | Reps retors et cotons filés | Citation | 109. |
| Lemonier et Chesle | Gravures en relief pour reliure | Citation | 437. |
| Lenoble | Tuyaux de plomb étirés, &c. | M. bronze. | 207. |
| Lenoir et Mauger | Couvertures en laine | Citation | 124. |
| Lenoir fils | Instrumens de géodésie, de nivellement et de marine. | R. m. d'arg. | 323. |
| Lentherie, Latour et comp. | Drap commun | M. bronze. | 39. |
| Léorier | Roue oblique destinée aux irrigations | Citation | 301. |
| Lepage | Fusils, tant à pierre qu'à piston et à percussion; carabines, pistolets, et autres objets d'arquebuserie. | M. d'argent. | 267. |
| Lepaute fils | Horloges publiques, pendules astronomiques. | R. m. d'arg. | 344. |
| Lerebours | Lunettes de toutes grandeurs | M. d'or | 325. |

| NOMS des ARTISTES ou FABRICANS. | DÉSIGNATION DES PRODUITS PRÉSENTÉS. | DISTINCTION obtenue. | PAGE du rap-port |
|---|---|---|---|
| Leroy | Passementerie | Ment. hon. | 81. |
| Leroy (*Pierre*) | Coutils de coton et piqués de coton. | Ment. hon. | 105. |
| Leroy | Pendules et autres objets en albâtre français. | Ment. hon. | 199. |
| Lescrimier (M.me) | Châles en tulle brodé, façon anglaise | M. bronze. | 117. |
| Lesguillon | Peaux tannées | Ment. hon. | 167. |
| Lessard | Lustres à lampes à courant d'air. | Ment. hon. | 363. |
| Lesueur | Instrumens de chirurgie | Citation | 259. |
| Lété | Violons et basses | M. d'argent. | 353. |
| Levrat | Objets plaqués en argent | R. m. d'arg. | 278. |
| Levrault | Produits de lithographie | Ment. hon. | 432. |
| Leydet fils aîné | Peaux chamoisées | Ment. hon. | 173. |
| Leyris | Châssis de fenêtre en tôle | M. bronze. | 249. |
| Lhomond | Cheminées dont le tuyau est garni, à son origine, d'un tablier mobile. | Ment. hon. | 368. |
| Libert | Ouvrages en nacre | Ment. hon. | 286. |
| Liedekerke-Beaufort (Le comte de) et compagnie. | Verrerie | Ment. hon. | 412. |
| Lignières fils aîné et comp. | Peaux tannées | Ment. hon. | 167. |
| Limage-Pinson | Châles cachemire | M. bronze. | 54. |
| Lioche | Album et portefeuilles | Citation | 441. |
| Loignon (*Maurice*) | Draperie, flanelles | M. d'argent. | 31:41 |
| Lory | Pendules | M. d'argent. | 347. |
| Louvois (Le marquis de). | Fonte douce et malléable | M. d'argent. | 215. |
| Lucas | Peinture sur verre; — Meubles ornés de peintures sous verres. | Citation | 433. 440. |
| Lucet | Peaux chamoisées | Ment. hon. | 173. |

| NOMS des ARTISTES ou FABRICANS. | DÉSIGNATION DES PRODUITS PRÉSENTÉS. | DISTINCTION obtenue. | PAGE du rapport. |
|---|---|---|---|
| Lutton | Inscriptions sur verre | R. m. bronze | 414. |
| Luynes (M. le duc de) | Laine mérinos | ........ | 12. |
| **M** | | | |
| Magallon | Outils à l'usage des tailleurs de pierres. | Ment. hon. | 262. |
| Maheut-Romain | Caparaçons et carnassières | Ment. hon. | 439. |
| Maillé (*Philippe*) | Velours et satins | M. d'or | 70. |
| Mainot | Peignes de tissage en acier | Ment. hon. | 243. |
| Maissiat | Ouvrages exécutés au tour | Ment. hon. | 287. |
| Malbeste | Gravure sur cuivre, en taille-douce | M. bronze | 407. |
| Malézieux frères et Robert | Piqués, jaconnats, &c. | Ment. hon. | 109. |
| Malfesons et compagnie | Toiles peintes | Ment. hon. | 164. |
| Manceau (M.[lle]) | Chapeaux en tresses de soie | M. d'argent | 134. |
| Manceau | Outils de cartonnier et autres produits de quincaillerie. | Citation | 264. |
| Maquennehen (*Armand*) | Serrurerie | M. d'argent | 247. |
| Maquennehen (*Manassès*) | Serrurerie | M. d'argent | 247. |
| Marçais | Ganterie | Citation | 175. |
| Maréchal | Objets en strass | Ment. hon. | 283. |
| Marquet | Coutellerie | Citation | 257. |
| Martin | Mousselines | Ment. hon. | 101. |
| Martin frères | Châles en coton, imitant le cachemire. | M. bronze | 77. |
| Martin-Ziegler | Calicots écrus et blancs | Ment. hon. | 103. |
| Massard (M. et M.[me]) | Gravure sur cuivre | Ment. hon. | 428. |
| Masset | Couvertures | Ment. hon. | 123. |

| NOMS des ARTISTES ou FABRICANS. | DÉSIGNATION DES PRODUITS PRÉSENTÉS. | DISTINCTION obtenue. | PAGE du rapport. |
|---|---|---|---|
| Masson | Sucre de betteraves | Ment. hon. | 373. |
| Matelin | Carreaux | Ment. hon. | 396. |
| Matignon | Cardes | M. bronze. | 242. |
| Mattler | Maroquins | R. m. d'or. | 176. |
| Maubon père | Marbres | Citation | 196. |
| Maujot et Liébert | Suif préparé | Citation | 364. |
| Maupetit et compagnie | Châles soie et laine | M. bronze. | 54. |
| Maurel | Bonneterie | Citation | 127. |
| Maurier et Soulary | Velours unis et velours nuancés | M. bronze. | 76. |
| Mazarin | Drap commun | Ment. hon. | 40. |
| Meifredy et compagnie | Cotons filés | Ment. hon. | 96. |
| Meillonas (De) | Poterie de grès | Ment. hon. | 401. |
| Mellier-Rebeaucourt | Calicots | Ment. hon. | 105. |
| Melun (La maison centrale de détention de). | Coutils, perkales et cotons filés | Ment. hon. | 444. |
| Mentzer | Mortiers en fonte de fer | M. bronze. | 216. |
| Menut | Roues d'engrenage et pignons en bois, destinés à servir de moules pour la fonte de fer. | Ment. hon. | 318. |
| Mérat (*Benoît*) et Desfrancs. | Bonneterie orientale | R. m. d'arg. | 128. |
| Mercier (Le baron) | Mousselines brodées à l'instar de celles de Suisse; mouchoirs brodés | M. d'argent. | 100. |
| | Dentelles, point d'Alençon | R. m. d'arg. | 114. |
| Merle frères | Draperie | R. m. d'arg. | 29. |
| Mertian frères | Cuivre laminé | Ment. hon. | 210. |
| | Fer fabriqué avec de vieille fonte, par le moyen de la houille et du laminoir; — fers blancs. | R. m. d'or. | 229. 228. |
| Mestivier et Hamoir | Batiste | M. bronze. | 84. |

| NOMS des ARTISTES ou FABRICANS. | DÉSIGNATION DES PRODUITS PRÉSENTÉS. | DISTINCTION obtenue. | PAGE du rapport. |
|---|---|---|---|
| Metzdorff | Perkales | Citation | 104. |
| Meurville père et fils | Draperie | Ment. hon. | 35. |
| Mezia | Ouvrages en tapisserie | M. bronze. | 141. |
| Michault et Dutrou jeune. | Rubans moirés | Ment. hon. | 81. |
| Michaux | Tissus mérinos, teints | Ment. hon. | 151. |
| Mignard-Billinge | Fils d'acier et autres, pour l'horlogerie. | M. bronze. | 231. |
| Mignot | Tulle | Ment. hon. | 97. |
| Mignot | Bonneterie | Citation | 126. |
| Milcent-Scherckenbick | Chapeaux en tresses de lin | Ment. hon. | 135. |
| Mille (*Auguste*) | Cotons filés | R. m. d'or. | 92. |
| Molé jeune | Caractères d'imprimerie, français et étrangers. | M. d'or. | 424. |
| Mollard neveu | Charrues et instrumens aratoires | R. m. d'arg. | 289. |
| Moncey (Les forges de) | Fer affiné à la houille | M. bronze. | 221. |
| Mongin | Scies de forme circulaire et scies mécaniques. | M. bronze. | 240. |
| Monin | Coutellerie | Citation | 258. |
| Monjaret-Kerjégu | Toile à moulin, toile écrue, &c. | Citation | 89. |
| Monmouceau père et fils | Aciers cémentés | R. m. d'or. | 224. |
| | Limes | Ment. hon. | 239. |
| Montebourg (La maison de charité de). | Dentelles | Ment. hon. | 442. |
| Monteux et Vidal | Châles en bourre de soie, étoffes écossaises. | M. bronze. | 77. |
| Montgolfier (*Jean-Baptiste*). | Papiers | R. m. d'or. | 181. |
| Montgolfier (*Franç.-Michel*) | Papiers | M. d'argent. | 182. |
| Mordant | Casimir de coton | Citation | 109. |

| NOMS des ARTISTES OU FABRICANS. | DÉSIGNATION DES PRODUITS PRÉSENTÉS. | DISTINCTION obtenue. | PAGE du rapport |
|---|---|---|---|
| Moreau frères.......... | Blondes blanches et de couleur.... | M. d'or.... | 113. |
| Morel (Le baron)...... | Marbres.................... | Ment. hon.. | 195. |
| Morfouillet et compagnie. | Châles en bourre de soie, imitant le cachemire. | M. bronze.. | 76. |
| Morin et compagnie..... | Laine mérinos ; — draperie ; — molleton. | M. bronze.. | 11. 34. 41. |
| Morin de Guérivière..... | Tabletterie plaquée, en cuivre doré et en cuivre argenté. | Citation... | 287. |
| | Gravures sous verre et cartonnage.. | Ment. hon.. | 440. |
| Morin-Dulevain......... | Toiles à voiles............... | Ment. hon.. | 89. |
| Morize................ | Coutellerie.................. | Ment. hon.. | 256. |
| Morize................ | Lampes à courant d'air.......... | Citation... | 364. |
| Morizot............... | Échenilloir de nouvelle invention.. | Citation... | 264. |
| Mortelèque............ | Faïence peinte au moyen de couleurs métalliques vitrifiables. | Ment. hon.. | 408. |
| Mosselman............ | Zinc laminé.................. | M. d'argent. | 212. |
| Motte................ | Presses lithographiques, produits lithographiques. | M. d'argent | 313. 430. |
| Mouchard............. | Creusets.................... | Ment. hon.. | 397. |
| Mouchel fils........... | Fils de cuivre, de fer et de zinc... | R. m. d'or. | 230. |
| Mougniard............ | Bougie transparente, en blanc de baleine. | M. bronze.. | 362. |
| Moulfarine............ | Chaudières à compression........ | M. bronze.. | 366. |
| Moulin............... | Plomb de chasse............... | Ment. hon.. | 208. |
| Moulin............... | Nouveaux pinceaux............ | M. bronze.. | 433. |
| Mouret de Barterans et compagnie. | Fils de fer, d'acier et de laiton.... | M. d'argent. | 230. |
| Mouvet et Mathieu...... | Céruse...................... | Ment. hon.. | 390. |
| Mugnier.............. | Horlogerie fine............... | Ment. hon.. | 341. |
| Muller............... | Clarinettes à plusieurs clefs...... | M. bronze.. | 356. |

| NOMS des ARTISTES ou FABRICANS. | DÉSIGNATION DES PRODUITS PRÉSENTÉS. | DISTINCTION obtenue. | PAGE du rap-port. |
|---|---|---|---|
| Muret de Bort.......... | Draperie.................... | M. d'argent. | 30. |
| Muret et Couret........ | Drap commun............... | Ment. hon.. | 40. |
| Musseau................ | Limes...................... | M. d'argent. | 236. |
| **N** | | | |
| Nadermann............. | Harpes..................... | M. d'argent. | 352. |
| Nast frères............ | Porcelaines................ | R. m. d'or. | 404. |
| Neel .................. | Coutellerie................ | Ment hon.. | 256. |
| Néron et Kurtz......... | Indiennes et foulards imprimés.... | M. d'argent. | 160. |
| Nereux-Godart......... | Bas de coton et bas de laine...... | Ment. hon.. | 126. |
| Nicod.................. | Faulx...................... | M. bronze.. | 234. |
| Nicod.................. | Ouvrages exécutés au tour....... | Ment. hon.. | 287. |
| Nicolas................ | Fusils à piston, d'une disposition particulière. | Ment. hon.. | 269. |
| Nogues................ | Toile écrue fine............ | Ment. hon.. | 87. |
| Noirot et Ferret......... | Peaux chamoisées............ | M. d'argent. | 173. |
| | Ganterie.................... | Ment. hon.. | 175. |
| Nouffiard et compagnie... | Draperie.................... | M. d'argent. | 28. |
| **O** | | | |
| Ocagne (D')........... | Broderies sur mousseline........ | M. d'argent. | 100. |
| | Dentelles brodées............ | R. m. d'arg. | 115. |
| Odebet................ | Ouvrages exécutés au tour....... | Ment. hon.. | 287. |
| Odiot.................. | Orfèvrerie.................. | R. m. d'or.. | 275. |
| Odolant-Desnos........ | Chapeaux de paille........... | Ment hon.. | 134. |
| Oger-Oviat............ | Bonneterie.................. | Citation... | 137. |
| Orbelin fils............ | Bijoux dorés................ | M. bronze.. | 282. |
| Oublette............... | Serrurerie.................. | M. bronze.. | 249. |
| Oury (*Jacques*)........ | Maroquins.................. | Ment. hon.. | 177. |

| NOMS des ARTISTES ou FABRICANS. | DÉSIGNATION DES PRODUITS PRÉSENTÉS. | DISTINCTION obtenue. | PAGE du rapport. |
|---|---|---|---|
| | **P** | | |
| Paillard-Vaillant........ | Peaux corroyées.............. | M. bronze.. | 168. |
| Paillot frères et Riocreux. | Rubans de soie.............. | M. d'argent. | 79. |
| Pallais................ | Toile écrue ................. | Ment. hon.. | 86. |
| Pape................ | Pianos carrés et à queue........ | M. d'argent. | 351. |
| Parand................ | Bassins de cuivre.............. | M. bronze.. | 210. |
| Pascal (*Philippe*) et Roqueplane père et fils. | Drap commun .............. | M. bronze.. | 38. |
| Pavalier fils............ | Tuyaux de plomb.............. | M. bronze.. | 207. |
| Payen................ | Savons en table.............. | Ment. hon.. | 384. |
| Payen et Pluvinet...... | Produits chimiques............ | R. m. d'arg. | 380. |
| Payssé................ | Acier naturel.............. | Ment. hon.. | 225. |
| Pécard-Taschereau...... | Plomb de chasse, minium....... | R. m. bronze | 207. 388. |
| Pecqueur.............. | Système d'engrenage; diverses machines.............. | M. d'or.... | 330. |
| Péligot.............. | Modèles d'éclairage par le gaz, et de divers instrumens à l'usage des hôpitaux. | .......... | 360. |
| Pelletereau .......... | Peaux corroyées.............. | M. d'argent. | 168. |
| Pelletier (*Henri*) ....... | Linge de table ouvré et damassé... | M. d'or.... | 110. |
| Périer (*Augustin*) et comp.[e]. | Cotons filés; — toiles peintes..... | M. d'argent. | 93. 163. |
| Périn-Lepage.......... | Nécessaires de pistolets à double détente. | Citation... | 270. |
| Pernet aîné.......... | Colle-forte.............. | M. bronze.. | 386. |
| Perregaux et Robin..... | Châles dits mérinos.......... | M. bronze.. | 163. |
| Perrelet.............. | Régulateur à temps moyen et à temps sidéral. | M. d'argent. | 345. |

| NOMS des ARTISTES ou FABRICANS. | DÉSIGNATION DES PRODUITS PRÉSENTÉS. | DISTINCTION obtenue. | PAGE du rapport. |
|---|---|---|---|
| Perrenet et Monget...... | Faulx et outils d'acier; — ciseaux de menuisier et autres outils. | Ment. hon.. | 235. 263. |
| Perret-Vacherias ....... | Coutellerie.................... | Citation... | 257. |
| Perron................ | Chronomètres.................. | M. bronze.. | 338. |
| Petit.................. | Couvertures en laine........... | Citation... | 124. |
| Petit (*Jean*).......... | Tapis ras..................... | M. bronze.. | 140. |
| Petit-Jean et compagnie.. | Fils et tissus de cachemire........ | Ment. hon.. | 48. |
| Petou (*George-Paul*)..... | Draperie...................... | M. d'argent. | 26. |
| Petou frères et fils....... | Draperie...................... | R. m. d'arg. | 27. |
| Petzold............... | Pianos carrés.................. | M. d'argent. | 352. |
| Peugeot frères et Salin.... | Lames de scies................ | M. d'argent. | 240. |
| Peyret et compagnie..... | Fils d'acier.................... | M. d'argent. | 230. |
| Pfeiffer............... | Pianos carrés et à queue......... | M. d'argent. | 352. |
| Pichereau............. | Fusils à percussion et autres...... | Ment. hon.. | 270. |
| Pichon................ | Ouvrages exécutés au tour....... | Ment. hon.. | 287. |
| Pieri-Bénard........... | Restauration de la planche du portrait de Louis XVI. | Ment. hon.. | 428. |
| Pihet (*Eugène*)......... | Batteur double pour éplucher le coton | M. bronze.. | 307. |
| Pillet (*Charles*)......... | Étoffes pour tentures et pour meubles | M. d'or.... | 71. |
| Pillet (*Frédéric*)........ | Étoffes pour tentures et pour meubles | M. d'argent. | 75. |
| Pillioud............... | Objets plaqués en argent......... | R.m. bronze | 278. |
| Pilliwuyt.............. | Porcelaines.................... | M. bronze.. | 405. |
| Pimont frères........... | Toiles peintes.................. | Ment. hon.. | 164. |
| Pinard (*Jean*).......... | Gravure et fonte de caractères..... | R.m. bronze | 425. |
| Piquefeu.............. | Colle-forte.................... | Ment. hon.. | 386. |
| Plantier............... | Soies jaunes................... | M. bronze.. | 61. |
| Poidebard............. | Soie blanche, en cocons, en flottes et en matteaux. | M. d'or.... | 59 |

| NOMS des ARTISTES ou FABRICANS. | DÉSIGNATION DES PRODUITS PRÉSENTÉS. | DISTINCTION obtenue. | PAGE du rap-port. |
|---|---|---|---|
| Poirier-Tirouflet....... | Coutils en fil.................. | M. bronze.. | 90. |
| Poissy (La maison de correction de). | Perkales et tissus de coton........ | Ment. hon.. | 444. |
| Poissy (La maison centrale de détention de). | Tabletterie en nacre............ | Ment. hon.. | 445. |
| Polignac (Le comte de).. | Laine mérinos.................. | M. d'or.... | 9. |
| Polino frères........... | Fils de cachemire.............. | M. bronze. | 47. |
| Poly.................. | Peignes et parures en acier poli.... | Ment. hon.. | 280. |
| Pons.................. | Fabrique de mouvemens d'horlogerie | M. d'or.... | 344. |
| Pontorson (L'hospice de). | Dentelles.................... | M. bronze.. | 442. |
| Porlier............... | Formes à papier, formes à filigr., &c. | M. bronze.. | 316. |
| Pottié................ | Mausolée en fer poli........... | Citation... | 250. |
| Poupart (*Abraham*)...... | Machine à tondre les draps....... | M. d'or.... | 304. |
| Poupart de Neuflize et fils. | Laines cardées et laines peignées, filées à la mécanique; — draperie. | M. d'or.... | 14. 25. |
| Poupillier............. | Fil de bourre de soie, de cachemire et de laine. | Ment. hon.. | 64. |
| Pradier............... | Coutellerie.................. | M. d'argent. | 251. |
| Prailly................ | Peaux tannées................ | M. bronze.. | 167. |
| Prélat................. | Fusils à percussion............ | M. bronze.. | 268. |
| Prestat fils............ | Draperie.................... | M. bronze.. | 32. |
| Prévost-Pugens......... | Marbre blanc statuaire et marbre de couleur. | M. d'argent. | 193. |
| Primois............... | Fil d'acier fondu.............. | M. d'argent. | 231. |
| Provent............... | Bijoux divers en acier poli........ | M. d'argent. | 280. |
| Prudhomme-Duchemin.. | Calicots noirs; — toiles peintes... | Ment. hon.. | 107. 164. |
| Pugens cadet et sœur..... | Soie grége................... | Ment. hon. | 62. |

| NOMS des ARTISTES ou FABRICANS. | DÉSIGNATION DES PRODUITS PRÉSENTÉS. | DISTINCTION obtenue. | PAGE du rapport. |
|---|---|---|---|
| Puget et Bousquet | Baréges, gazes, &c. | M. bronze. | 78. |
| Puiforçat | Armes à feu | Citation | 270. |
| Pupil | Limes | Ment. hon. | 258. |
| Purgold | Reliures | M. bronze. | 437. |
| Puteaux | Ébénisterie | M. bronze. | 417. |
| Puymaurin (De) fils | Médailles coulées en bronze | M. bronze. | 273. |
| **Q** | | | |
| Quénédey | Papier glace; pains à cacheter, à camées. | M. bronze. | 434. |
| Quennehem | Cuirs façon de Russie | Ment. hon. | 170. |
| Quesné (*Mathieu*) et fils | Draperie | M. d'or. | 24. |
| Quesné (*Mathieu*) et Vauquelin. | Draperie | M. bronze. | 32. |
| Quesnel | Enduit | Citation | 393. |
| Quincy | Registres à l'usage du commerce | Ment. hon. | 441. |
| Quinton | Substances alimentaires rendues conservables. | M. bronze. | 376. |
| Quivy | Marbres | Ment. hon. | 195. |
| **R** | | | |
| Rabier | Soufflets de forge à double courant d'air. | Ment. hon. | 318. |
| Raguse (Le maréch. duc de) | Fer affiné au bois dans le fourneau à réverbère; — sucre de betteraves. | | 221. 372. |

| NOMS des ARTISTES ou FABRICANS. | DÉSIGNATION DES PRODUITS PRÉSENTÉS. | DISTINCTION obtenue. | PAGE du rapport. |
|---|---|---|---|
| Raimbeaux | Tour en l'air et étau | Citation | 319. |
| Raingo frères | Horloges à musique et à mouvemens planétaires. | Ment. hon. | 349. |
| Ranson (*Robert*) | Engrenage de pompe à feu et autres mécanismes. | Citation | 301. |
| Raray | Draperie moyenne; — commune | Ment. hon. | 35. 39. |
| Raulin père et fils | Draperie | | 38. |
| Raymond fils | Draps teints | M. d'argent. | 150. |
| Raynard-Pramoudon | Mousselines unies et brochées, jaconats. | Ment. hon. | 101. |
| Reffay-Duparchy | Tabatières, nécessaires et flûtes | Citation | 287. |
| Régis-Robert | Dentelles | Citation | 116. |
| Rémond | Limes | M. d'or | 235. |
| Rémond | Ébénisterie | Ment. hon. | 118. |
| Renard | Limes; — burins | Ment. hon. | 238. 263. |
| Renaud | Lampes à courant d'air | Citation | 364. |
| Reverchon (*Paul*) frères | Châles et mouchoirs en bourre de soie imitant le cachemire, | M. d'argent. | 74. |
| Revilliod (*Charles*) et comp. | Étoffes de soie diaphanes | M. d'or | 71. |
| Révillon | Machines à piler les drogues et à battre les pieux; — nouvelles horloges. | M. bronze. | 316. 332. |
| Revol père et fils | Poterie de grès | Citation | 402. |
| Rey | Châles | M. d'or | 50. |
| Reyre frères | Veloutés et autres étoffes en soie | M. d'argent. | 73. |
| Rieussec | Chronographe destiné à déterminer exactement le commencement et la fin d'un phénomène. | M. bronze. | 337. |

| NOMS des ARTISTES ou FABRICANS. | DÉSIGNATION DES PRODUITS PRÉSENTÉS. | DISTINCTION obtenue. | PAGE du rap-port. |
|---|---|---|---|
| Rinquesent............ | Marbres...................... | Ment. hon.. | 195. |
| Risler frères et Dixon..... | Pièces de machines coulées en fonte; — machines à éplucher le coton. | M. d'or.... | 217. 304. |
| Rivals............... | Aciers cémentés............... | M. d'argent. | 224. |
| | Limes.................... | Ment. hon.. | 238. |
| Rivière............... | Canevas écrus et blancs.......... | Citation... | 89. |
| Rivière, Lartigue et Lafargue. | Soufre raffiné................. | Citation... | 204. |
| Roard............... | Céruse, minium, mine orange et blanc d'argent. | R. m. d'or.. | 387. |
| Robert............... | Gélatine extraite des os par le moyen des acides. | R. m. d'arg. | 370. |
| Robert-Faure.......... | Dentelles.................... | Citation... | 116. |
| Robert-Laurenson....... | Dentelles.................... | Citation... | 116. |
| Robin............... | Pendules publiques; régulateur.... | R.m. bronze | 348. |
| Rocheblave........... | Soie en flottes................ | M. d'or.... | 58. |
| Rochet-Sirodot et comp.ie | Acier naturel................ | R. m. d'arg. | 225. |
| | Tôles d'acier; — limes......... | Ment. hon.. | 227. 238. |
| Roëlant (M.me veuve).... | Savons de toilette; savon de ménage à base de suif. | R. m. d'arg. | 383. |
| Roger............... | Chapeaux et autres objets vernis... | Citation... | 132. |
| Roger............... | Calorifère, four mobile, poêle à colonne et appareils pour le savonnage et le blanchiment. | Ment. hon.. | 367. |
| Roger-Gilmaire......... | Draperie.................... | Citation... | 37. |
| Rogier et Sallandrouze.... | Tapis veloutés et autres.......... | R. m. d'arg. | 137. |
| Rogue et Roger......... | Draperie.................... | R.m. bronze | 31. |
| Roguin.............. | Menuiserie exécutée par un procédé mécanique. | M. d'argent. | 417. |

| NOMS des ARTISTES ou FABRICANS. | DÉSIGNATION DES PRODUITS PRÉSENTÉS. | DISTINCTION obtenue. | PAGE du rapport. |
|---|---|---|---|
| Rollé (*Frédéric*)........ | Balances à bascule............. | M. bronze.. | 315. |
| Roller............... | Piano transpositeur............ | M. d'argent. | 351. |
| Romaguesi............ | Carton-pâte.................. | M. bronze.. | 419. |
| Romanet et Alafort...... | Draperie..................... | M. bronze.. | 34. |
| Romilly (Les entrepreneurs des fonderies de). | Cuivre laminé................ | R. m. d'or.. | 208. |
| | Feuilles de laiton............. | Ment. hon.. | 214. |
| Rostand, Vidal et comp.ie | Bonneterie orientale........... | Ment. hon.. | 129. |
| Roswag fils............ | Tissus métalliques............ | M. d'or.... | 245. |
| Rousseau.............. | Papier-écaille................. | Citation... | 188. |
| Rousset............... | Cordes à instrumens, en fil métallique | Ment. hon.. | 232. |
| Roussilhe, Sabatier et Bouineau. | Maroquins................... | Citation... | 177. |
| Roussin............... | Coutellerie.................. | Ment. hon.. | 256. |
| Roux................. | Bas en cachemire, en fil, en soie et en coton. | Ment. hon.. | 126. |
| Roux (*Henri*).......... | Fusils à piston dits *fusils Pauly perfectionnés.* | M. bronze.. | 268. |
| Roux-Cardonnel........ | Châles en bourre de soie imitant le cachemire. | M. d'argent. | 75. |
| Roydor............... | Tabletterie et boîtes de sapin...... | Ment. hon.. | 287. |
| Roze-Abraham frères.... | Draperie..................... | R. m. d'arg. | 28. |
| | Tapis ras et tapis veloutés........ | M. bronze.. | 138. |
| Ruffié................ | Aciers cémentés et aciers naturels; — faulx. | M. d'or.... | 222. 233. |
| | Limes; — ciseaux propres à la ciselure des métaux. | Ment. hon.. | 239. 263. |

| NOMS des ARTISTES ou FABRICANS. | DÉSIGNATION DES PRODUITS PRÉSENTÉS. | DISTINCTION obtenue. | PAGE du rapport. |
|---|---|---|---|
| | **S** | | |
| Sabran | Châles en bourre de soie imitant le cachemire. | M. d'or | 72. |
| Sagnard, Menu et comp.[ie] | Quincaillerie en fonte de fer douce. | Ment. hon. | 218. |
| Sagstête | Marbres | Citation | 196. |
| Saillant (Le comte du) | Minerais de cuivre | Citation | 211. |
| Saillard (Le baron) | Zinc laminé | R. m. d'arg. | 213. |
| | Feuilles de laiton | Ment. hon. | 214. |
| Saint-Bris | Aciers cémentés; — limes | R. m. d'or. | 224. 236. |
| Saint-Cuirin et Cirey (Les manufactures de). | Glaces | R. m. d'arg. | 410. |
| Saint-Étienne | Châles cachemire, châles soie et laine | Ment. hon. | 55. |
| Saint-Étienne (La compagnie des mines de fer de) | Fonte de fer | M. d'or | 214. |
| Saint-Gobin (La manufacture royale de). | Glaces | R. m. d'or. | 409. |
| Saint-Marc (M.[me] veuve) | Toiles à voiles | M. bronze | 88. |
| Saint-Olive le jeune | Gazes damassées avec bordures tissues en lames d'or, &c. | M. d'or | 70. |
| Saint-Paul | Toiles métalliques | M. d'argent. | 245. |
| Salines de l'Est (La compagnie des). | Soude cristallisée, fabriquée avec les résidus des salins. | M. bronze | 382. |
| Salleron | Peaux tannées | M. bronze | 166. |
| Salles frères | Bonneterie | Citation | 126. |
| Salmon | Viandes conservées | Citation | 377. |
| Salmon | Céruse | M. bronze | 388. |
| Sambuc et Noyer | Soie jaune | M. bronze | 62. |

| NOMS des ARTISTES ou FABRICANS. | DÉSIGNATION DES PRODUITS PRÉSENTÉS. | DISTINCTION obtenue. | PAGE du rapport. |
|---|---|---|---|
| Sampier d'Aréna jeune... | Gravure sur acier.............. | Citation. .. | 426. |
| Samuel, Joly et fils...... | Cotons filés, perkales, jaconats et autres tissus. | M. d'or.... | 95. |
| Sandrin.............. | Tapis pour meubles, exécutés par un procédé mécanique. | R. m. d'arg. | 138. |
| Sargeant (*Isaac*)......... | Bois plié et courbé pour roues de voitures, &c. | M. d'argent. | 310. |
| Saulnier (*Jacques-François*). | Machines à vapeur.............. | M. d'argent. | 296. |
| Saulnier.............. | Brosses et pinceaux.............. | Citation. .. | 434. |
| Savaresse............... | Cordes à instrumens............. | M. bronze.. | 354. |
| Savaresse-Sarta......... | Cordes à instrumens............. | M. bronze.. | 354. |
| Schellemberg.......... | Gaze de coton.................. | Ment. hon.. | 101. |
| Schlumberger et Herzog.. | Cotons filés................... | R. m. d'arg. | 93. |
| Schmidt............... | Limes......................... | M. bronze.. | 237. |
| Schmittschneider....... | Cors d'une nouvelle forme......... | M. d'argent. | 357. |
| Schmitz (*François*)...... | Plumarts et soupapes mobiles..... | Citation. .. | 302. |
| Schmuck............... | Maroquins...................... | R. m. d'arg. | 176. |
| Schuiller............... | Ébénisterie en bois d'acajou...... | M. bronze.. | 417. |
| Schwilgué.............. | Pont à bascule.................. | M. bronze.. | 315. |
| Scribe et compagnie..... | Fromage, façon de Hollande...... | Ment. hon.. | 375. |
| Scrive frères........... | Cardes......................... | M. bronze.. | 242. |
| Séguin et Yéméniz...... | Étoffes de soie, or et argent...... | .......... | 69. |
| Séguin frères.......... | Feutres pour la fabrication du papier. | M. bronze.. | 189. |
| | Pont suspendu en fil de fer........ | M. d'argent. | 312. |
| | Viandes conservées; fécule de pommes de terre. | Ment. hon.. | 377. |
| Seignoret............. | Colle-forte.................... | Ment. hon.. | 386. |
| Seillière.............. | Draperie....................... | M. bronze.. | 33. |

| NOMS des ARTISTES ou FABRICANS. | DÉSIGNATION DES PRODUITS PRÉSENTÉS. | DISTINCTION obtenue. | PAGE du rapport. |
|---|---|---|---|
| Sénéchal............. | Coutellerie................. | M. bronze.. | 254. |
| Sénéchal et compagnie... | Tulle de coton................ | Ment. hon.. | 97. |
| Sénéclause père et fils.... | Soies blanches................ | M. d'argent. | 60. |
| Senefelder............ | Presses portatives et ustensiles de lithographie; — produits de lithographie. | M. d'argent. | 312. 429. |
| Sept-Moncel (Les lapidaires de). | Joaillerie en pierres fines et en pierres fausses. | Ment. hon.. | 283. |
| Serres............... | Pierres lithographiques......... | Ment. hon.. | 197. |
| Serve............... | Papier d'emballage............ | Ment. hon.. | 185. |
| Sevin de Beauregard et Vanhoutem. | Aiguilles à coudre et à tricoter.... | M. bronze.. | 241. |
| Sèvres (La manufacture royale de). | Porcelaines.................. | .......... | 403. |
| Simier............... | Reliures.................... | M. d'argent. | 436. |
| Simiot............... | Bassons nouveaux; clarinettes perfectionnées. | M. d'argent. | 355. |
| Simon............... | Papiers peints............... | R. m. d'arg. | 147. |
| Simoneau (M.me)....... | Peaux tannées............... | M. bronze.. | 167. |
| Simonetti............. | Mosaïque en miniature......... | Ment. hon.. | 284. |
| Singer et Dufresne...... | Calicots écrus............... | Citation... | 104. |
| Sir-Henry............ | Coutellerie.................. | M. d'argent. | 251. |
| | Armes blanches en acier de damas.. | Ment. hon.. | 266. |
| Soehnée.............. | Peinture pyrotechnique sur métaux. | M. bronze.. | 432. |
| Soleil............... | Grandes lentilles pour les nouveaux phares. | M. d'argent. | 328. |
| Souchon............. | Draps teints; — prussiate de potasse, prussiate de soude. | M. bronze.. | 151. 383. |
| Souillard............ | Composition pour raccommoder les objets cassés. | Citation... | 394. |

| NOMS des ARTISTES ou FABRICANS. | DÉSIGNATION DES PRODUITS PRÉSENTÉS. | DISTINCTION obtenue. | PAGE du rapport. |
|---|---|---|---|
| Souillé (*Mathieu*)....... | Peaux tannées................. | Ment. hon.. | 167. |
| Stammler (*George*)...... | Tissus métalliques............. | M. bronze.. | 246. |
| Stammler (*Henri*)...... | Gilet de métal et autres tissus métalliques. | M. d'argent. | 245. |
| | Bijouterie d'acier.............. | Ment. hon.. | 281. |
| Susbielle.............. | Peaux tannées................ | Citation. .. | 167. |
| Susse (M.[me])........... | Papiers de fantaisie............. | Citation. .. | 188. |

# T

| NOMS des ARTISTES ou FABRICANS. | DÉSIGNATION DES PRODUITS PRÉSENTÉS. | DISTINCTION obtenue. | PAGE du rapport. |
|---|---|---|---|
| Talabot et compagnie.... | Objets en zinc................. | M. d'argent. | 212. |
| Talbot............... | Draperie..................... | Ment. hon.. | 35. |
| Tallard.............. | Bonneterie................... | Citation. .. | 127. |
| Tallon............... | Mouchoirs façon des Indes; guingams. | Ment. hon.. | 107. |
| Tastevin............. | Soies........................ | M. bronze.. | 61. |
| Teissier-Ducros......... | Soies blanches et soies jaunes...... | M. d'argent. | 60. |
| Ternaux.............. | Silos pour la conservation des blés; préparation de la pomme de terre. | M. bronze.. | 375. |
| Ternaux et fils........ | Draperie..................... | R. m. d'or.. | 21. |
| | Châles....................... | M. d'argent. | 51. |
| | Moquettes veloutées et épinglées... | M. bronze.. | 140. |
| Tessier et Zetter....... | Cotons filés et tissus de coton..... | Ment. hon.. | 96. |
| | Teintures sur fil de coton........ | M. bronze.. | 155. |
| Texier............... | Peaux chamoisées.............. | M. bronze.. | 173. |
| Tharaud.............. | Porcelaines................... | Ment. hon.. | 406. |
| Thareaux-Labrosse...... | Mouchoirs fil et coton........... | Ment. hon.. | 108. |

| NOMS des ARTISTES ou FABRICANS. | DÉSIGNATION DES PRODUITS PRÉSENTÉS. | DISTINCTION obtenue. | PAGE du rapport. |
|---|---|---|---|
| Thibault............. | Cires à cacheter............... | Ment. hon.. | 393. |
| Thiebault............. | Marbres...................... | Citation. .. | 197. |
| Thiebaut fils........... | Cylindres de cuivre propres à l'impression des toiles peintes. | Ment. hon.. | 263. |
| Thierry-Mieg.......... | Toiles peintes................. | M. d'argent. | 162. |
| Thirion et Jacquel ...... | Alènes........................ | M. bronze.. | 244. |
| Thirouin-Gauthier...... | Coutils en fil................. | Ment. hon.. | 90. |
| Thomas (M.me)........ | Papiers de fantaisie ............ | Citation. .. | 188. |
| Thomire............. | Surtouts de table, en bronze...... | R. m. d'or.. | 272. |
| Thompson ............ | Gravure sur bois............... | M. d'argent. | 428. |
| Thouvenin aîné......... | Reliures exécutées par un procédé particulier. | M. d'argent. | 436. |
| Thouvenin jeune....... | Reliures...................... | Ment. hon.. | 437. |
| Thué et Mater.......... | Fers en verge.................. | M. d'argent. | 221. |
| Thuin................ | Lampes mécaniques........... | M. bronze.. | 362. |
| Thyss (*Martin*) et comp.ie | Draperie..................... | M. d'argent. | 30. |
| Tissot aîné........... | Mouvement libre et treuil, à double force. | R. m. bronze | 314. |
| Tixier-Durand. ........ | Dentelles et blondes............ | Ment. hon.. | 518. |
| Tixier fils............ | Coutellerie.................. | Citation. .. | 258. |
| Tonnelier et compagnie.. | Sel gemme.................. | M. d'or. ... | 499. |
| Tostain. ............. | Peaux de cheval apprêtées...... | Citation. .. | 171. |
| Tourangin frères....... | Draperie. ................... | M. bronze.. | 33. |
| | Couvertures en laine........... | Citation. .. | 124. |
| Tourrot............. | Assortiment de plaqué en argent... | M. d'or. ... | 277. |
| Toussaint............ | Serrurerie.................... | M. bronze.. | 248. |
| Toustain aîné.......... | Basins cannelés, finettes, &c...... | Ment. hon.. | 106. |
| Trémeau et compagnie... | Draperie..................... | M. bronze.. | 32. |

| NOMS des ARTISTES ou FABRICANS. | DÉSIGNATION DES PRODUITS PRÉSENTÉS. | DISTINCTION obtenue. | PAGE du rap-port. |
|---|---|---|---|
| Treppoz | Coutellerie | M. bronze. | 255. |
| | Armes blanches en acier de damas | Ment. hon. | 267. |
| Tridon | Vis à bois, en fer forgé | Ment. hon. | 263. |
| Trotry-Latouche | Bonneterie orientale | M. bronze. | 129. |
| Trottier | Lampes à courant d'air | Citation. | 364. |
| Truffaut | Mouture à l'anglaise | M. d'argent. | 371. |
| Turgis (*Pierre*) | Draperie | R. m. d'arg. | 26. |
| **U** | | | |
| Utzschneider | Poteries de grès | R. m. d'or. | 401. |
| **V** | | | |
| Vaillant et Belanger | Draperie | Ment. hon. | 38. |
| Valin (M.me) et Piédor | Peaux corroyées | M. bronze. | 168. |
| Vallat (*François*) | Drap commun | Ment. hon. | 39. |
| Vallat (*Charles*) père et fils. | Drap commun | Ment. hon. | 39. |
| Vallat (*Auguste*) | Drap commun | Ment. hon. | 39. |
| Vallet-d'Artois | Ganterie, peaux teintes | M. bronze. | 174. |
| Valogne (L'hospice de) | Dentelles | Citation. | 443. |
| Vandel et compagnie | Fers de bottes | Citation. | 264. |
| Vannes (La fabrique de charité de). | Tulles et dentelles | Ment. hon. | 443. |
| Vasse de Saint-Ouen | Belier marin | Citation. | 302. |

| NOMS des ARTISTES OU FABRICANS. | DÉSIGNATION DES PRODUITS PRÉSENTÉS. | DISTINCTION obtenue. | PAGE du rapport. |
|---|---|---|---|
| Vaucelle | Soie teinte en noir | Ment. hon. | 15. |
| Vauchelet (M.me et M.lle) | Impression et peinture sur velours | M. d'argent. | 143. |
| Vautrin et compagnie | Cotons filés | M. d'argent. | 94. |
| Vayson frères | Tapis | R. m. bronze | 138. |
| Veaute et compagnie | Étoffes écossaises et autres | M. bronze | 78. |
| Verdier-David | Mouchoirs coton et soie, étoffes dites *côtes-pelis.* | M. d'argent. | 106. |
| Vermond frères | Peaux tannées | R. m. bronze | 166. |
| Viard | Machines de filage et de tissage | M. d'or | 305. |
| Villeneuve et Mathieu | Étoffes pour ornemens d'église, et autres étoffes en soie. | M. d'argent. | 72. |
| Villette frères | Cuivre laminé | Ment. hon. | 211. |
| | Fils en argent faux et en dorure fine. | M. d'argent. | 230. |
| Villoteau | Croisés rayés, en fil | Ment. hon. | 90. |
| Vincent et compagnie | Prussiate de potasse, prussiate de soude; — bleu de Prusse de différentes qualités. | M. bronze | 381. 389. |
| Violaine (De) | Produits de verrerie | M. bronze | 411. |
| Viollet-Letort | Étoffes pour meubles | M. bronze | 76. |
| Vitalès père et fils | Drap commun | Ment. hon. | 39. |
| Viviès frères | Draperie | Ment. hon. | 36. |
| Vivieu | Couvertures en laine | Citation | 124. |
| Vogel | Reliures | Citation | 437. |
| Vuilquint | Peignes pour la fabrication des cachemires. | Ment. hon. | 244. |

| NOMS des ARTISTES ou FABRICANS. | DÉSIGNATION DES PRODUITS PRÉSENTÉS. | DISTINCTION obtenue. | PAGE du rapport. |
|---|---|---|---|
| | **W** | | |
| Waddington frères...... | Pièces de machines coulées, en fonte. | M. bronze.. | 216. |
| Wagner.............. | Horloges publiques; mécanisme d'un phare tournant. | M. d'argent. | 331. |
| Walker (*John*)......... | Ganterie et bretelles élastiques..... | M. d'argent. | 174. |
| Wallet et Hubert....... | Carton-pierre................. | M. bronze.. | 420. |
| Watel, Coursier et Florin-Scheppers. | Cotons filés.................. | Ment. hon.. | 95. |
| Watier............... | Couvertures de chevaux en poil de bœuf. | R. m. bronze | 122. |
| Weishardt et Stockburger. | Colle-forte.................. | Citation... | 387. |
| Wendel (De)......... | Fer affiné à la houille et forgé au laminoir; — fer-blanc. | M. d'or.... | 219. 228. |
| Werdet............... | Drap teint en écarlate par la garance. | Citation... | 152. |
| Werner.............. | Meubles en bois indigène........ | R. m. d'arg. | 416. |
| Witz-Steffan, Oswald frères et compagnie. | Cuivre laminé................ | M. d'argent. | 209. |
| | Feuilles de laiton; — fils métalliques dits *traits*. | Ment. hon.. | 213. 232. |
| Wohlgemuth.......... | Tour à graver et à réduire........ | M. bronze.. | 317. |
| | **Y** | | |
| Yvart-Pavie.......... | Tissus de coton et laine.......... | Ment. hon.. | 108 |



FIN DE LA TABLE ALPHABÉTIQUE.

# FAUTES A CORRIGER.

Page 31. Roque............ *lisez* Rogue.
75. Roux-Carbonnel, *lisez* Roux-Cardonnel.
76. Violet........... *lisez* Viollet.
101. Berton-Piron.... *lisez* Bertou-Piron.
127. Chanterel....... *lisez* Chantrel.
164. Dutfoy.......... *lisez* Dulfoy.
210. Bobillier........ *lisez* Bobilier.
217. Rixon............ *lisez* Dixon.
239. Montmouceau.... *lisez* Monmouceau.
244. Vulquint........ *lisez* Vuilquint.
249. Leiris............ *lisez* Leyris.
249. Didié............ *lisez* Didiée.
244.................... *lisez* 344.
357. Schmitschneïder, *lisez* Schmittschneïder.
419.................... *lisez* 429.

www.ingramcontent.com/pod-product-compliance
Ingram Content Group UK Ltd.
Pitfield, Milton Keynes, MK11 3LW, UK
UKHW020255230726
13925UKWH00001B/68